高职高专交通土建类系列规划教材

钢筋混凝土结构

GANGJIN HUNNINGTU JIEGOU

主编 章劲松

合肥工业大学出版社

内 容 提 要

《钢筋混凝土结构》是依据交通土建高职高专《结构设计原理》课程的教学要求编写的。主要介绍了钢筋混凝土受弯构件、受压构件、预应力混凝土受弯构件、圬工结构构件的设计计算方法,包括截面尺寸的选择、配筋及构造。

本书可作为高职道路桥梁工程技术、土木检测工程技术、公路监理、地下工程与桥梁隧道工程技术、高等级公路维护与管理等专业教材,亦可供中职有关专业教学使用,同时可供从事公路与桥梁工程设计、施工人员参考。

图书在版编目(CIP)数据

钢筋混凝土结构 / 章劲松主编 . —合肥:合肥工业大学出版社,2012.8(2018.2 重印)
ISBN 978 - 7 - 5650 - 0890 - 0

Ⅰ.①钢… Ⅱ.①章… Ⅲ.①钢筋混凝土—结构—设计 Ⅳ.①TU37

中国版本图书馆 CIP 数据核字(2012)第 193067 号

钢筋混凝土结构

主　编　章劲松			责任编辑　张择瑞	
出　　版	合肥工业大学出版社	版　次	2012 年 8 月第 1 版	
地　　址	合肥市屯溪路 193 号	印　次	2018 年 2 月第 4 次印刷	
邮　　编	230009	开　本	787 毫米×1092 毫米　1/16	
电　　话	综合图书编辑部:0551 - 62903204	印　张	13.5	
	市 场 营 销 部:0551 - 62903198	字　数	354 千字	
网　　址	www.hfutpress.com.cn	印　刷	安徽昶颉包装印务有限责任公司	
E-mail	hfutpress@163.com	发　行	全国新华书店	

主编热线　13855184668　　　　责编信箱/热线　zrsg2020@163.com　13965102038

ISBN 978 - 7 - 5650 - 0890 - 0　　　　　　　定价:33.00 元

如果有影响阅读的印装质量问题,请与出版社市场营销部联系调换

前　言

2010年,安徽交通职业技术学院被教育部财政部列为100所"国家示范性高等职业院校建设计划"骨干高职院校项目建设单位之一,课程改革与建设正逐步深入推进,本教材作为省级精品课程《钢筋混凝土结构》的配套成果进行了开发。

本教材依据交通运输部颁布的交通行业标准《公路工程技术标准》(JTG B01—2003)、《公路桥涵设计通用规范》(JTG D60—2004)、《公路钢筋混凝土及预应力混凝土桥涵设计规范》(JTG D62—2004)和《公路圬工桥涵设计规范》(JTG D61—2005)等,以众多的《结构设计原理》教材为基础,以"工学结合"教学理念为指导,改变了原有教材的编写模式,将章节改为"项目—任务"的形式,针对任务的内容,指出了任务的知识点,同步列举了的计算示例,并附有学习实践进行强化训练,体现了"教、学、做"一体的特色。

本教材共分5个项目进行讲授。项目1为基础知识,主要介绍了课程学习内容、我国现行公路桥涵设计规范的设计原则、钢筋混凝土结构的基本概念及材料要求;项目2为钢筋混凝土受弯构件,主要介绍了受弯构件承载力计算、构造要求以及受弯构件的应力、裂缝与变形计算;项目3为钢筋混凝土受压构件,主要介绍了受压构件的承载力计算及构造要求;项目4为预应力混凝土结构,主要介绍了预应力混凝土结构的基本概念、受弯构件的设计计算方法及构造要求;项目5为圬工结构,主要介绍了圬工结构的基本概念及构件的承载力计算。

教师在使用此教材时,可根据具体情况选择教学内容。本教材配套开发了教学整体实施计划、单元实施计划,供教师在编写授课计划时参考。

项目1、2由章劲松、沈晓燕编写,项目3由韩彰、汪伟伟编写,项目4由吴跃梓编写,项目5由吴智慧编写;本教材由韩彰、吴智慧统稿。本教材特邀合肥工业大学王建国教授担任主审。王建国教授对本教材进行了认真、详细的审核,并提出了许多宝贵的修改意见,在此深表谢意。

对本教材尚存在的错误和缺点,恳请读者批评指正。

课程组

2012年8月

目　　录

学习项目 1　基础知识

任务 1-1　课程介绍

【学习目标】

通过本任务的学习,要求学生熟悉以下内容:

1. 了解各种工程结构的特点和使用范围。
2. 了解学习本课程应注意的一些问题和方法。

【学习内容】

所谓结构,就是构造物的承重骨架组成部分的统称。构造物的结构是由若干基本构件连接而成的。如桥梁结构是由桥面板、主梁、横梁、墩台、拱、索等基本构件所组成。这些构件的形式虽然多种多样,但按其主要受力特点可分为受弯构件、受压构件、受拉构件和受扭构件等典型的基本构件。

在实际工程中,结构及基本构件都是由建筑材料制作而成。根据所使用的建筑材料不同,常用的结构一般可分为:混凝土结构(钢筋混凝土结构和预应力混凝土结构)、砖石及混凝土砌体结构(又称圬工结构)、钢结构、木结构、钢-混凝土组合结构等。

本课程主要介绍了钢筋混凝土、预应力混凝土、圬工砌体等结构基本构件的受力性能、截面设计、配筋计算及构造要求,是学习和掌握桥梁工程和其他道路人工构造物设计的基础。

一、各种工程结构的特点及使用范围

在学习本课程之前,有必要对本课程所涉及的各类结构有一个初步认识。

1. 钢筋混凝土结构

钢筋混凝土结构是由钢筋和混凝土两种材料组成的。钢筋是一种抗拉、抗压性能都很好的材料;混凝土材料具有较高的抗压强度,而抗拉强度很低。根据构件的受力情况,合理地配置钢筋可形成承载能力较强、刚度较大的结构构件。

钢筋混凝土结构的优点在于就地取材、耐久性较好、刚度大、可模性好等;其缺点在于,由于混凝土抗拉强度很低,构件抗裂性较差,同时由于构件尺寸大,造成自重大,跨越能力受到限制。

钢筋混凝土结构广泛用于房屋建筑、地下结构、桥梁、隧道、水利、港口等工程中。在公

路与城市道路工程、桥梁工程中,钢筋混凝土结构主要用于中小跨径桥梁、涵洞、挡土墙以及形状复杂的中、小型构件等。

2. 预应力混凝土结构

预应力混凝土结构由于在构件受荷之前预先对混凝土受拉区施加了适当的压应力,因而在正常使用条件下,可以人为地控制截面上的应力,从而延缓裂缝的产生和发展,且可利用高强度钢筋和高强度混凝土,因而可以减小构件截面尺寸,减轻构件自重,提高跨越能力。若预应力混凝土结构构件控制截面在使用阶段不出现拉应力,则在腐蚀性环境下可保护钢筋免受侵蚀,因此可用于海洋工程结构和有防渗透要求的结构。

预应力技术还可作为装配混凝土构件的一种可靠手段,能很好地将部件装配成整体结构,形成悬臂浇筑和悬臂拼装等不采用支架、不影响桥下通航的施工方法,在大跨经桥梁施工中获得广泛应用。

尽管预应力混凝土结构有上述优点,但由于高强度材料的单价高,施工的工序多,要求有经验、熟练的技术人员和技术工人施工,且要求较多严格的现场技术监督和检查,因此,不是在任何场合都可以用预应力混凝土来代替普通钢筋混凝土的,而是两者各有合理应用的范围。

3. 圬工结构

圬工结构是用胶结材料将砖、天然石料等块材按一定规则砌筑成整体的结构,其特点是材料易于就地取材。当块材采用天然石料时,则具有良好的耐久性。但是,圬工结构的自重一般较大,施工中机械化程度较低。

在公路与城市道路工程、桥梁工程中,圬工结构多用于中小跨径的拱桥、桥墩(台)、挡土墙、涵洞、道路护坡等工程中。

4. 钢结构

钢结构一般是由钢厂轧制的型钢或钢板通过焊接、铆钉或螺栓等连接而成的结构。钢结构由于钢材的强度很高,构件所需的截面积很小,故是自重较轻的结构;钢结构的可靠性高;其基本构件可在工厂中加工制作,机械化程度高;已预制的构件可在施工现场较快地装配连接,故施工效率较高。但相对于混凝土结构而言,钢结构造价较高,而且养护费用也高。

钢结构的应用范围很广,例如大跨径的钢桥、城市人行天桥、高层建筑、海洋钻井采油平台、钢屋架等。同时,钢结构还常用于钢支架、钢模板、钢围堰、钢挂篮等临时结构中。

此外,随着科学研究和生产的发展,在工程中还出现了多种组合结构和新型材料结构,例如,预应力混凝土组合梁、钢-混凝土组合梁、钢管混凝土结构、FRP-混凝土组合结构及FRP结构等。组合结构是利用具有各自材料特点的部件,通过可靠的措施使之形成整体受力的构件,从而获得更好的工程效果,因而日益得到广泛应用;FRP是纤维增强聚合物(Fiber Reinforced Polymer)的简称,具有轻质、高强、耐腐蚀等优良性能,近几年来在一些特殊环境条件下FRP结构日益得到应用。

二、学习本课程应注意的问题

通过本课程的学习,应掌握工程结构基本构件的力学性能、设计计算方法及构造要求。

为此,应从以下几个方面予以注意:

1. 逐步培养"工程思维"方式。

本课程是一门重要的专业技术基础课,是从基础课程如《材料力学》、《结构力学》和《建筑材料》等,到专业课程如《桥梁工程》、《桥涵施工技术》等的纽带,不能用以往学习数学、力学的方法来学习这门课程。在这门课程中,将遇到许多非纯理论性问题,比如某一计算公式,并非由理论推导而来,而可能是以经验、试验为基础得到的;对某一问题的解答,可能并无唯一性,而只存在合理性、经济性;构造方面可能比理论计算更加重要;设计过程往往是一个多次反复的过程等等。这就是说,专业课、技术基础课与基础课有各自的特点,不能照搬固有的思维模式。

2. 本课程的重要内容是桥涵结构构件设计。

桥涵结构设计应遵循技术先进、安全可靠、耐久适用和经济合理的原则。它涉及方案比较、材料选择、构件选型及合理布置等多方面,是一个多因素的综合性问题。设计结果是否满足要求,主要是看是否符合设计规范要求,并且满足经济性和施工可行性等。

3. 在学习本课程中要学会应用设计规范。

设计规范是国家颁布的关于设计计算和构造要求的技术规定和标准,是具有一定约束性和技术法规性的文件。目前我国交通运输部颁布使用的公路桥涵设计规范有:《公路桥涵设计通用规范》(JTG D60—2004)、《公路钢筋混凝土及预应力混凝土桥涵设计规范》(JTG D62—2004)、《公路圬工桥涵设计规范》(JTG D61—2005)和《公路桥涵钢结构和木结构设计规范》(JTJ 025—86)等。本书中关于基本构件的设计原则、计算公式、计算方法及构造要求均参照上述设计规范编写。为了表达方便,在本书中将上述设计规范统称为《公桥规》。

由于科学技术水平和工程实践经验是不断发展和积累的,设计规范也必然要不断进行修改和增订,才能适应指导设计工作的需要。因此,在学习本课程时,应掌握各种基本构件的受力性能、强度和变形的变化规律,从而能对目前设计规范的条文概念和实质有正确理解,对计算方法能正确应用,这样才能适应今后设计规范的发展,不断提高自身的设计水平。

【学习实践】

1. 请大家通过信息搜索,提交有关土木工程结构的介绍(PPT 制作),内容包括:代表性照片、结构名称、结构建造年代、结构用途、结构受力性能、结构使用材料、施工技术、社会意义等。

2. 请大家查找与桥涵设计、施工等有关的规范及技术标准,初步了解其主要内容。

【学习心得】

通过本任务的学习，我的体会有 _____

....

....

....

....。

任务 1-2 结构按照极限状态设计的方法

【学习目标】

通过本任务的学习,要求学生熟悉以下内容:

1. 了解结构的功能性要求。
2. 掌握极限状态的定义、分类。
3. 掌握作用的定义、分类、代表值、作用效应的组合。
4. 掌握结构按照极限状态设计计算的基本原则。

【学习内容】

一、结构的功能要求

结构设计的目的,就是要使所设计的结构,在规定的时间内能够在具有足够可靠性的前提下,完成预定功能的要求。结构的功能是由其使用要求决定的,具体有如下三个方面:

(1)安全性:结构能承受正常施工和正常使用期间可能出现的各种荷载、外加变形、约束变形等的作用,以及在偶然荷载(如强风、地震)作用下或偶然事件(如爆炸)发生时和发生后,仍能保持整体稳定性,不会因为产生局部的损坏而导致发生连续倒塌。

(2)适用性:结构在正常使用条件下具有良好的工作性能,不出现过大的变形、振动或局部损坏等。

(3)耐久性:在正常使用和正常维护条件下,在规定的时间内,具有足够的耐久性能,不出现过大的裂缝宽度,不发生由于混凝土保护层碳化导致钢筋的锈蚀等。

二、结构的可靠性与可靠度

结构的安全性、适用性和耐久性总称为结构的可靠性。

结构可靠性是指结构在规定时间内,在规定条件下,完成预定功能的能力。

结构的可靠度是结构可靠性的概率度量,即对结构可靠性的数量描述,其中安全性的数量描述称为安全度。因此,可靠度比安全度的含义更广泛,更能反映结构的可靠程度。

三、结构的极限状态

结构在使用期间的工作情况,称为结构的工作状态。

结构能够满足各项功能要求而良好地工作,称为结构"可靠";反之则称结构"失效"。结构工作状态是处于可靠还是失效的标志用"极限状态"来衡量。

所有结构或构件中都存在两个对立的方面:作用效应 S 和结构抗力 R。因此,极限状态方程可写作:$Z=g(R,S)=R-S=0$。

当整个结构或结构的一部分超过某一特定状态而不能满足设计规定的某一功能要求时,则此特定状态称为该功能的极限状态。对于结构的各种极限状态,均应规定明确的标志和限值。

国际标准化组织(ISO)和我国各专业颁布的统一标准将结构的极限状态分为如下两大类：承载能力极限状态和正常使用极限状态。

1. 承载能力极限状态

针对安全性而言，如整个结构或结构的一部分作为刚体失去稳定；结构构件或连接因材料强度不够而破坏；结构转变为机动体系；结构或结构构件丧失稳定等。

2. 正常使用极限状态

针对适用性和耐久性而言，如出现影响正常使用或外观的变形；影响正常使用或耐久性的局部损坏；影响正常使用的振动。

四、设计状况

以上两类极限状态作为设计的要求，应视结构所处状况灵活地对待。

设计状况是结构从施工到使用的全过程中，代表一定时段的一组物理条件，设计时必须做到使结构在该时段内不超越有关极限状态。按照《公路工程结构可靠度设计统一标准》(GB/T 50283—1999)的要求并与国际标准衔接，《公桥规》根据桥涵在施工和使用过程中面临的不同情况，规定了结构设计的三种状况：持久状况、短暂状况和偶然状况。

1. 持久状况

指桥涵建成后承受自重、车辆荷载等作用持续时间很长的状况。该状况是指桥涵的使用阶段。这个阶段持续的时间很长，结构可能承受的作用(或荷载)在设计时均需考虑，需接受结构是否能完成其预定功能的考验，因而必须进行承载能力极限状态和正常使用极限状态计算。

2. 短暂状况

指桥涵施工过程中承受临时性作用(或荷载)的状况。短暂状况所对应的是桥涵的施工阶段。这个阶段的持续时间相对于使用阶段是短暂的，结构体系、结构所承受的荷载与使用阶段也不同，设计时要根据具体情况而定。因为这个阶段是短暂的，一般只进行承载能力极限状态计算，必要时才作正常使用极限状态计算。

3. 偶然状况

指桥涵使用过程中偶然出现的状况。偶然状况是指桥涵可能遇到的地震等作用的状况。这种状况出现的概率很小，且持续时间极短，结构在极短的时间内承受的作用以及结构可靠度水平在设计中都需要特殊考虑。显然，偶然状况只需要承载能力极限状态计算，不必考虑正常使用极限状态计算。

五、安全等级

按照《公路工程结构可靠度设计统一标准》(GB/T 50283—1999)的规定，公路桥涵进行持久状况承载能力极限状态设计时为使桥涵具有足够的安全性，应根据桥涵结构破坏所产生后果的严重程度，按表1-2-1划分的三个安全等级进行设计，以体现不同情况的桥涵的可靠度差异。在计算上，不同安全等级是用结构重要性系数 γ_0 来体现的。γ_0 的取值如表1-2-1所示。

表 1-2-1 公路桥涵结构的安全等级

设计安全等级	破坏后果	桥涵结构	结构重要性系数 γ_0
一级	很严重	特大桥、重要大桥	1.1
二级	严重	大桥、中桥、重要小桥	1.0
三级	不严重	小桥、涵洞	0.9

上表所列特大、大、中桥等系按表 1-2-2 中的单孔跨径确定,对多跨不等跨桥梁,以其中最大跨径为准;表中冠以"重要"的大桥和小桥,系指高速公路上、国防公路上及城市附近交通繁忙的城郊公路上的桥梁。

表 1-2-2 桥梁涵洞分类

桥涵分类	多孔跨径总长 L(m)	单孔跨径 L_k(m)
特大桥	$L>1000$	$L_k>150$
大桥	$100 \leqslant L \leqslant 1000$	$40 \leqslant L_k \leqslant 150$
中桥	$30 < L < 100$	$20 \leqslant L_k < 40$
小桥	$8 \leqslant L \leqslant 30$	$5 \leqslant L_k < 20$
涵洞	—	$L_k < 5$

在一般情况下,同一座桥梁的各种构件宜取一个设计安全等级,但对其中的个别构件,也允许在必要时做适当调整,但调整后的级差不应超过一个等级。

六、作用效应的计算

1. 作用的概念

施加在结构上的集中力或分布力,或引起结构外加变形或约束变形的原因,统称为作用。前者称直接作用,后者称间接作用。

直接作用习惯上又称荷载,它直接以力的不同集结形式作用于结构,如结构的自重、人群荷载、风荷载等。

间接作用不是直接以力的某种集结形式出现,而是引起结构外加变形、约束变形或振动,但也能对结构产生内力或变形等效应,如地震、基础沉降、温度变化等。

2. 作用的分类

(1)按时间的变异性和出现的可能性,可以分为三类。

①永久作用:在结构使用期间,其值一般不随时间变化,若有变化,其变化值与平均值相比可忽略不计的作用。

②可变作用:在结构使用期间,其值随时间发生变化,其变化值与平均值相比不可以忽略的作用。

③偶然作用:在结构使用期间,出现的概率很小,但一旦出现,其值很大且持续时间很短的作用。

公路桥涵结构上的作用类型采用上述分类法,如表 1-2-3 所列。

(2)按空间位置的变异性,可以分为两类。

①固定作用:在结构空间位置上具有固定位置的作用。

②自由作用:在结构空间一定范围内可以改变位置的作用。

(3)按结构的反应,可以分为两类。

①静态作用:在结构上不产生加速度或产生加速度可忽略不计的作用。

②动态作用:在结构上产生不可忽略的加速度的作用。

(4)按作用范围,可分为集中力、分布力两类。

表 1-2-3　作用分类

编号	作用分类	作用名称	编号	作用分类	作用名称
1	永久作用	结构重力(包括结构附加重力)	12	可变作用	人群荷载
2		预加力	13		汽车制动力
3		土的重力	14		风荷载
4		土侧压力	15		流水压力
5		混凝土收缩及徐变作用	16		冰压力
6		水的浮力	17		温度(均匀温度和梯度温度)作用
7		基础变位作用	18		支座摩阻力
8	可变作用	汽车荷载	19	偶然作用	地震作用
9		汽车冲击力	20		船舶或漂流物的撞击作用
10		汽车离心力	21		汽车撞击作用
11		汽车引起的土侧压力			

3. 作用的代表值

公路桥涵设计计算时,针对不同的设计目的所采用的各种作用规定值称为作用代表值。它包括作用的标准值、频遇值和准永久值。

(1)作用的标准值

它是各种作用的基本代表值。按下列规定取用:

①永久作用的标准值,对于结构自重(包括结构附加重力),可按结构构件尺寸与材料重力密度计算确定。

②可变作用的标准值应按《公桥规》中的有关规定采用。

③偶然作用的标准值应根据调查、试验资料,结合工程经验确定。

(2)作用的频遇值

在结构构件按正常使用极限状态短期效应组合设计时,可变作用采用的一种代表值。频遇值的大小为可变作用的标准值乘以频遇值系数 ψ_1。

(3)作用的准永久值

在结构构件按正常使用极限状态长期效应组合设计时,可变作用采用的一种代表值。准永久值的大小为可变作用的标准值乘以准永久值系数 ψ_2。

4. 作用效应组合

上述的各种作用不会在同样条件下同时出现在桥涵结构上，发生的几率也不尽相同。因此，公路桥涵结构在设计计算时应考虑可能同时出现的作用，按承载能力极限状态和正常使用极限状态进行组合，取其最不利效应组合进行设计。

(1)承载能力极限状态计算时作用效应组合

《公桥规》规定按承载能力极限状态设计时，应根据各自的情况选用基本组合和偶然组合中的一种或两种作用效应组合。

①基本组合

永久作用设计值效应与可变作用设计值效应相组合，其效应组合表达式为

$$\gamma_0 S_d = \gamma_0 \left(\sum_{i=1}^{m} \gamma_{Gi} S_{Gik} + \gamma_{Q1} S_{Q1k} + \psi_c \sum_{j=2}^{n} \gamma_{Qj} S_{Qjk} \right) \qquad (1-2-1)$$

式中：S_d——作用效应基本组合设计值；

γ_0——结构重要性系数，按表1-2-1规定的结构设计安全等级采用，对应于设计安全等级一级、二级和三级分别取1.1、1.0和0.9；

γ_{Gi}——第i个永久作用效应的分项系数，当永久作用效应(结构重力和预加力作用)对结构承载力不利时，$\gamma_{Gi}=1.2$；对结构的承载力有利时，$\gamma_{Gi}=1.0$，其他永久作用效应的分项系数详见《公桥规》；

S_{Gik}——第i个永久作用效应的标准值；

γ_{Q1}——汽车荷载效应(含汽车冲击力、离心力)的分项系数，取$\gamma_{Q1}=1.4$；当某个可变作用在效应组合中超过汽车荷载，其分项系数应采用汽车荷载的分项系数；对于专为承受某作用而设置的结构或装置，设计时该作用的分项系数与汽车荷载同值。

S_{Q1k}——汽车荷载效应(含汽车冲击力、离心力)的标准值；

γ_{Qj}——在作用效应组合中除汽车荷载效应(含汽车冲击力、离心力)、风荷载外的其他第j个可变作用效应的分项系数，取$\gamma_{Qj}=1.4$，但风荷载的分项系数取$\gamma_{Qj}=1.1$；

S_{Qjk}——在作用效应组合中除汽车荷载效应(含汽车冲击力、离心力)外的其他第j个可变作用效应的标准值；

ψ_c——在作用效应组合中除汽车荷载效应(含汽车冲击力、离心力)外的其他可变作用效应的组合系数，当永久作用与汽车荷载和人群荷载(或其他一种可变作用)组合时，人群荷载(或其他一种可变作用)的组合系数取$\psi_c=0.80$；当除汽车荷载(含汽车冲击力、离心力)外尚有两种可变作用参与组合时，其组合系数取$\psi_c=0.70$；尚有三种可变作用参与组合时，其组合系数取$\psi_c=0.60$；尚有四种及多于四种的可变作用参与组合时，取$\psi_c=0.50$。

②偶然组合

永久作用标准值效应与可变作用某种代表值效应、一种偶然作用标准值效应相组合。偶然作用的效应分项系数取1.0，与偶然作用同时出现的可变作用，可根据观测资料和工程经验取用适当的代表值，地震作用标准值及其表达式按《公路桥梁抗震设计细则》(JTG/TB02—01—2008)规定采用。

(2)正常使用极限状态计算时作用效应组合

《公桥规》规定按正常使用极限状态设计时，应根据不同结构不同的设计要求，采用以

下一种或两种效应组合。

①短期效应组合

永久作用标准值效应与可变作用频遇值效应相组合,其效应组合表达式为

$$S_{sd} = \sum_{i=1}^{m} S_{Gik} + \sum_{j=1}^{n} \psi_{1j} S_{Qjk} \qquad (1-2-2)$$

式中:S_{sd}——作用短期效应组合设计值;

ψ_{1j}——第 j 个可变作用效应的频遇值系数,汽车荷载(不计冲击力)$\psi_1 = 0.7$,人群荷载 $\psi_1 = 1.0$,风荷载 $\psi_1 = 0.75$,温度梯度作用 $\psi_1 = 0.8$,其他作用 $\psi_1 = 1.0$;

$\psi_{1j} S_{Qjk}$——第 j 个可变作用效应的频遇值。

②长期效应组合

永久作用标准值效应与可变作用准永久值效应相组合,其效应组合表达式为

$$S_{ld} = \sum_{i=1}^{m} S_{Gik} + \sum_{j=1}^{n} \psi_{2j} S_{Qjk} \qquad (1-2-3)$$

式中:S_{ld}——作用长期效应组合设计值;

ψ_{2j}——第 j 个可变作用效应的准永久值系数,汽车荷载(不计冲击力)$\psi_2 = 0.4$,人群荷载 $\psi_2 = 0.4$,风荷载 $\psi_2 = 0.75$,温度梯度作用 $\psi_2 = 0.8$,其他作用 $\psi_2 = 1.0$;

$\psi_{2j} S_{Qjk}$——第 j 个可变作用效应的准永久值。

【计算示例】

【例 1-1】 钢筋混凝土简支梁桥主梁在结构重力、汽车荷载和人群荷载作用下,分别得到在跨中截面的弯矩标准值:结构重力产生的弯矩为 $M_{Gk} = 552 \text{ kN} \cdot \text{m}$;汽车荷载弯矩(已经计入冲击系数 0.191)$M_{Q1k} = 459.7 \text{ kN} \cdot \text{m}$;人群荷载弯矩 $M_{Q2k} = 40.6 \text{ kN} \cdot \text{m}$,安全等级为二级。请进行作用效应组合计算。

【解题过程】

1. 承载能力极限状态设计时作用效应的基本组合

安全等级为二级,取结构重要性系数为 $\gamma_0 = 1.0$。永久作用效应对结构承载力不利,故取永久作用效应的分项系数 $\gamma_{G1} = 1.2$。汽车荷载效应的分项系数 $\gamma_{Q1} = 1.4$。对于人群荷载,其他可变作用的分项系数 $\gamma_{Q2} = 1.4$。本组合为永久作用与汽车荷载和人群荷载组合,故取人群荷载的组合系数为 $\psi_c = 0.80$。

$$\begin{aligned}
\gamma_0 M_d &= \gamma_0 \left(\sum_{i=1}^{m} \gamma_{Gi} M_{Gik} + \gamma_{Q1} M_{Q1k} + \psi_c \sum_{j=2}^{n} \gamma_{Qj} M_{Qjk} \right) \\
&= 1.0 \times (1.2 \times 552 + 1.4 \times 459.7 + 0.8 \times 1.4 \times 40.6) \\
&= 1351.45 \ (\text{kN} \cdot \text{m})
\end{aligned}$$

2. 正常使用极限状态设计时作用效应组合

(1)作用短期效应组合

根据《公桥规》规定,汽车荷载作用效应应不计入冲击系数,汽车荷载频遇值系数 $\psi_{11} =$

0.7,人群荷载频遇值系数 $\psi_{12}=1.0$。

$$M_{sd} = \sum_{i=1}^{m} M_{Gik} + \sum_{j=1}^{n} \psi_{1j} M_{Qjk}$$
$$= 552 + 0.7 \times 459.7/1.191 + 1.0 \times 40.6$$
$$= 862.79 \ (kN \cdot m)$$

(2)作用长期效应组合

汽车荷载准永久值系数 $\psi_{21}=0.4$,人群荷载准永久值系数 $\psi_{22}=0.4$。

$$M_{ld} = \sum_{i=1}^{m} M_{Gik} + \sum_{j=1}^{n} \psi_{2j} M_{Qjk}$$
$$= 552 + 0.4 \times 459.7/1.191 + 0.4 \times 40.6$$
$$= 722.63 \ (kN \cdot m)$$

七、极限状态设计计算原则

1. 承载能力极限状态计算原则

《公桥规》规定公路桥涵结构承载能力极限状态的计算,以塑性理论为基础,设计的原则是作用效应最不利组合(基本组合)的设计值必须小于或等于结构抗力的设计值。其基本表达式为

$$\gamma_0 S_d \leqslant R = R(f_d, a_d) \qquad (1-2-4)$$

式中:γ_0——桥梁结构的重要性系数,按表 1-2-1 取用;

S_d——作用(或荷载)效应(其中汽车荷载应计入冲击系数)的基本组合设计值;

R——构件承载力设计值;

f_d——材料强度设计值;

a_d——几何参数设计值,当无可靠数据时,可采用几何参数标准值 a_k,即设计文件规定值。

2. 正常使用极限状态计算原则

《公桥规》规定公路桥涵结构正常使用极限状态的计算,以弹性理论或弹塑性理论为基础,采用作用(或荷载)的短期效应组合、长期效应组合或短期效应组合并考虑长期效应组合的影响,对构件的抗裂、裂缝宽度和挠度进行验算,并使各项计算值不超过《公桥规》规定的各相应限值。在上述各种组合中,汽车荷载效应不计冲击系数。

【学习实践】

1. 结构的功能包括哪几个方面的内容?何谓结构的可靠性?

2. 什么叫极限状态?我国《公桥规》规定了哪两类极限状态?

3. 试解释以下名词:作用、直接作用、作用效应、抗力。

4. 《公桥规》把作用分成几类?如何理解作用的代表值?

5. 何谓结构的耐久性?影响结构耐久性的因素有哪些?

6. 钢筋混凝土简支梁支点截面处,在结构重力、汽车荷载、人群荷载和温度梯度作用

下,分别得到剪力标准值为:结构重力 $V_{Gk}=187.01$ kN;汽车荷载(未计入冲击系数 0.19)$V_{Q1k}=261.76$ kN;人群荷载 $V_{Q2k}=57.2$ kN,温度梯度作用 $V_{Q3k}=41.5$ kN。安全等级为二级。试进行承载能力极限状态和正常使用极限状态时作用效应组合计算。

【实践过程】

【学习心得】

通过本任务的学习,我的体会有 _____

_____

_____

_____

_____

_____

_____

_____ 。

任务 1-3　钢筋混凝土结构的材料要求

【学习目标】

通过本任务的学习,要求学生熟悉以下内容:

1. 了解钢筋混凝土结构的基本概念、工作原理及其特点。
2. 掌握钢筋和混凝土材料的物理力学性能:强度指标、变形特点。

【学习内容】

一、钢筋混凝土结构的基本概念

钢筋混凝土结构是由配置受力的普通钢筋或钢筋骨架的混凝土制成的结构。

混凝土是一种人造石料,其抗压能力很强,而抗拉能力很弱。采用素混凝土制成的构件,例如素混凝土梁,当它承受竖向荷载作用时(图 1-3-1(a)),梁的正截面上产生弯矩,截面中性轴以上受压,以下受拉。当荷载达到某一数值 F_c 时,梁截面受拉边缘混凝土的拉应变达到极限拉应变,即出现竖向弯曲裂缝,这时,裂缝处截面的受拉区混凝土退出工作,该截面处受压高度减小,即使荷载不增加,竖向弯曲裂缝也会急速向上发展,导致梁骤然断裂(图 1-3-1(b))。这种破坏是很突然的。也就是说,当荷载达到 F_c 的瞬间,梁立即发生破坏。F_c 为素混凝土梁受拉区出现裂缝的荷载,一般称为素混凝土梁的开裂荷载,也是素

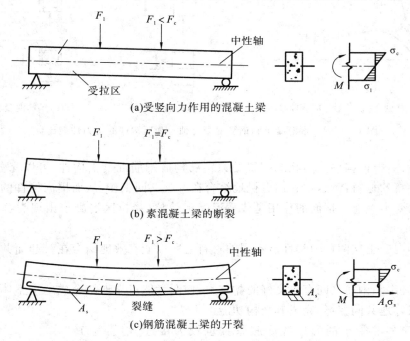

(a)受竖向力作用的混凝土梁

(b) 素混凝土梁的断裂

(c)钢筋混凝土梁的开裂

图 1-3-1　素混凝土梁和钢筋混凝土梁

混凝土梁的破坏荷载。由此可见,素混凝土梁的承载能力是由混凝土的抗拉强度决定的,而混凝土的抗压强度远未被充分利用。

在制造混凝土梁时,倘若在梁的受拉区配置适量的纵向受力钢筋,就构成钢筋混凝土梁。试验表明,和素混凝土梁有相同截面尺寸的钢筋混凝土梁,承受的竖向荷载略大于 F_c 时,梁的受拉区混凝土仍会出现裂缝。在出现裂缝的截面处,受拉区混凝土虽退出工作,但配置在受拉区的钢筋将可承担几乎全部的拉力。这时,钢筋混凝土梁不会像素混凝土梁那样立即裂断,而能继续承受荷载作用(图1-3-1(c)),直至受拉钢筋屈服,继而截面受压区的混凝土也被压碎,梁才破坏。因此,混凝土的抗压强度和钢筋的抗拉强度都能得到充分的利用,钢筋混凝土梁的承载能力可较素混凝土梁提高很多。

混凝土的抗压强度高,常用于受压构件。若在构件中配置受力钢筋构成钢筋混凝土受压构件,试验表明,与截面尺寸及长细比相同的素混凝土受压构件相比,不仅承载能力大为提高,而且受力性能也得到了改善(图1-3-2)。在这种情况下,钢筋的作用主要是协助混凝土共同承受压力。

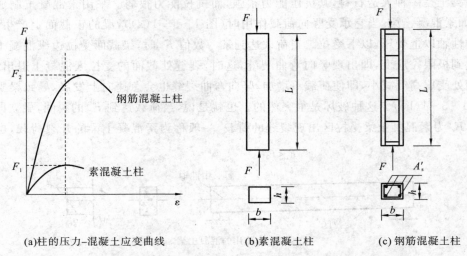

(a)柱的压力-混凝土应变曲线　　(b)素混凝土柱　　(c)钢筋混凝土柱

图1-3-2　素混凝土和钢筋混凝土轴心受压构件的受力性能比较

综上所述,根据构件受力状况配置受力钢筋构成钢筋混凝土构件,可以充分利用钢筋和混凝土各自的材料特点,把它们有机地结合在一起共同工作,从而提高构件的承载能力,改善构件的受力性能。钢筋的作用是代替混凝土受拉(受拉区混凝土出现裂缝后)或协助混凝土受压。

钢筋和混凝土这两种力学性能不同的材料之所以能有效地结合在一起而共同工作,主要是由于:

(1)混凝土和钢筋之间有着良好的黏结力,使两者能可靠地结合成一个整体,在荷载作用下能够很好地共同变形,完成其结构功能。

(2)钢筋和混凝土的温度线膨胀系数也较为接近[钢筋为 $1.2 \times 10^{-5}/℃$,混凝土为 $(1.0 \sim 1.5) \times 10^{-5}/℃$],因此,当温度变化时,不致产生较大的温度应力而破坏两者之间的黏结。

（3）包围在钢筋外面的混凝土，起着保护钢筋免遭锈蚀的作用，保证了钢筋与混凝土的共同作用。

2. 钢筋混凝土结构特点

钢筋混凝土除了能合理利用钢筋和混凝土两种材料的性能外，尚有下列优点：

（1）在钢筋混凝土结构中，混凝土的强度随时间的增长而增长，且钢筋受到混凝土的保护而不锈蚀，所以钢筋混凝土结构的耐久性很好。处于侵蚀性介质或受海水浸泡的钢筋混凝土结构，经过合理的设计以及采取特殊的措施，一般也能满足工程需要。

（2）混凝土是不良导热体，遭受火灾时，钢筋因有混凝土包裹而不致很快升温而丧失承载力，因而比钢、木结构耐火性能好。

（3）钢筋混凝土结构特别是整体浇筑的钢筋混凝土结构，由于其整体性好，又具有较好的延性，有利于抗震、抗爆。

（4）混凝土可根据设计需要浇筑成各种形状和尺寸的结构，适用于形状较复杂或对建筑造型有较高要求的结构。

（5）混凝土中占比例较大的砂、石等材料，产地普遍，就地取材比较容易，可以降低造价。

然而，钢筋混凝土结构也存在一些主要缺点：

（1）自重大。对于大跨度结构、高层建筑以及结构抗震都是不利的，而且在施工中也会增加材料的运输费用，并使构件吊装、连接都很不方便。

（2）抗裂性差。正常使用时往往是带裂缝工作的。

（3）费工费料、施工周期长。建造整体式的钢筋混凝土结构比较费工，同时施工中的模板和支撑，需要耗用较多木材；且混凝土需在模板内进行一段时间的养护，致使工期延长，同时施工还受到气候的影响较大。

（4）修补或拆除较困难。

二、钢筋的力学性能

1. 钢筋的品种与规格

（1）按化学成分可分为碳素钢和普通低合金钢。根据含碳量的多少，碳素钢又可分为低碳钢（含碳量<0.25%）、中碳钢（含碳量0.25%～0.6%）和高碳钢（含碳量>0.6%）。含碳量越高，则钢材强度越高，但塑性和可焊性随之降低。

普通低合金钢是在碳素钢的基础上，加入了少量的合金元素，如锰、硅、矾、钛等，有20 MnSi、20 MnSiV、20 MnTi 等，其中名称前面的数字代表平均含碳量（以万分之一计，一般总量不超过3%）。由于加入了合金元素，可有效提高钢材的强度和改善钢材的性能。

（2）按加工方法可分为热轧钢筋、冷拉钢筋、冷轧带肋钢筋、热处理钢筋和钢丝五大类。

（3）钢筋按外形特征可分为光面圆钢筋和带肋钢筋两大类。

光面圆钢筋的强度等级代号为R 235，相当于原标准的Ⅰ级钢筋，厂家生产的公称直径范围为8～20 mm。

带肋钢筋按强度分为HRB 335 和HRB 400、KL 400 三个等级。HRB 335 钢筋相当于原标准的Ⅱ级钢筋，厂家生产的公称直径范围为6～50 mm，推荐采用直径一般不超过32 mm。HRB 400 和KL 400 钢筋相当于原标准的Ⅲ级钢筋；其中HRB 400 为按国家标准《钢筋混凝土用热轧带肋钢筋》(GB 1499—1998)生产的热轧钢筋,公称直径范围为 6～50 mm;KL 400 为按国家标准《钢筋混凝土用余热处理钢筋》(GB 13014—1991)生产的余热处理钢筋,厂家生产的公称直径范围为 8～40 mm。

各种热轧钢筋的外形如图 1-3-3 所示。

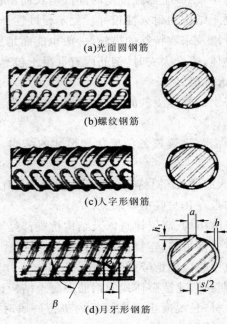

(a)光面圆钢筋

(b)螺纹钢筋

(c)人字形钢筋

(d)月牙形钢筋

图 1-3-3　各种热轧钢筋的外形

2. 钢材的强度与变形

(1)低碳钢拉伸时的主要力学性能

图 1-3-4 为低碳钢的一次拉伸应力-应变曲线,通过单向拉伸试验可以获得钢材的屈服点 σ_s、抗拉强度 σ_b 和伸长率 δ 等基本力学性能指标。

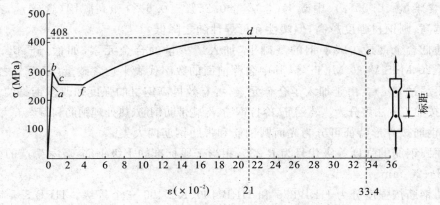

图 1-3-4　低碳钢一次拉伸应力-应变曲线

钢筋混凝土结构

低碳钢拉伸试验低碳钢在整个拉伸试验过程中,大致分四个阶段:

①第Ⅰ阶段。应力-应变呈线性关系,卸载后,试件能够恢复原长,故此阶段称为弹性阶段。弹性阶段最高点所对应的应力称为弹性极限 σ_p。

②第Ⅱ阶段。当应力超过弹性极限后,应变较应力增加得快,应力-应变曲线形成屈服台阶。此时,应变急剧增长,而应力却在很小的范围内波动,这个阶段称为屈服阶段,若将外力卸去,试件的变形不可能完全恢复,不能恢复的那部分变形称为残余变形(或称为塑性变形)。工程上取屈服阶段的最低点作为规定计算强度的依据,称为屈服点,以 σ_s 表示。

并非所有的钢材都具有明显的屈服点和屈服台阶,当含碳量很少(含碳量 0.1% 以下)或含碳量很高(含碳量 3% 以上)时都没有屈服台阶出现。对于无屈服台阶的钢材,通常采用相当于残余应变为 0.2% 时所对应的应力 $\sigma_{0.2}$ 作为屈服点(对称条件屈服强度),《公桥规》取 $\sigma_{0.2} = 0.85\sigma_b$。图 1-3-5 为高碳钢的应力-应变曲线。

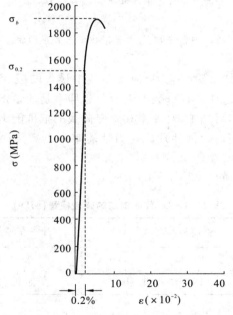

图 1-3-5 高碳钢应力-应变曲线

③第Ⅲ阶段。屈服阶段以后,钢材抵抗外力的能力又得到恢复,应力与应变关系为上升的曲线,这个阶段称为强化阶段。对应于强化阶段最高点的应力就是钢材的抗拉强度,以 σ_b 表示。

④第Ⅳ阶段。钢材在达到抗拉强度 σ_b 以后,在试件薄弱处的截面将开始显著缩小,产生颈缩现象,塑性变形迅速增大,拉应力随之下降,最后在缩颈处断裂。

钢材的屈服点和抗拉强度是强度的主要指标。

钢材达到屈服点时结构将产生很大的塑性变形,故结构的正常使用会得不到保证,考虑到钢材应力达到屈服点 σ_s 后,应变急剧增长,产生较大的变形,因此,钢材计算取屈服点 σ_s 作为钢材的强度限值,抗拉强度 σ_b 作为钢材的强度储备。

《公桥规》规定普通钢筋抗拉强度标准值 f_{sk},见表 1-3-1 所列。

按承载能力极限状态设计时,普通钢筋抗拉、抗压强度取值采用的是设计值 f_{sd}、f'_{sd},见表1-3-1所列。

表 1-3-1　普通钢筋强度标准值和设计值(MPa)

钢筋种类		符号	f_{sk}	f_{sd}	f'_{sd}
R235	$d=8\sim20$	φ	235	195	195
HRB335	$d=6\sim50$	φ	335	280	280
HRB400	$d=6\sim50$	φ	400	330	330
KL400	$d=8\sim40$	$φ^R$	400	330	330

注:1. d 系指国家标准中的钢筋公称直径,单位 mm;

2. 钢筋混凝土轴心受拉和小偏心受拉构件的钢筋抗拉强度设计值大于 330 MPa 时,仍应按 330 MPa 取用;

3. 构件中配有不同种类的钢筋时,每种钢筋应采用各自的强度设计值。

(2)延伸率

钢材的延伸率 δ 是拉伸试验时应力-应变曲线中最大的应变值,以试件被拉断时最大绝对伸长值和试件原标距之比的百分数来表示。延伸率是衡量钢材塑性性能的指标,延伸率大则说明钢的塑性好,容易加工,对冲击和急变荷载的抵抗能力强。

钢材在单向受压(粗而短的试件)时,受力性能基本上和单向受拉时相同,其屈服点和弹性模量的大小也与受拉时一样。

各类普通钢筋的弹性模量见表 1-3-2 所列。

表 1-3-2　普通钢筋的弹性模量(MPa)

钢筋种类	E_s
R 235	2.1×10^5
HRB 335、HRB 400、KL 400	2.0×10^5

受剪的情况也相似,但屈服点及抗剪强度均较受拉时低;切变模量 G_s 也低于弹性模量 E_s,《公桥规》取 $G_s=0.81\times10^5$ MPa。

(3)冷弯性能

冷弯性能是指钢材在冷加工(即在常温下加工)产生塑性变形时,对产生裂缝的抵抗能力。

冷弯试验一方面是检验钢材能否适应构件制作中的冷加工工艺过程;另一方面通过试验还能暴露出钢材的内部缺陷,鉴定钢材的塑性和可焊性。冷弯试验是鉴定钢材质量的一种良好方法,常作为静力拉伸试验和冲击试验等的补充试验。如图1-3-6所示。

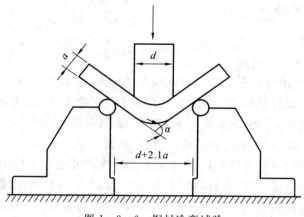

图 1-3-6　钢材冷弯试验

（4）冲击韧性

钢材的冲击韧性是钢材在塑性变形和断裂过程中吸收能量的能力，也是表示钢材抵抗冲击荷载的能力，它是强度与塑性的综合体现，是衡量钢材抵抗因低温、应力集中、冲击荷载作用发生脆性断裂的一项力学性能指标。通常采用有特定缺口的标准试件，在试验机上进行冲击荷载试验使构件断裂来测定。如图 1-3-7 所示。

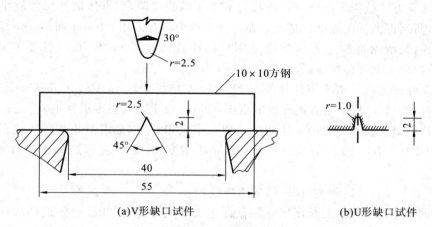

(a)V形缺口试件　　　　　　　(b)U形缺口试件

图 1-3-7　钢材冲击韧性试验（尺寸单位：mm）

（5）可焊性

钢材的可焊性，是指在一定的工艺和结构条件下，钢材经过焊接后能够获得良好的焊接接头的性能。可焊性分为施工上的可焊性和使用性能上的可焊性。

施工上的可焊性是要求在一定的焊接工艺条件下，焊缝金属和近缝区的钢材不产生裂纹；使用性能上的可焊性要求焊接构件在施焊后的力学性能不低于母材的力学性能。

钢材的可焊性可以采用钢材焊接接头的冷弯试验获得。

三、混凝土的力学性能

1. 混凝土的强度

(1)混凝土立方体抗压强度

我国国家标准《普通混凝土力学性能试验方法标准》(GB/T 50081—2002)规定以边长为 150 mm 的立方体试件为标准试件,在标准条件下(温度为 20 ℃±2 ℃,相对湿度为 95%以上的潮湿空气中)养护 28 d,用标准试验方法测得的具有 95%保证率的抗压强度值(以 MPa 为单位)作为混凝土的立方体抗压强度,用符号 $f_{cu,k}$ 表示。

我国现行《公桥规》对立方体抗压强度标准值的测定方法与上述国家标准相同。该值也用来表示混凝土的强度等级,并冠以"C",如 C50 表示 50 级混凝土,即 $f_{cu,k}$=50 MPa。

混凝土立方体抗压强度与试验方法有密切的关系。标准试验方法是指混凝土试件在试验过程中要采用恒定的加载速度:混凝土强度等级在＜C30 时,取每秒钟 0.3～0.5 N/mm²;混凝土强度等级≥C30 且＜C60 时,取每秒钟 0.5～0.8 N/mm²;混凝土强度等级≥C60 时,取每秒钟 0.8～1.0 N/mm²。试验时混凝土试件上下表面(即与试验机接触面)不涂刷润滑剂。在通常情况下,试件上、下表面与试验机承压板之间将产生阻止试件向外自由变形的摩阻力,阻滞了裂缝的发展,若在承压板和试件上下表面之间涂刷润滑剂,则试验加压时摩阻力大为减小,所测得的抗压强度要低。

混凝土立方体抗压强度还与试件尺寸有关。试验表明,立方体试件尺寸越小,摩阻力影响越大,所测得的抗压强度也越高。在实际工程中也有采用200 mm和100 mm的混凝土立方体试件,则所测得的立方体强度分别乘以换算系数 1.05 和 0.95 来折算成边长为 150 mm 的混凝土立方体抗压强度。

混凝土强度等级一般有 C15、C20、C25、C30、C35、C40、C45、C50、C55、C60、C65、C70、C75 和 C80 等。C50 以下为普通强度混凝土,C50 及以上为高强度混凝土。

公路桥混凝土强度等级的选择应按下列规定采用:①钢筋混凝土构件不应低于 C20,当采用 HRB400、KL400 级钢筋配筋时,不应低于 C25;②预应力混凝土构件不应低于 C40。

(2)混凝土轴心抗压强度(棱柱体抗压强度)

通常钢筋混凝土构件的长度比它的截面边长要大得多,因此棱柱体试件(高度大于截面边长的试件)的受力状态更接近于实际构件混凝土的受力情况。国家标准《普通混凝土力学性能试验方法标准》(GB/T 50081—2002)规定,以 150 mm×150 mm×300 mm 作为标准试件,按照与立方体试件相同条件下制作和试验方法所测得的棱柱体试件的抗压强度值,称为混凝土轴心抗压强度,用符号 f_c 表示。

试验表明,棱柱体试件的抗压强度较立方体试件的抗压强度低。

(3)混凝土轴心抗拉强度

混凝土的抗拉强度,用符号 f_t 表示,它和抗压强度一样,都是混凝土的基本指标。但是混凝土的抗拉强度比抗压强度低得多,比值大约在 1/8～1/18 之间。在进行钢筋混凝土结构强度计算时,当裂缝出现以后,混凝土的抗拉强度已经没有实际意义。对于不允许出现裂缝的结构,混凝土的抗拉强度是衡量结构抗裂度的重要指标。

混凝土轴心受拉试验的试件可采用在两端预埋钢筋的混凝土试件,但测试结果离散性很大。目前,国内外常采用立方体或圆柱体的劈裂试验来测定混凝土的轴心抗拉强度。

《公桥规》规定混凝土轴心抗压强度 f_{ck} 和轴心抗拉强度标准值 f_{tk},见表 1-3-3 所列。

按承载能力极限状态设计时,混凝土抗压、抗拉强度取值采用的是设计值 f_{cd}、f_{td},见表 1-3-3 所列。

表 1-3-3 混凝土强度标准值和设计值(MPa)

强度种类 \ 强度等级	C15	C20	C25	C30	C35	C40	C45	C50	C55	C60	C65	C70	C75	C80
f_{ck}	10.0	13.4	16.7	20.1	23.4	26.8	29.6	32.4	35.5	38.5	41.5	44.5	47.4	50.2
f_{tk}	1.27	1.54	1.78	2.01	2.20	2.40	2.51	2.65	2.74	2.85	2.93	3.00	3.05	3.10
f_{cd}	6.9	9.2	11.5	13.8	16.1	18.4	20.5	22.4	24.4	26.5	28.5	30.5	32.4	34.6
f_{td}	0.88	1.06	1.23	1.39	1.52	1.65	1.74	1.83	1.89	1.96	2.02	2.07	2.10	2.14

注:计算现浇钢筋混凝土轴心受压和偏心受压构件时,如截面的长边或直径小于 300 mm,表中数值应乘以系数 0.8。当构件质量(混凝土成型、截面和轴线尺寸等)确有保证时,可不受此限。

2. 混凝土的变形

混凝土的变形可分为两类,一类是在荷载作用下的受力变形,如一次短期加载作用下的变形、重复荷载作用下的变形以及长期荷载作用下的变形;另一类与受力无关,称为体积变形,如混凝土收缩以及温度变化引起的变形。

(1)混凝土在一次短期加载作用下的变形

一般取棱柱体试件来测试在轴心受压作用下的应力-应变曲线。在试验时,需使用刚度较大的试验机,或者在试验中用控制应变速度的特殊装置来等应变速度地加载,或者在普通压力机上用高强弹簧(或油压千斤顶)与试件共同受压,测得混凝土试件轴心受压时典型的应力-应变曲线如图 1-3-8 所示。

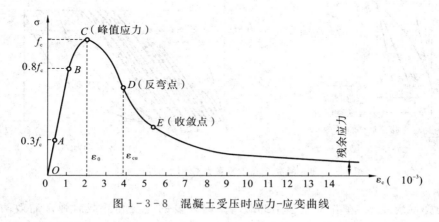

图 1-3-8 混凝土受压时应力-应变曲线

完整的混凝土轴心受压应力-应变曲线由上升段 OC、下降段 CD 和收敛段 DE 三个阶段组成。

上升段:当压应力 $\sigma_c < 0.3 f_c$ 左右时,应力-应变关系接近直线变化(OA 段),混凝土处于弹性阶段工作。在压应力 $\sigma_c \geqslant 0.3 f_c$ 后,随着压应力的增大,应力-应变关系愈来愈偏离直线,任一点的应变 ε 可分为弹性应变 ε_{ce} 和塑性应变 ε_{cp} 两部分,原有的混凝土内部微裂缝发展,并在孔隙等薄弱处产生新的个别微裂缝。当应力达到 $0.8 f_c$(B 点)左右后,混凝土塑性变形显著增大,内部裂缝不断延伸扩展,并有几条贯通,应力-应变曲线斜率急剧减小,如果不继续加载,裂缝也会发展,即内部裂缝处于非稳定发展阶段。当应力达到最大应力 $\sigma = f_c$ 时(C 点),应力应变曲线的斜率已接近于水平,试件表面出现不连续的可见裂缝。

下降段:到达峰值应力点 C 后,混凝土的强度并不完全消失,随着应力 σ 的减小(卸载),应变仍然增加,曲线下降坡度较陡,混凝土表面裂缝逐渐贯通。

收敛段:在反弯点 D 之后,应力下降的速率减慢,趋于稳定的残余应力。表面纵向裂缝把混凝土棱柱体分成若干个小柱,外载力由裂缝处的摩擦咬合力及小柱体的残余强度所承受。

对于没有侧向约束的混凝土,收敛段没有实际意义,所以通常只注意混凝土轴心受压应力应变曲线的上升段 OC 和下降段 CD,而最大应力值 f_c 及相应的应变值 ε_0 以及 D 点的应变值(称极限压应变值 ε_{cu})成为曲线的三个特征值。对于均匀受压的棱柱体试件,其压应力达到 f_c 时,混凝土就不能承受更大的压力,成为结构构件计算时混凝土强度的主要指标。与 f_c 相比对应的应变 ε_0 随混凝土强度等级而异,约在 $(1.5 \sim 2.5) \times 10^{-3}$ 间变化,通常取其平均值为 $\varepsilon_0 = 2.0 \times 10^{-3}$。应力应变曲线中相应 D 点的混凝土极限压应变 ε_{cu} 约为 $(3.0 \sim 5.0) \times 10^{-3}$。

(2)混凝土在重复荷载作用下的变形性能

混凝土在多次重复荷载作用下,其应力、应变性质与短期一次加载情况有显著不同。由于混凝土是弹塑性材料,初次卸载至应力为零时,应变不可能全部恢复。可恢复的那部

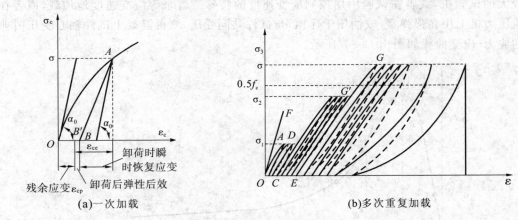

图 1-3-9　混凝土在重复荷载作用下的应力-应变曲线

分称之为弹性应变 ε_{ce},弹性应变包括卸载时瞬时恢复的应变和卸载后弹性后效两部分;不可恢复的部分称之为残余应变 ε_{cp}(即塑性应变),如图 1-3-9(a)所示。因此在一次加载卸载过程中,混凝土的应力-应变曲线形成一个环状。

混凝土在多次重复荷载作用下的应力-应变曲线如图 1-3-9(b)所示。当加载应力相

对较小(一般认为 σ_1 或 $\sigma_2 < 0.5f_c$)时,随着加载卸载重复次数的增加,残余应变会逐渐减小,一般重复 5～10 次后,加载和卸载应力-应变曲线环就越来越闭合,并接近一直线,混凝土呈现弹性工作性质。

如果加载应力超过某一个限值时(如图中 $\sigma_3 \geqslant 0.5f_c$,但仍小于 f_c),经过几次重复加载卸载,应力-应变曲线就变成直线,再经过多次重复加载卸载后,应力-应变曲线出现反向弯曲,逐渐凸向应变轴,斜率变小,变形加大,重复加载卸载到一定次数时,混凝土试件将因严重开裂或变形过大而破坏,这种因荷载多次重复作用而引起的破坏称为疲劳破坏。

桥梁工程中,通常要求能承受 200 万次以上反复荷载并不得产生疲劳破坏,这一强度称为混凝土的疲劳强度,该值约为其棱柱体抗压强度的 50%。

我国工程上所取用的混凝土受压弹性模量 E_c 就是在重复加载的应力-应变曲线上求得的。

混凝土的受拉弹性模量,根据有关试验资料,其与受压弹性模量之比约为 0.82～1.12,平均值为 0.995,故可认为混凝土的受拉弹性模量与受压弹性模量相等。

各类混凝土受压或受拉时的弹性模量 E_c 按表 1-3-4 采用。

表 1-3-4　混凝土的弹性模量(MPa)

强度等级	C15	C20	C25	C30	C35	C40	C45	C50	C55	C60	C65	C70	C75	C80
$E_c(\times 10^4)$	2.20	2.55	2.80	3.00	3.15	3.25	3.35	3.45	3.55	3.60	3.65	3.70	3.75	3.80

(3)混凝土在长期荷载作用下的变形性能

在不变的应力长期持续作用下,混凝土的变形随时间而不断增长的现象,称为混凝土的徐变。混凝土的徐变对结构构件的变形、承载力以及预应力钢筋的应力损失都将产生重要的影响。

混凝土产生徐变的主要原因是在荷载长期作用下,混凝土凝胶体中的水分逐渐压出,水泥石逐渐发生粘性流动,微细空隙逐渐闭合,结晶体内部逐渐滑动、微细裂缝逐渐发生等各种因素的综合结果。

如图 1-3-10 所示为我国铁道部科学研究院所做的混凝土棱柱体试件徐变的试验曲线,试件加载至应力达 $0.5f_c$ 时,保持应力不变。由图可见,混凝土的总应变由两部分组成,即加载过程中完成的瞬时应变 ε_{ela} 和荷载持续作用下逐渐完成的徐变应变 ε_{cr}。徐变开始增长较快,以后逐渐减慢,经过长时间后基本趋于稳定。通常在前 4 个月内增长较快,半年内可完成总徐变量的 70%～80%,第一年内可完成 90% 左右,其余部分持续几年才能完成。最终总徐变量约为瞬时应变的 2～4 倍。此外,图中还表示了两年后卸载时应变的恢复情况,其中 ε'_{ela} 为卸载时瞬时恢复的应变,其值略小于加载时的瞬时应变 ε_{ela},ε''_{ela} 为卸载后的弹性后效,即卸载后经过 20 d 左右又恢复的一部分应变,其余很大一部分应变是不可恢复的,称为残余应变 ε'_{cr}。

影响混凝土徐变的因素有很多,除了受材料组成及养护和使用环境条件等客观因素将后有影响外,从结构角度分析,持续应力的大小和受荷时混凝土的龄期(即硬化强度)是影响混凝土徐变的主要因素。

试验表明,混凝土的徐变与持续应力的大小有密切的关系,持续应力越大,徐变越大。

试验表明,受荷时混凝土的龄期(即硬化程度)对混凝土的徐变有重要影响。受荷时混凝土的龄期越短,混凝土中尚未完全结硬的水泥凝胶体越多,徐变也越大。因此,混凝土结构过早地受荷(即过早的拆除底模板),将产生较大的徐变,对结构是不利的。

　　此外,混凝土的组成对混凝土的徐变也有很大影响。水灰比越大,水泥水化后残存的游离水越多,徐变也越大;水泥用量越多,水泥凝胶体在混凝土中所占比重也越大,徐变也越大;集料越坚硬,弹性模量越高,以及集料所占体积比越大,则由水泥凝胶体流动后转给集料的压力所引起的变形也越小。

　　外部环境对混凝土的徐变亦有重要影响。养护环境湿度越大,温度越高,水泥水化作用越充分,则徐变就越小。混凝土在使用期间处于高温、干燥条件下所产生的徐变比低温、潮湿环境下明显增大。此外,由于混凝土中水分的挥发逸散与构件的体表比有关,这些因素都对徐变有所影响。

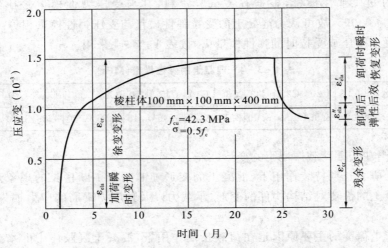

图 1-3-10　混凝土的徐变(加载卸载应变与时间关系曲线)

(4)混凝土的收缩和膨胀

　　混凝土在空气中结硬时其体积会缩小,这种现象称为混凝土收缩;混凝土在水中结硬时体积会膨胀,称为混凝土的膨胀。一般来说,混凝土的膨胀值比收缩值要小得多,且常起有利作用,在计算中不予考虑。

　　混凝土产生收缩的原因,一般认为是由水泥凝胶体本身的体积收缩(凝缩)以及混凝土因失水产生的体积收缩(干缩)共同造成的。

　　如图 1-3-11 所示为我国铁道部科学研究院所作的混凝土自由收缩的试验曲线。由图可见收缩应变也是随时间而增长的。结硬初期应变发展很快,以后逐渐减慢,整个收缩过程可延续两年左右。蒸汽养护时,由于高温高湿条件能加速混凝土的凝结和结硬过程,减少混凝土的水分蒸发,因而混凝土的收缩值比常温养护时小。一般情况下,混凝土收缩应变终值约为 $(2\sim5)\times10^{-4}$。

钢筋混凝土结构

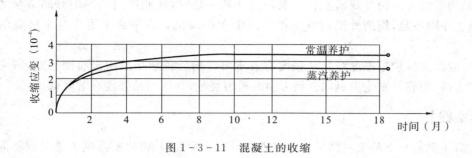

图 1-3-11 混凝土的收缩

影响混凝土收缩的原因有许多,如混凝土的组成和配比、外部环境等。

当混凝土受到各种制约不能自由收缩时,将在混凝土中产生拉应力,甚至导致混凝土产生收缩裂缝。在钢筋混凝土构件中,钢筋因受到混凝土收缩影响产生压应力,而混凝土则产生拉应力,如果构件截面配筋过多,构件就可能产生收缩裂缝。在预应力混凝土构件中,混凝土收缩将引起预应力损失。收缩对某些钢筋混凝土超静定结构也将产生不利影响。

四、钢筋与混凝土之间的黏结

在钢筋混凝土结构中,钢筋和混凝土这两种材料之所以能够共同工作的前提是具有足够的黏结强度,能承受由于变形差(相对滑移)沿钢筋与混凝土接触面上产生的剪应力,通常把这种剪应力称为黏结应力。

1. 黏结力的形成

光面圆钢筋与带肋钢筋具有不同的黏结机理。

光面圆钢筋与混凝土的黏结作用主要由三部分组成:(1)混凝土中水泥胶体与钢筋表面的化学胶着力;(2)钢筋与混凝土接触面上的摩擦力;(3)钢筋表面粗糙不平产生的机械咬合力。其中胶着力所占比例很小,发生相对滑移后,黏结力主要由摩擦力和咬合力提供。光面圆钢筋的黏结强度较低,约为$(1.5 \sim 3.5)$MPa。

带肋钢筋由于表面轧有肋纹,能与混凝土犬牙交错紧密结合,其胶着力和摩擦力仍然存在,但主要是钢筋表面凸起的肋纹与混凝土的机械咬合作用。带肋钢筋与混凝土的黏结强度要比光圆钢筋高得多,约为$(2.5 \sim 6.0)$MPa。

2. 影响黏结强度的因素

影响钢筋与混凝土之间黏结强度的因素很多,其中主要为混凝土强度、浇筑位置、保护层厚度及钢筋净间距等。

(1)光面圆钢筋及变形钢筋的黏结强度均随混凝土强度等级的提高而提高,但并不与立方体强度 f_{cu} 成正比。试验表明,当其他条件基本相同时,黏结强度与混凝土抗拉强度 f_t 近乎成正比。

(2)黏结强度与浇筑混凝土时钢筋所处的位置有明显关系。混凝土浇筑后有下沉及泌水现象,处于水平位置的钢筋,直接位于其下面的混凝土,由于水分、气泡的逸出及混凝土的下沉,并不与钢筋紧密接触,形成了间隙层,削弱了钢筋与混凝土间的黏结作用,使水平位置钢筋比竖位钢筋的黏结强度显著降低。

（3）钢筋混凝土构件截面上有多根钢筋并列一排时，钢筋之间的净距对黏结强度有重要影响。净距不足，钢筋外围混凝土将会发生在钢筋位置水平面上贯穿整个梁宽的劈裂裂缝。

（4）混凝土保护层厚度对黏结强度有着重要影响。特别是采用带肋钢筋时，若混凝土保护层太薄，则容易发生沿纵向钢筋方向的劈裂裂缝，并使黏结强度显著降低。

【学习实践】

1. 简述钢筋与混凝土共同工作的机理。以简支梁为例，说明素混凝土梁与钢筋混凝土梁受力性能的差异。

2. 简述钢筋混凝土结构的特点。

3. 简述钢筋的主要分类，举例用符号表示常用钢筋。

4. 什么是混凝土立方体抗压强度？什么是混凝土轴心抗压强度？举例进行混凝土强度设计值和标准值的取值。

5. 什么是混凝土的收缩和徐变？简述减小混凝土收缩和徐变的方法。

6. 公路桥涵工程中对钢筋和混凝土有何特殊要求？

7. 请说出 φ16 与 φ16 这两种钢筋的区别。

【实践过程】

【学习心得】

通过本任务的学习，我的体会有

学习项目2　钢筋混凝土受弯构件

任务 2-1　受弯构件的构造与正截面计算

【学习目标】

通过本任务的学习,要求学生熟悉以下内容:

1. 能描述梁、板的截面形式、截面尺寸等构造要求,会使用规范查找相应的保护层厚度。
2. 能认识梁、板内常用的各种钢筋,描述其构造,会识读梁、板的钢筋构造图。
3. 能根据规范规定绘制梁、板横截面钢筋布置图。
4. 了解受弯构件正截面破坏形态。
5. 能通过计算配置单筋、双筋矩形截面受弯构件纵向钢筋,并绘制配筋图。
6. 能通过计算配置 T 形截面受弯构件纵向钢筋,并绘制配筋图。

【学习内容】

2-1-1　受弯构件的构造要求

钢筋混凝土受弯构件是组成桥涵结构的基本构件,在桥涵工程中应用极为广泛。其中梁、板为典型的受弯构件。

梁、板的区别主要在于截面高宽比的不同,其受力情况基本相同,即在外力作用下,梁、板均将承受弯矩(M)和剪力(V)的作用,因而,截面计算方法也基本相同。

梁和板按照它们的支承条件又可分为简支的、悬臂的和连续的几种类型,其受力简图、构造是不相同的。

对于钢筋混凝土受弯构件的设计,承载力计算与构造措施都很重要。工程实践证明,只有在精确计算的前提下,采取合理的构造措施,才能使设计出的结构安全适用和经济合理。现将钢筋混凝土梁、板正截面的有关构造分述如下:

一、梁的构造要求

1. 梁的截面形式和截面尺寸

梁最常用的截面形式有矩形、T 形和箱形等(图 2-1-1)。

钢筋混凝土梁根据使用要求和施工条件可以采用现浇或预制方式制造。为了使梁截

面尺寸有统一标准,便于施工,对常见的矩形截面和 T 形截面,梁截面尺寸按下述建议选用:

(1)现浇矩形截面梁的宽度 b 常取 120 mm、150 mm、180 mm、200 mm、220 mm 和 250 mm,其后按 50 mm 一级增加(当梁高 $h \leqslant 800$ mm 时)或 100 mm 一级增加(当梁高 $h > 800$ mm 时)。梁截面高度 h 与宽度 b 的比值(称高宽比)h/b 一般可取 2.0~3.5。

(2)预制的 T 形截面梁,其截面高度 h 与跨径 l 的比值(称高跨比)一般为 1/11~1/16,跨径较大时取用偏小比值。梁肋的宽度 b 常取 150~180 mm,根据梁内主筋布置及抗剪要求而定。

T 形截面梁翼缘悬臂端厚度不应小于 100 mm,梁肋处翼缘厚度不宜小于梁高 h 的 1/10。

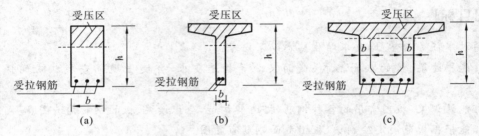

图 2-1-1 受弯构件的截面形式

2. 梁内钢筋

梁内的钢筋有纵向受力钢筋、弯起钢筋、箍筋、架立钢筋、纵向水平钢筋等。梁内的钢筋常常采用骨架形式,一般分为绑扎钢筋骨架和焊接钢筋骨架两种形式。绑扎骨架是用细铁丝将各种钢筋绑扎而成,如图 2-1-2 所示。

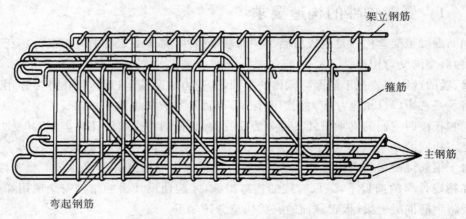

图 2-1-2 绑扎钢筋骨架示意图

焊接骨架是先将纵向受拉钢筋、弯起钢筋(或斜筋)和架立钢筋焊接成平面骨架,然后用箍筋将数片焊接的平面骨架组成立体骨架形式,如图 2-1-3 所示。

钢筋混凝土结构

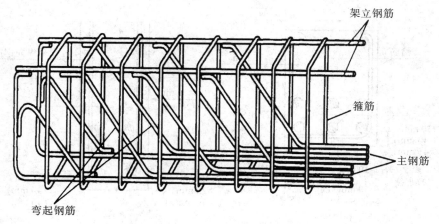

图 2-1-3　焊接钢筋骨架示意图

（1）纵向受力筋

布置在梁受拉区的纵向受力钢筋是梁内的主要受力钢筋，一般又称为主钢筋。当梁的高度受到限制时，亦可在受压区布置纵向受力钢筋，用以协助混凝土承担压应力。

纵向受力钢筋的数量由计算决定。选择的钢筋直径一般为 14～32 mm，通常不得超过 40 mm，同一梁内宜采用相同直径的钢筋，以简化施工。有时为了节省钢筋，也可以采用两种直径，但直径间相差不应小于 2 mm，以便施工识别。

梁内的纵向受力钢筋可以单根或 2～3 根成束的布置，组成束筋的单根钢筋直径不应大于 28 mm，束筋成束后的等代直径 $d_e = \sqrt{n}d$，n 为组成束筋的根数，d 为单根钢筋直径。当束筋的等代直径大于 36 mm 时，受拉区应设表层带肋钢筋网，在顺束筋长度方向，钢筋直径不小于 8 mm，其间距不大于 100 mm，在垂直于束筋长度方向，钢筋直径不小于 6 mm，其间距不大于 100 mm。上述钢筋网的布置范围，应超出束筋的设置范围，每边不小于 5 倍束筋等代直径。

梁内的纵向钢筋亦可采用竖向不留空隙焊成多层钢筋骨架。

采用单根配筋时，主钢筋层数不宜多于 3 层，上下层主钢筋的排列应由下至上，下粗上细，对称布置，并应上下左右对齐。为了便于浇筑混凝土，保证混凝土质量和增加混凝土与钢筋之间的黏结力，梁内主钢筋间和层与层间应有一定的净距，如图 2-1-4 所示。绑扎钢筋骨架中，当钢筋为 3 层及以下时，净距不应小于 30 mm，并不小于钢筋直径；当钢筋为 3 层以上时，净距不应小于 40 mm 或钢筋直径的 1.25 倍。对于束筋，此处直径采用等代直径。

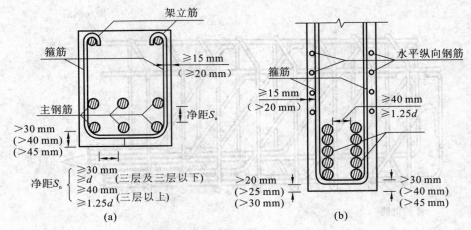

图 2-1-4　梁内钢筋位置和保护层

当采用焊接骨架时,多层钢筋骨架的叠高一般不超过$(0.15\sim0.20)h$,此处 h 为梁高。

为了防止钢筋锈蚀,主钢筋至梁底面的净距应不小于 30 mm,亦不大于 50 mm,两外侧的主钢筋与梁侧面的净距应不小于 30 mm。

在钢筋混凝土梁的支点处(包括端支点),应至少有两根并不少于总数 1/5 的下层受拉主钢筋通过。底层两外侧的受拉主钢筋应伸出支点截面以外,并弯成直角顺梁高延伸至顶部,与顶层纵向架立钢筋相连。底层两侧之间其他未弯起的受拉主钢筋伸出支点截面以外的长度,对光面圆钢筋应不小于 10 d(并带半圆钩),对带肋钢筋也应不小于 10 d,对环氧树脂涂层钢筋应不小于 12.5 d,d 为受拉主钢筋直径。

受力主钢筋端部弯钩形状如图 2-1-5 所示。

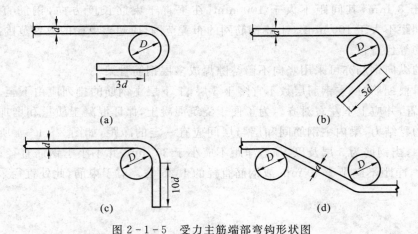

图 2-1-5　受力主筋端部弯钩形状图

(2)弯起钢筋(斜筋)

梁内弯起钢筋是由主钢筋按规定的部位和角度弯至梁上部后,并满足锚固要求的钢筋;斜筋是专门设置的斜向钢筋。它们的设置及数量均由抗剪计算确定。

钢筋混凝土结构

弯起钢筋与梁的纵轴线一般成 45°,在特殊情况下,可取不小于 30°或不大于 60°弯起。弯起钢筋的末端(弯终点以外)应留一定的锚固长度:受拉区不应小于 20d,受压区不应小于 10d,环氧树脂涂层钢筋可增加 25%,光面圆钢筋应设置半圆弯钩。

靠近支点的第一排弯起钢筋顶部的弯折点,应位于支座中心截面处;以后各排弯起钢筋的梁顶部弯折点,应落在或超过前一排(支点方向)弯起钢筋的弯折点前面。

当抗弯承载力富余的主钢筋弯起还不足以满足斜截面抗剪承载力要求时,或者由于构造上的要求需增设斜筋时,可以加焊专门的斜钢筋。弯起钢筋(斜筋)与纵向钢筋之间的焊接,一般采用双面焊缝,其长度为 5d;当采用单面焊缝时,其长度为 10d。

(3)箍筋

梁内箍筋通常垂直于梁轴线布置,箍筋除了满足斜截面抗剪外,它还可以联结受拉主钢筋和受压区混凝土使其共同工作,在构造上还起着固定钢筋位置使梁内各种钢筋构成钢筋骨架的作用。因此,无论计算上是否需要,梁内均应设置箍筋。箍筋的形式如图 2-1-6 所示。

梁内仅配有纵向受拉钢筋时,可采用开口箍筋;除纵向受拉筋外,还配有纵向受压钢筋的双筋截面或同时承受弯扭作用的梁,应采用闭口箍筋。同时,同排内任一纵向受压钢筋,离箍筋折角处的纵向钢筋(角筋)的间距不应大于 150 mm 或 15 倍箍筋直径(取较大者),否则,应设置复合箍筋。各根箍筋的弯钩接头在纵向位置应交替布置。

箍筋直径不小于 8 mm 且不小于主钢筋直径的 1/4,每根箍筋所箍的受拉钢筋,每排应不多于 5 根;所箍受压钢筋每排应不多于 3 根。当受拉钢筋一排多于 5 根或者受压钢筋一排多于 3 根时,则需采用四肢或更多肢数的箍筋。

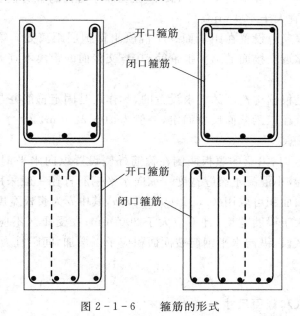

图 2-1-6　箍筋的形式

箍筋的末端应做成弯钩,弯钩的弯曲直径应大于被箍的受力主钢筋的直径。弯钩平直段长度,一般结构不应小于箍筋直径的 5 倍,抗震结构不应小于箍筋直径的 10 倍。弯钩的形式,可按图 2-1-7(a)、(b)加工。

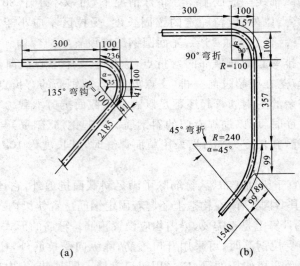

图 2-1-7 钢筋加工示意图(尺寸单位:mm)

箍筋间距不应大于梁高的 1/2 且不大于 400 mm,当所箍的为纵向受压钢筋时,不应大于所箍钢筋直径的 15 倍且不应大于 400 mm。钢筋绑扎搭接接头范围内的箍筋间距,当绑扎搭接钢筋受拉时不应大于主钢筋直径的 5 倍,且不大于 100 mm;当搭接钢筋受压时不应大于主钢筋直径的 10 倍,且不大于 200 mm。在支座中心向跨径方向长度相当于一倍梁高范围内,箍筋间距不宜大于 100 mm。

近梁端第一根箍筋应设置在距端面一个混凝土保护层距离处。梁与梁或梁与柱交接范围可不设箍筋。靠近交接面的第一根箍筋,其与交接面的距离不宜大于 50 mm。

(4)架立钢筋

架立钢筋主要是根据构造上的要求设置的,其作用是固定箍筋并与主钢筋等构成钢筋骨架。架立钢筋的直径依梁截面尺寸而定,一般为 10~22 mm。

(5)纵向水平钢筋

当梁高大于 1 m 时,沿梁的腹板两侧在箍筋外侧设置纵向水平钢筋,以抵抗温度应力及混凝土收缩应力,减小混凝土裂缝宽度。纵向水平钢筋直径一般采用 8~10 mm,梁内纵向水平钢筋的总截面面积可取用 $(0.001 \sim 0.002)bh$,其中 b 为腹板宽度,h 为梁的高度。其间距在受拉区不应大于梁肋宽度,且不应大于 200 mm;在受压区不应大于 300 mm;在梁支点附近剪力较大区段,纵向水平钢筋截面面积应予以增加,间距宜为 100~150 mm。

二、板的构造要求

1. 板的截面形式和截面尺寸

钢筋混凝土板在桥涵工程中应用很广,经常遇到的有板桥的承重板、梁桥的行车道板、人行道板等。板的截面形式,常见的有实心矩形和空心矩形等(图 2-1-8)。工程中实心矩形板多适用于小跨径,当跨径较大时,为减轻自重常采用截面形状较复杂的矩形空心板。

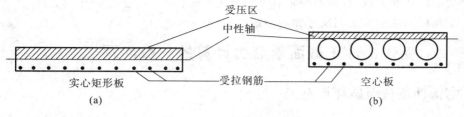

图 2-1-8 板的截面形式

板的厚度主要是由其控制截面上的最大弯矩和构造要求决定的。但是为了保证施工质量,《公桥规》规定了各种板的最小厚度:行车道板跨间 120 mm,悬臂端 100 mm;就地浇筑的人行道板 80 mm,预制的混凝土板 60 mm;空心板的底板和顶板 80 mm。

2. 板内钢筋

两边支承或周边支承且长边与短边的比值大于或等于 2 时的桥面板,称之为单向板,反之称为双向板。

单向板内钢筋由主钢筋和分布钢筋组成,如图 2-1-9 所示。

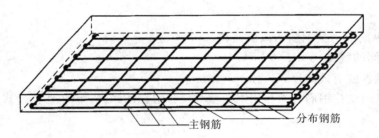

图 2-1-9 钢筋混凝土单向板内钢筋构造图

主钢筋布置在板的受拉区,数量由计算决定。受力主钢筋直径不应小于 10 mm(行车道板)或 8 mm(人行道板)。近梁肋处的板内主钢筋,可在沿板高中心纵轴线(1/4~1/6)计算跨径处按 30°~45°弯起,但通过支承而不弯起的主钢筋,每米板宽内不应少于 3 根,并不少于主钢筋截面积的 1/4。

在简支板跨中和连续板支点处,板内主钢筋间距不应大于 200 mm。

分布钢筋一般垂直于主钢筋方向布置,并设置在主钢筋的内侧,在交叉处用铁丝绑扎或点焊以固定主钢筋和分布钢筋的相互位置。分布钢筋的作用是使主钢筋受力更均匀,同时起着固定主钢筋的位置、分担收缩应力及温度应力的作用。分布钢筋属于构造钢筋,其数量不通过计算确定,而是按照设计规范规定其截面积不宜小于板截面面积的 0.1% 来确定。分布钢筋的直径不应小于 8 mm(行车道板)或 6 mm(人行道板),其间距不能大于 200 mm。在所有主钢筋的弯折处均应设置分布钢筋。

对于双向板,板的两个方向同时承受弯矩,所以两个方向均应设置主钢筋。

【学习实践】

1. 钢筋混凝土梁和板中应配置哪些钢筋?它们各起什么作用?

2.梁内箍筋的根数、直径和间距有哪些规定？

3.梁和板的截面形式和尺寸如何确定？

2-1-2 受弯构件正截面承载力计算的一般问题

一、受弯构件正截面破坏形态

钢筋混凝土受弯构件的破坏有两种情况：一种是由弯矩引起的，破坏截面与构件的纵轴线（纵轴线指构件横截面形心的连线）垂直，称为沿正截面破坏；另一种是由弯矩和剪力共同作用引起的，破坏截面是倾斜的，称为沿斜截面破坏。本节讨论受弯构件正截面破坏形态。

试验表明，受弯构件正截面的破坏形态除了与钢筋和混凝土的强度等级、荷载的类型等因素有关外，还与纵向受拉钢筋配筋率的大小有关。对于矩形截面和 T 形截面而言，纵向受拉钢筋的截面面积 A_s 与正截面有效面积 bh_0 的比值（化为百分数），用 ρ 表示，简称配筋率，如图 2-1-10 所示，配筋率可表示为

$$\rho = \frac{A_s}{bh_0} \qquad (2-1-1)$$

式中：A_s——纵向受力拉钢筋的截面面积，mm^2；

b——截面的宽度，mm；

h_0——截面的有效高度，$h_0 = h - a_s$，mm；

a_s——纵向受拉钢筋合力作用点至截面受拉边缘的距离，mm，计算公式为

$$a_s = \frac{\sum f_{sdi} A_{si} a_{si}}{\sum f_{sdi} A_{si}} \qquad (2-1-2)$$

f_{sdi}——第 i 种纵向受力钢筋抗拉强度设计值；

A_{si}——第 i 种纵向受力钢筋的截面积，mm^2；

a_{si}——第 i 种纵向受力钢筋合力作用点至截面受拉边缘的距离，mm。

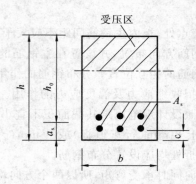

图 2-1-10　配筋率 ρ 的计算图

在此图中，c 被称为混凝土保护层，其值为钢筋边缘至构件截面表面之间的最短距离。

钢筋混凝土结构

设置保护层是为了保护钢筋不直接受到大气的侵蚀和其他环境因素作用,也是为了保护钢筋与混凝土之间有良好黏结。《公桥规》规定最小混凝土保护层厚度见表 2-1-1 所示。

表 2-1-1　最小混凝土保护层厚度(·mm)

序号	构件类别	环境条件		
		Ⅰ	Ⅱ	Ⅲ、Ⅳ
1	基础、桩基承台 (1)基坑地面有垫层或侧面有模板(受力钢筋) (2)基坑地面无垫层或侧面无模板	40 60	50 75	60 85
2	墩台身、挡土结构、涵洞、梁、板、拱圈、拱上建筑(受力钢筋)	30	40	45
3	人行道构件、栏杆(受力钢筋)	20	25	30
4	箍筋	20	25	30
5	缘石、中央分隔带、护栏等行车道构件	30	40	45
6	收缩、温度、分布、防裂等表层钢筋	15	20	25

注:1.对于环氧树脂涂层钢筋,可按环境类别Ⅰ取用。

2.后张法预应力混凝土锚具,其最小混凝土保护层厚度,Ⅰ、Ⅱ、Ⅲ(Ⅳ)环境类别,分别为 40 mm、45 mm 及 50 mm。

3.先张法预应力钢筋端部应加保护,不得外露。

4.Ⅰ类环境是指非寒冷或寒冷地区的大气环境,与无侵蚀性的水或土接触的环境条件。

Ⅱ类环境是指严寒地区的大气环境,与无侵蚀性的水或土接触的环境;使用除冰盐环境;滨海环境条件。

Ⅲ类环境是指海水环境。

Ⅳ类环境是受人为或自然侵蚀性物质影响的环境。

【计算示例】

【例 2-1】　请计算下图中纵向受拉钢筋合力作用点到受拉边缘的距离 a_s。

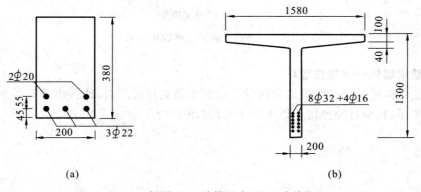

图 2-1-11　例题 2-1 计算示意图(尺寸单位:mm)

【解题过程】

(a)图中

$$a_s = \frac{45 \times 1140 + 628 \times (45 + 55)}{1140 + 628} = 65 \text{(mm)}$$

(b)图中

$$a_s = \frac{6434 \times (35 + 2 \times 35.8) + 804 \times (35 + 4 \times 35.8 + 18.4)}{6434 + 804} = 117 \text{(mm)}$$

在截面设计时，对于矩形截面梁，一般取 $a_s = 35 \sim 45$ mm（单排钢筋）或 $a_s = 60 \sim 80$ mm（多排钢筋）；对于 T 形截面梁，多采用焊接钢筋骨架，$a_s = 30$ mm $+ (0.07 \sim 0.1)h$。

下面以梁为例，根据纵向受拉钢筋配筋率以及相应破坏时性质的不同，可分为适筋梁、超筋梁和少筋梁三种形态，如图 2-1-12 所示。

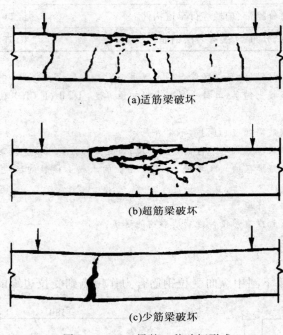

(a)适筋梁破坏

(b)超筋梁破坏

(c)少筋梁破坏

图 2-1-12 梁的三种破坏形式

1. 适筋梁破坏——塑性破坏

当在受弯构件受拉区配置的纵向受拉钢筋配筋数量适当时，构件由零开始加载直至正截面受弯破坏，其全过程经历了以下三个阶段（图 2-1-13）：

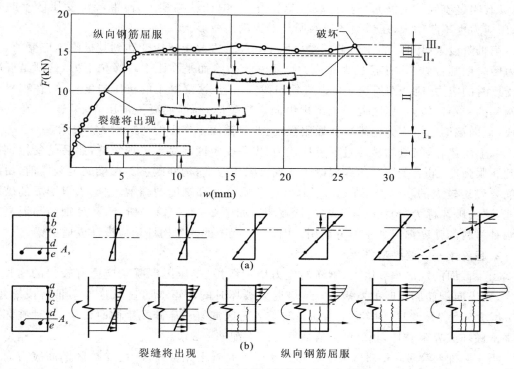

图 2-1-13　梁正截面各阶段应力应变图

（1）第Ⅰ阶段（整体工作阶段）——混凝土未开裂阶段

梁混凝土全截面工作，混凝土压应力和拉应力基本上都呈三角形分布，纵向钢筋承受拉应力。混凝土处于弹性工作阶段，即应力与应变成正比。

第Ⅰ阶段末（用 I_a 表示）：混凝土受压区的应力基本上仍是三角形分布。但由于受拉区混凝土塑性变形的发展，拉应变增长较快，根据混凝土受拉时的应力-应变分析，受拉区混凝土的应力图形为曲线形。这时，受拉区边缘混凝土的拉应变临近极限拉应变，拉应力达到混凝土抗拉强度，表示裂缝即将出现，梁截面上作用的弯矩用 M_{cr} 表示。I_a 阶段可作为受弯构件抗裂度的计算依据。

（2）第Ⅱ阶段（带裂缝工作阶段）——混凝土开裂后至钢筋屈服前的裂缝阶段

荷载作用弯矩到达 M_{cr} 后，在梁混凝土抗拉强度最弱截面上出现了第一批裂缝。这时，在有裂缝的截面上，受拉区混凝土退出工作，把它原承担的拉力转给了钢筋，发生了明显的应力重分布，钢筋的拉应力随荷载的增加而增加；混凝土的压应力不再是三角形分布，而形成微曲的曲线形，中性轴位置向上移动。

第Ⅱ阶段末（用 II_a 表示）：钢筋拉应变达到屈服时的应变值，表示钢筋应力达到其屈服强度，第Ⅱ阶段结束，梁截面上作用的弯矩用 M_y 表示。第Ⅱ阶段的应力状态代表了受弯构件在使用时的应力状态，故将本阶段的应力状态作为裂缝宽度和变形验算的依据。

（3）第Ⅲ阶段（破坏阶段）——钢筋开始屈服至截面破坏阶段

在这个阶段里，钢筋的拉应变增加很快，但钢筋的拉应力一般仍维持在屈服强度不变

（对具有明显流幅的钢筋）。这时，裂缝急剧开展，中性轴继续上升，混凝土受压区不断缩小，压应力也不断增大，压应力图成为明显的丰满曲线形。

第Ⅲ阶段末（用Ⅲ$_a$表示）：截面受压区上边缘的混凝土压应变达到其极限压应变值，压应力图呈明显曲线形，并且最大压应力已不在上边缘而是在距上边缘稍下处，这都是混凝土受压时的应力-应变图所决定的。在第Ⅲ阶段末，压区混凝土的抗压强度耗尽，在临界裂缝两侧的一定区段内，压区混凝土出现纵向水平裂缝，随即混凝土被压碎、梁破坏，在这个阶段，纵向钢筋的拉应力仍维持在屈服强度，此时截面上作用的弯矩用 M_u 表示。

综上所述，适筋梁的破坏过程可描述为：先是受拉区混凝土出现裂缝，然后是受拉钢筋达到屈服强度，最后受压区边缘混凝土达到极限压应变，构件破坏。在梁完全破坏前，由于钢筋要经历较大的塑性变形，随之引起裂缝急剧开展和挠度的骤增，它给人以明显的破坏预兆，这种破坏称为"塑性破坏"或"延性破坏"，如图 2-1-12(a)所示，并且钢筋与混凝土这两种材料的强度都得到了充分利用。因此，工程中的受弯构件均应设计成适筋梁。

2. 超筋梁——脆性破坏

当梁截面的配筋率 ρ 增大，钢筋的应力增加缓慢，受压区混凝土应力有较快的增长，ρ 越大，则纵向钢筋屈服时的弯矩 M_y 越趋近梁破坏时的弯矩 M_u，这意味着第Ⅲ阶段缩短。当 ρ 增大到使 $M_y = M_u$ 时，受拉钢筋屈服与受压区混凝土压碎几乎同时发生，这种破坏称为平衡破坏或界限破坏，相应的 ρ 值被称为最大配筋率 ρ_{max}。

当实际配筋率 $\rho > \rho_{max}$ 时，梁的破坏是受压区混凝土先被压坏，而受拉区钢筋应力尚未达到屈服强度。破坏前梁的挠度及截面曲率曲线没有明显的转折点，受拉区的裂缝开展不宽，延伸不高，破坏是突然的，没有明显预兆，属于"脆性破坏"，如图 2-1-12(b)所示，称为超筋梁破坏。

超筋梁的破坏是受压区混凝土抗压强度耗尽，而钢筋的抗拉强度没有得到充分发挥，因此，超筋梁破坏时的弯矩 M_u 与钢筋强度无关，仅取决于混凝土的抗压强度。

3. 少筋梁破坏——脆性破坏

当梁的配筋率 ρ 很小，梁受拉区混凝土开裂后，钢筋应力趋近于屈服强度，即开裂弯矩趋近于受拉区钢筋屈服时的弯矩，这意味着第Ⅱ阶段的缩短，当 ρ 减小到使 $M_{cr} = M_y$ 时，裂缝一旦出现，钢筋应力立即达到屈服强度，这时的配筋率称为最小配筋率 ρ_{min}。

梁中实际配筋率 $\rho < \rho_{min}$ 时，梁受拉区混凝土一开裂，受拉钢筋就到达屈服点，并迅速经历整个流幅而进入强化阶段，梁仅出现一条集中裂缝，不仅宽度较大，而且沿梁高延伸很高，此时受压区混凝土还未压坏，而裂缝宽度已很宽，挠度过大，钢筋甚至被拉断。由于破坏很突然，故属于"脆性破坏"，如图 2-1-12(c)所示，称为少筋梁破坏。

少筋梁的抗弯承载力取决于混凝土的抗拉强度，在桥梁工程中不允许采用。

因此钢筋混凝土受弯构件的配筋率，应控制在最大和最小配筋率范围之间，避免出现超筋梁和少筋梁破坏。

二、计算截面

在等截面受弯构件中，计算截面是指弯矩组合设计值最大的截面；在变截面受弯构件中，计算截面除了弯矩组合设计值最大的截面外，还有截面尺寸相对较小，但弯矩组合设计值相对较大的截面。

三、受弯构件正截面承载力计算的基本理论

1. 基本假定

（1）平截面假定，加载前正截面为平面，加载后正截面仍保持为平面，即正截面上的应变沿截面高度呈线性分布。

（2）不考虑受拉区混凝土参加工作，拉力完全由钢筋承担。因为混凝土开裂后所承受的拉力很小，且作用点又靠近中性轴，对截面所产生的抗弯力矩很小。

（3）采用理想化的钢筋应力-应变关系，如图 2-1-14 所示。

（4）采用理想化的混凝土应力-应变关系，如图 2-1-15 所示。

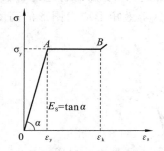

图 2-1-14　理想化的钢筋应力-应变图　　　图 2-1-15　理想化的混凝土应力-应变图

2. 受压区混凝土的等效应力图

在承载能力计算时，为简化计算，规范在试验的基础上，采用等效矩形应力图形代替受压区混凝土实际的应力图形，如图 2-1-16 所示。其代换原则是：

①混凝土压应力的合力大小相等；

②混凝土压应力合力的作用点不变。

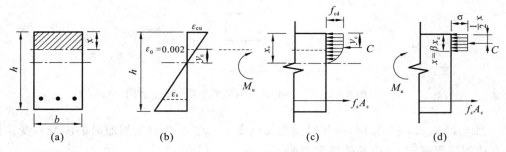

图 2-1-16　受压区混凝土等效矩形应力图

等效矩形应力图形的混凝土受压区高度 $x=\beta x_c$（x_c 为实际受压区高度），等效矩形应力图形的应力值 $\sigma=\gamma f_{cd}$（f_{cd} 为混凝土轴心抗压强度设计值）。

在等效计算中，系数 β、γ 的值与 ε_0、ε_{cu} 有关。对于受构件截面受压区边缘混凝土的极限压应变 ε_{cu} 和相应的系数 β，《公桥规》按混凝土强度等级来分别取值，详见表 2-1-2 所列，而对所用的混凝土受压区等效矩形应力值取 $\sigma=f_{cd}$。

表 2-1-2 混凝土极限压应变 ε_{cu} 和系数 β 值

混凝土强度等级	C50 以下	C55	C60	C65	C70	C75	C80
ε_{cu}	0.0033	0.00325	0.0032	0.00315	0.0031	0.00305	0.003
β	0.80	0.79	0.78	0.77	0.76	0.75	0.74

3. 相对界限受压区高度 ξ_b

受弯构件混凝土受压区等效矩形应力图形的高度 x 与截面有效高度 h_0 的比值,称为相对受压区高度 $\xi = \dfrac{x}{h_0}$。

相对界限受压区高度 ξ_b,是指适筋梁发生界限破坏时(即受拉钢筋达到屈服强度的同时,受压区混凝土边缘达到极限压应变),混凝土受压区等效矩形应力图形的高度 x_b 与截面有效高度 h_0 的比值,即 $\xi_b = \dfrac{x_b}{h_0}$。

根据平截面假定,由图 2-1-17 中可以看出:

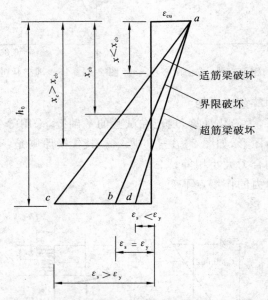

图 2-1-17 界限破坏时截面平均应变示意图

当 $x_c > x_{cb}$,即 $\xi > \xi_b$ 时,破坏时钢筋拉应变 $\varepsilon_s < \varepsilon_y$($\varepsilon_y$ 为钢筋屈服时的应变),受拉钢筋没有达到屈服强度,发生的破坏为超筋梁破坏。

当 $x_c \leqslant x_{cb}$,即 $\xi \leqslant \xi_b$ 时,破坏时钢筋拉应变 $\varepsilon_s \geqslant \varepsilon_y$,受拉钢筋已经达到屈服强度,发生的破坏为适筋梁破坏。

因此可用 ξ 与 ξ_b 之间的关系来判别构件的破坏形态(限超筋梁与适筋梁之间)。

设界限破坏时受压区实际高度为 x_{cb},由图 2-1-17 可得

$$\frac{x_{cb}}{h_0} = \frac{\varepsilon_{cu}}{\varepsilon_{cu} + \varepsilon_y} \tag{2-1-3}$$

把 $x_b = \beta x_{cb}$ 代入,得

$$\xi_b = \frac{x_b}{h_0} = \frac{\beta \varepsilon_{cu}}{\varepsilon_{cu} + \varepsilon_y} = \frac{\beta}{1 + \dfrac{f_{sd}}{\varepsilon_{cu} E_s}} \quad (2-1-4)$$

上式即为《公桥规》确定混凝土受压区相对界限高度 ξ_b 的依据。据此,按不同混凝土强度等级、不同钢筋抗拉强度设计值及其弹性模量可得到 ξ_b 值,如表 2-1-3 所列。

表 2-1-3   相对界限受压区高度 ξ_b 取值

混凝土强度等级 钢筋种类	ξ_b		
	C50 及以下	C55、C60	C65、C70
R 235	0.62	0.60	0.58
HRB 335	0.56	0.54	0.52
HRB 400、KL 400	0.53	0.51	0.49

注:截面受拉区内配置不同种类钢筋的受弯构件,其 ξ_b 值应选用相应于各种钢筋的较小者。

4. 最小配筋率 ρ_{min}

最小配筋率 ρ_{min} 是少筋梁与适筋梁的界限。由配有最小配筋率 ρ_{min} 的受弯构件正截面破坏时所承受的弯矩 M_u 不小于同样截面尺寸、同样材料的素混凝土梁正截面开裂弯矩 M_{cr} 的原则,可求得最小配筋率 ρ_{min}。

由上述原则的计算结果,同时考虑到温度变化、混凝土收缩应力的影响以及过去的设计经验,《公桥规》规定:受弯构件中纵向受拉钢筋的最小配筋率 $\rho_{min} = (45 f_{td}/f_{sd})\%$,同时不应小于 0.2%。

5. 经济配筋率

当选择不同的截面尺寸和不同的强度等级材料时,所需纵向钢筋的截面面积会不同,工程造价也不同。根据我国经验,板的经济配筋率约为 $(0.3 \sim 0.8)\%$;矩形截面梁的经济配筋率约为 $(0.6 \sim 1.5)\%$;T 形截面梁的经济配筋率约为 $(2.0 \sim 3.5)\%$。

【学习实践】

1. 钢筋混凝土梁正截面有几种破坏形式?各有何特点?
2. 什么是配筋率?配筋率对梁的正截面承载力有什么影响?
3. 什么是相对界限受压区高度 ξ_b?它在承载力计算中的作用是什么?

2-1-3 单筋矩形截面受弯构件正截面承载力计算

仅在受拉区配置纵向受拉钢筋的受弯构件称为单筋截面受弯构件。

1. 计算图示

如图 2-1-18 所示为单筋矩形截面受弯构件正截面承载力计算图示。

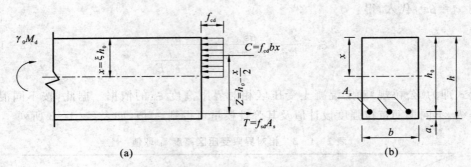

图 2-1-18　单筋矩形截面受弯构件正截面承载力计算图示

2. 计算公式

按力的平衡条件,由图 2-1-18 可得

$$f_{cd}bx = f_{sd}A_s \tag{2-1-5}$$

$$\gamma_0 M_d \leqslant M_u = f_{cd}bx\left(h_0 - \frac{x}{2}\right) \tag{2-1-6}$$

或

$$\gamma_0 M_d \leqslant M_u = f_{sd}A_s\left(h_0 - \frac{x}{2}\right) \tag{2-1-7}$$

式中:M_d——计算截面上的弯矩组合设计值;

$\quad\gamma_0$——结构的重要性系数;

$\quad M_u$——计算截面的抗弯承载力;

$\quad f_{cd}$——混凝土轴心抗压强度设计值;

$\quad f_{sd}$——纵向受拉钢筋抗拉强度设计值;

$\quad A_s$——纵向受拉钢筋的截面面积;

$\quad x$——按等效矩形应力图形计算的受压区高度;

$\quad b$——截面宽度;

$\quad h_0$——截面有效高度。

3. 适用条件

(1)为了防止超筋梁出现需满足

$$x \leqslant \xi_b h_0 \tag{2-1-8}$$

由式(2-1-5)可以得出

$$x = \frac{f_{sd}A_s}{f_{cd}b} \tag{2-1-9}$$

则有

$$\xi = \rho\frac{f_{sd}}{f_{cd}} \tag{2-1-10}$$

当 $\xi = \xi_b$ 时,可得到适筋梁的最大配筋率 ρ_{max} 为

$$\rho_{\max} = \xi_{\mathrm{b}} \frac{f_{\mathrm{cd}}}{f_{\mathrm{sd}}} \qquad\qquad (2-1-11)$$

显然,当 $x \leqslant \xi_{\mathrm{b}} h_0$ 时,$\rho \leqslant \rho_{\max}$ 一定成立。

(2)为了防止少筋梁出现需满足

$$\rho \geqslant \rho_{\min} \qquad\qquad (2-1-12)$$

4.计算方法

受弯构件正截面承载力计算包括截面设计和截面复核两类问题。

(1)截面设计

情况 1:已知截面尺寸 $b \times h$,混凝土强度等级和钢筋牌号,弯矩组合设计值 M_d,结构重要性系数 γ_0,环境类别。求纵向受力钢筋面积 A_s。

计算步骤:

第一步　查表确定材料强度设计值;

第二步　假设 a_s,确定截面有效高度 h_0;

第三步　计算混凝土受压区高度 x,并判断;

由式(2-1-6)得:$x = h_0 - \sqrt{h_0^2 - \dfrac{2\gamma_0 M_d}{f_{\mathrm{cd}} b}}$

若 $x > \xi_{\mathrm{b}} h_0$,应修改设计,增加截面尺寸或提高混凝土强度等级。

第四步　计算钢筋面积 A_s;

若 $x \leqslant \xi_{\mathrm{b}} h_0$,由式(2-1-5)得:$A_s = \dfrac{f_{\mathrm{cd}} b x}{f_{\mathrm{sd}}}$

第五步　选筋并布置,布置要满足构造要求,同时验算是否属于少筋梁。

通过计算求得 A_s 后,可根据假设的 a_s、构造要求等从表 2-1-4、表 2-1-5 中选择合适的钢筋直径及根数或间距,并进行具体的钢筋布置,求得实际的配筋率 ρ,验算 $\rho \geqslant \rho_{\min}$。

若 $\rho < \rho_{\min}$,则应按最小配筋率进行配筋,取 $A_s = \rho_{\min} b h_0$,重新选择钢筋和布置。

情况 2:已知混凝土强度等级和钢筋牌号,弯矩组合设计值 M_d,结构重要性系数 γ_0,环境类别。试拟定截面尺寸 $b \times h$,并求纵向受力钢筋面积 A_s。

计算步骤:

第一步　在经济配筋率中选定 ρ 值,并根据受弯构件构造要求选定梁宽;

第二步　拟定截面尺寸 $b \times h$;

按式(2-1-10)求出 $\xi(\leqslant \xi_{\mathrm{b}})$,代入式(2-1-6)得

$$h_0 = \sqrt{\frac{\gamma_0 M_d}{f_{\mathrm{cd}} b \xi (1 - 0.5\xi)}}$$

假设 a_s,$h = h_0 + a_s$,根据尺寸模数化和构造要求,取整得到初步拟定的 $b \times h$。

第三步　按情况 1 有关步骤完成配筋计算。

(2)截面复核

已知截面尺寸 $b \times h$,混凝土强度等级和钢筋牌号,弯矩组合设计值 M_d;结构重要性系数 γ_0,环境类别,纵向受力钢筋面积 A_s 及布置。试复核此截面是否安全。

计算步骤：

第一步　根据布置图，校核是否满足钢筋间净距（截面最小宽度）及 $\rho \geqslant \rho_{\min}$ 等构造要求；

若 $\rho < \rho_{\min}$，属于少筋梁，承载力可按素混凝土梁抗裂弯矩来计算，最好修改设计。

第二步　计算受压区高度 x；

若 $\rho \geqslant \rho_{\min}$，由式（2-1-5）得：$x = \dfrac{f_{sd} A_s}{f_{cd} b}$

第三步　计算 M_u；

若 $x \leqslant \xi_b h_0$，$M_u = f_{cd} b x \left(h_0 - \dfrac{x}{2} \right)$

若 $x > \xi_b h_0$，取 $x = \xi_b h_0$，$M_u = f_{cd} b h_0^2 \xi_b (1 - 0.5 \xi_b)$，此值是单筋矩形截面受弯构件的最大承载力。

第四步　判断截面是否安全。

若 $M_u \geqslant \gamma_0 M_d$，截面安全；若 $M_u < \gamma_0 M_d$，截面不安全。

表 2-1-4　普通钢筋截面面积、重量表

公称直径（mm）	在下列钢筋根数时的截面面积（mm²）									重量（kg/m）	带肋钢筋	
	1	2	3	4	5	6	7	8	9		计算直径（mm）	外径（mm）
6	28.3	57	85	113	141	170	198	226	254	0.222	6	7.0
8	50.3	101	151	201	251	302	352	402	452	0.395	8	9.3
10	78.5	157	236	314	393	471	550	628	707	0.617	10	11.6
12	113.1	226	339	452	566	679	792	905	1018	0.888	12	13.9
14	153.9	308	462	616	770	924	1078	1232	1385	1.21	14	16.2
16	201.1	402	603	804	1005	1206	1407	1608	1810	1.58	16	18.4
18	254.5	509	763	1018	1272	1527	1781	2036	2290	2.00	18	20.5
20	314.2	628	942	1256	1570	1884	2200	2513	2827	2.47	20	22.7
22	380.1	760	1140	1520	1900	2281	2661	3041	3421	2.98	22	25.1
25	490.9	982	1473	1964	2454	2945	3436	3927	4418	3.85	25	28.4
28	615.8	1232	1847	2463	3079	3695	4310	4926	5542	4.83	28	31.6
32	804.2	1608	2413	3217	4021	4826	5630	6434	7238	6.31	32	35.8

表 2-1-5　在钢筋间距一定时每米板宽内钢筋截面积(mm²)

钢筋间距 (mm)	钢筋直径(mm)									
	6	8	10	12	14	16	18	20	22	24
70	404	718	1122	1616	2199	2873	3636	4487	5430	6463
75	377	670	1047	1508	2052	2681	3393	4188	5081	6032
80	353	628	982	1414	1924	2514	3181	3926	4751	5655
85	333	591	924	1331	1811	2366	2994	3695	4472	5322
90	314	559	873	1257	1711	2234	2828	3490	4223	5027
95	298	529	827	1190	1620	2117	2679	3306	4001	4762
100	283	503	785	1131	1539	2011	2545	3141	3801	4524
105	269	479	748	1077	1466	1915	2424	2991	3620	4309
110	257	457	714	1028	1399	1828	2314	2855	3455	4113
115	246	437	683	984	1399	1749	2213	2731	3305	3934
120	236	419	654	942	1283	1676	2121	2617	3167	3770
125	226	402	628	905	1232	1609	2036	2513	3041	3619
130	217	387	604	870	1184	1547	1958	2416	2924	3480
135	209	372	582	838	1140	1490	1885	2327	2816	3351
140	202	359	561	808	1100	1436	1818	2244	2715	3231
145	195	347	542	780	1062	1387	1755	2166	2621	3120
150	189	335	524	754	1026	1341	1697	2084	2534	3016
155	182	324	507	730	993	1297	1642	2027	2452	2919
160	177	314	491	707	962	1257	1590	1964	2376	2828
165	171	305	476	685	933	1219	1542	1904	2304	2741
170	166	296	462	665	905	1183	1497	1848	2236	2661
175	162	287	449	646	876	1149	1454	1795	2172	2585
180	157	279	436	628	855	1117	1414	1746	2112	2513
185	153	272	425	611	832	1087	1376	1694	2035	2445
190	149	265	413	595	810	1058	1339	1654	2001	2381
195	145	258	403	580	789	1031	1305	1611	1949	2320
200	141	251	393	565	769	1005	1272	1572	1901	2262

5. 计算表格的编制和应用

应用基本公式进行截面计算需解一个一元二次方程,为了简化计算,可根据基本公式编制表格。具体设计时可以查表计算。下面介绍单筋矩形截面受弯构件正截面承载力计算表格编制原理及使用方法。

设
$$A_0 = \xi(1-0.5\xi) \qquad\qquad (2-1-13)$$

$$\zeta_0 = 1-0.5\xi \qquad\qquad (2-1-14)$$

由式(2-1-6)和式(2-1-7)可得到：

$$M_u = f_{cd}bh_0^2 A_0 \qquad\qquad (2-1-15)$$

$$M_u = f_{sd}A_s h_0 \zeta_0 \qquad\qquad (2-1-16)$$

由于 A_0 和 ζ_0 都是 ξ 得函数，由式(2-1-15)和式(2-1-16)可编制出对应于 ξ 值的 A_0 和 ζ_0 表格，见表 2-1-6 所列。

表 2-1-6　钢筋混凝土受弯构件单筋矩形截面承载力计算用表

ξ	A_0	ζ_0	ξ	A_0	ζ_0	ξ	A_0	ζ_0
0.01	0.010	0.995	0.23	0.203	0.885	0.45	0.349	0.775
0.02	0.020	0.990	0.24	0.211	0.880	0.46	0.354	0.770
0.03	0.030	0.985	0.25	0.219	0.875	0.47	0.359	0.765
0.04	0.039	0.980	0.26	0.226	0.870	0.48	0.365	0.760
0.05	0.048	0.975	0.27	0.234	0.865	0.49	0.370	0.755
0.06	0.058	0.970	0.28	0.241	0.860	0.50	0.375	0.750
0.07	0.067	0.965	0.29	0.248	0.855	0.51	0.380	0.745
0.08	0.077	0.960	0.30	0.255	0.850	0.52	0.385	0.740
0.09	0.085	0.955	0.31	0.262	0.845	0.53	0.390	0.735
0.10	0.095	0.950	0.32	0.269	0.840	0.54	0.394	0.730
0.11	0.104	0.945	0.33	0.275	0.835	0.55	0.399	0.725
0.12	0.113	0.940	0.34	0.282	0.830	0.56	0.403	0.720
0.13	0.121	0.935	0.35	0.289	0.825	0.57	0.408	0.715
0.14	0.130	0.930	0.36	0.295	0.820	0.58	0.412	0.710
0.15	0.139	0.925	0.37	0.301	0.815	0.59	0.416	0.705
0.16	0.147	0.920	0.38	0.309	0.810	0.60	0.420	0.700
0.17	0.155	0.915	0.39	0.314	0.805	0.61	0.424	0.695
0.18	0.164	0.910	0.40	0.320	0.800	0.62	0.428	0.690
0.19	0.172	0.905	0.41	0.326	0.795	0.63	0.432	0.685
0.20	0.180	0.900	0.42	0.332	0.790	0.64	0.435	0.680
0.21	0.188	0.895	0.43	0.337	0.785	0.65	0.439	0.675
0.22	0.196	0.890	0.44	0.343	0.780			

【计算示例】

【例 2 - 2】 某单筋矩形截面梁,截面尺寸为 250 mm×500 mm,承受的弯矩组合设计值 $M_d = 115$ kN·m,Ⅰ类环境,安全等级为二级,拟采用 C20 混凝土,HRB335 钢筋。求所需的钢筋截面面积。

【解题过程】

采用绑扎钢筋骨架,纵向受拉钢筋按一层布置。

假设 $a_s = 40$ mm,则有效高度 $h_0 = 500 - 40 = 460$(mm);

由 $\gamma_0 M_d \leqslant M_u = f_{cd} b x \left(h_0 - \dfrac{x}{2} \right)$ 可得

$$1 \times 11.5 \times 10^7 = 9.2 \times 250 x \left(460 - \frac{x}{2} \right)$$

$$x^2 - 920x + 100000 = 0$$

$x_1 = 794$ mm(大于梁高,舍去)

$x_2 = 126$ mm $< \xi_b h_0 = 0.56 \times 460 = 258$(mm)

则钢筋的面积为

$$A_s = \frac{f_{cd} b x}{f_{sd}} = \frac{9.2 \times 250 \times 126}{280} = 1035 \text{(mm}^2)$$

考虑一层钢筋布置 4 根,查表 2-1-4 选用 $2\phi20 + 2\phi18$($A_s = 1137$ mm²)。

截面最小宽度 $b_{min} = 30 \times 5 + 22.7 \times 2 + 20.5 \times 2 = 236.4(mm)< b = 250$ mm。

混凝土保护层厚度 $C = 30$ mm$> d$,故 $a_s = 30 + \dfrac{22.7}{2} = 41.35$(mm),取 $a_s = 45$ mm。

最小配筋率计算:$45\% \times \left(\dfrac{f_{td}}{f_{sd}} \right) = 45\% \times \left(\dfrac{1.06}{280} \right) = 0.17\%$,且不应小于 0.2%,取 $\rho_{min} = 0.2\%$;

实际配筋率 $\rho = \dfrac{A_s}{bh_0} = \dfrac{1137}{250 \times 455} = 1\% > \rho_{min} = 0.2\%$。

(3)画配筋图(图 2 - 1 - 19)

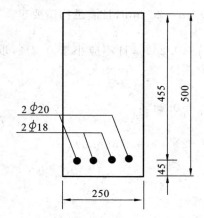

图 2-1-19 例 2-2 配筋图(尺寸单位:mm)

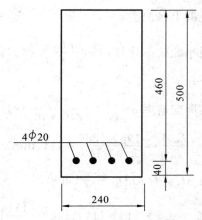

图 2-1-20 例 2-4 配筋图(尺寸单位:mm)

【计算示例】

【例 2 - 3】 试用查表法解例 2 - 2。

【解题过程】

与例 2 - 2 相同：$f_{cd} = 9.2$ MPa，$f_{sd} = 280$ MPa，$\xi_b = 0.56$。假设 $a_s = 40$ mm，得到 $h_0 = 460$ mm。

由式（2 - 1 - 15）求 A_0，即

$$A_0 = \frac{M_u}{f_{cd} b h_0^2} = \frac{1 \times 11.5 \times 10^7}{9.2 \times 250 \times 460^2} = 0.236$$

查表 2 - 1 - 6 得到 $\xi = 0.27 < \xi_b = 0.56$；$\zeta_0 = 0.863$

由式（2 - 1 - 16）求 A_s，即

$$A_s = \frac{M_u}{f_{sd} h_0 \zeta_0} = \frac{1 \times 11.5 \times 10^7}{0.863 \times 280 \times 460} = 1035 (\text{mm}^2)$$

计算结果与例 2 - 2 相同。

其余计算内容见例 2 - 2。

利用表格进行截面复核时，可由已知的钢筋面积 A_s，截面宽度 b 及有效高度 h_0 得到配筋率 ρ，再由式（2 - 1 - 10）求得 ξ 值。查表得到相应的 A_0 及 ζ_0 值，由式（2 - 1 - 15）或（2 - 1 - 16）求截面承载力 M_u。

【例 2 - 4】 某单筋矩形截面梁，截面尺寸为 240 mm × 500 mm，承受的弯矩组合设计值 $M_d = 95$ kN·m，Ⅰ类环境，安全等级为二级。采用 C20 混凝土，R235 钢筋，$A_s = 1256$ mm²（4ϕ20），钢筋布置如图 2 - 1 - 20 所示，试复核该截面是否安全。

【解题过程】

如图 2 - 1 - 20 所示，纵向受拉钢筋 4ϕ20 一层布置，截面最小宽度 $b_{min} = 30 \times 5 + 20 \times 4 = 230 (\text{mm}) < b = 240$ mm。

混凝土保护层 $c = a_s - \dfrac{d}{2} = 40 - \dfrac{20}{2} = 30 (\text{mm}) > d = 20$ mm，且满足构造要求。

最小配筋率计算：$45\% \left(\dfrac{f_{td}}{f_{sd}} \right) = 45\% \times \left(\dfrac{1.06}{195} \right) = 0.24\%$，且不应小于 0.2%，取 $\rho_{min} = 0.24\%$；

实际配筋率 $\rho = \dfrac{A_s}{b h_0} = \dfrac{1256}{240 \times 460} = 1.14\% > \rho_{min} = 0.24\%$。

$$x = \frac{f_{sd} A_s}{f_{cd} b} = \frac{195 \times 1256}{9.2 \times 240} = 111 (\text{mm}) < \xi_b h_0 = 0.62 \times 460 = 285 (\text{mm})$$

由 $M_u = f_{cd} b x \left(h_0 - \dfrac{x}{2} \right)$ 可得：

$$M_u = 9.2 \times 240 \times 111 \times \left(460 - \frac{111}{2} \right)$$

$$=99.1 \times 10^6 (\text{N} \cdot \text{mm}) = 99.1\ \text{kN} \cdot \text{m} > \gamma_0 M_d = 95\ \text{kN} \cdot \text{m}$$

截面安全。

【例 2 - 5】 计算跨径为 2.05 m 的人行道板,承受的人群荷载标准值为 3.5 kN/m²,板厚为 80 mm。Ⅰ类环境,安全等级为二级。采用 C20 混凝土,R235 钢筋,试进行配筋计算。(钢筋混凝土容重为 25 kN/m³)

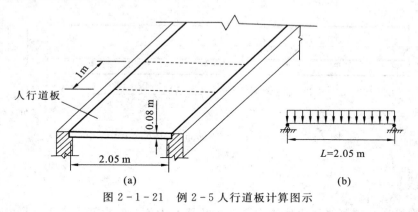

图 2 - 1 - 21 例 2 - 5 人行道板计算图示

【解题过程】

取 1 m 宽板进行计算(图 2 - 1 - 21),即计算板宽 $b = 1000$ mm,板厚 $h = 80$ mm。$f_{cd} = 9.2$ MPa,$f_{sd} = 195$ MPa,$f_{td} = 1.06$ MPa,$\xi_b = 0.62$。计算后取 $\rho_{min} = 0.24\%$。

(1)板控制截面的弯矩组合设计值 M_d

板的计算图示为简支板。

板自重 $g_1 = 25 \times 0.08 \times 1 = 2 (\text{kN/m})$

人群荷载 $g_2 = 3.5 \times 1 = 3.5 (\text{kN/m})$

板的控制截面为跨中截面,则

自重弯矩标准值为 $M_{G1} = \dfrac{1}{8} g_1 L^2 = \dfrac{1}{8} \times 2 \times 2.05^2 = 1.0506 (\text{kN} \cdot \text{m})$

人群产生弯矩标准值为 $M_{G2} = \dfrac{1}{8} g_2 L^2 = \dfrac{1}{8} \times 3.5 \times 2.05^2 = 1.8386 (\text{kN} \cdot \text{m})$

$$r_0 M_d = 1.2 \times 1.0506 + 1.4 \times 1.8386$$
$$= 3.8348 (\text{kN} \cdot \text{m})$$

假设 $a_s = 25$ mm,得到 $h_0 = 80 - 25 = 55 (\text{mm})$。将各已知值带入式(2 - 1 - 6),可得到

$$x = 8\ \text{mm} < \xi_b h_0 = 0.62 \times 55 = 34 (\text{mm})$$

(3)求所需钢筋面积 A_s

将已知值及 $x = 8$ mm 代入式(2 - 1 - 5)中,可得到

$$A_s = \frac{f_{cd} bx}{f_{sd}} = \frac{9.2 \times 1000 \times 8}{195} = 377 (\text{mm}^2)$$

(4)选择并布置钢筋

现取板的受力钢筋为 $\phi 8$,由表 2 - 1 - 5 可查得 $\phi 8$ 钢筋间距 @ = 130 mm 时,单位板宽

的钢筋面积 $A_s = 387$ mm²。布置如图 2-1-22 所示。保护层厚度取 $c = 20$ mm，$a_s = 24$ mm，$h_0 = 56$ mm。截面实际配筋率为

$$\rho = \frac{387}{1000 \times 56} = 0.69\% > \rho_{min} = 0.24\%$$

板的分布钢筋取 $\phi 6$，间距 @ = 200 mm。

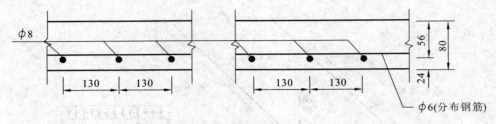

图 2-1-22　人行道板钢筋布置图(尺寸单位:mm)

【学习实践】

1. 适筋梁当受拉钢筋屈服后能否再增加荷载？为什么？少筋梁能否这样？为什么？

2. 符合适筋梁的基本条件是什么？

3. 采用 C25 混凝土和主筋为 HRB335 钢筋的受弯构件，其最小配筋率是多少？

4. 画出矩形单筋截面受弯构件正截面承载力的计算图式？它与实际图式有何区别？

5. 有一单筋矩形截面梁，截面尺寸为 250 mm×500 mm，承受的计算弯矩为 $M_d = 136$ kN·m，Ⅰ类环境，安全等级为二级，拟采用 C25 混凝土，拟采用 HRB335 钢筋。求受拉所需的钢筋截面面积。

【实践过程】

6. 一单筋矩形截面梁，截面尺寸为 250 mm×500 mm，采用 C25 混凝土，采用 HRB335 钢筋，布置如图 2-1-19 所示，Ⅰ类环境，安全等级为二级。求此梁截面所能承受的弯矩。

【实践过程】

钢筋混凝土结构

2-1-4 双筋矩形截面受弯构件正截面承载力计算

1. 双筋截面使用的场合

同时在受拉区、受压区配置纵向受力钢筋的受弯构件称为双筋截面受弯构件。

由上个学习内容可知,单筋矩形截面适筋梁的最大承载力为 $M_u = f_{cd}bh_0\xi_b(1-0.5\xi_b)$,当截面承受的弯矩组合设计值较大,而截面尺寸受到使用条件的限制或混凝土强度等级又不宜提高时,按单筋截面设计出现 $x > \xi_b h_0$ 情况,则应改单筋截面为双筋截面。此外,当梁截面承受异号弯矩时,必须采用双筋截面。有时,由于结构本身受力图式的变化,例如连续梁内支点截面,将会产生事实上的双筋截面。

一般情况,采用受压钢筋来承受截面的部分压力是不经济的。但是,受压钢筋的存在可以提高截面的延性,并可以减少构件在长期荷载作用下的变形。

2. 计算图示

图 2-1-23 为双筋矩形截面受弯构件正截面承载力计算图示。

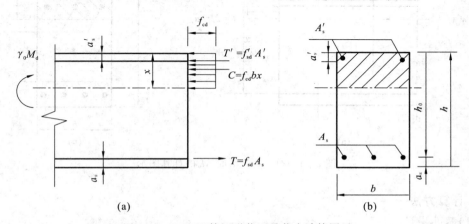

图 2-1-23 双筋矩形截面承载力计算图示

3. 计算公式

按力的平衡条件,由图可得:

$$f_{cd}bx + f'_{sd}A'_s = f_{sd}A_s \tag{2-1-17}$$

$$\gamma_0 M_d \leqslant M_u = f_{cd}bx\left(h_0 - \frac{x}{2}\right) + f'_{sd}A'_s(h_0 - a'_s) \tag{2-1-18}$$

或

$$\gamma_0 M_d \leqslant M_u = -f_{cd}bx\left(\frac{x}{2} - a'_s\right) + f_{sd}A_s(h_0 - a'_s) \tag{2-1-19}$$

式中:f'_{sd}——纵向受压钢筋抗压强度设计值;

A'_s——纵向受压钢筋的截面面积;

a'_s——纵向受压钢筋合力作用点至截面受压区边缘的距离。

4. 适用条件

(1)为了防止超筋梁出现,需满足

$$x \leqslant \xi_b h_0 \qquad (2-1-20)$$

（2）为了保证受压钢筋 A'_s 达到抗压强度设计值，f'_{sd} 需满足

$$x \geqslant 2a'_s \qquad (2-1-21)$$

在实际设计中，若出现 $x < 2a'_s$，则表明受压钢筋 A'_s 可能达不到其抗压强度设计值。对于受压钢筋混凝土保护层厚度不大的情况，《公桥规》规定这时可取 $x = 2a'_s$，即假设混凝土压应力合力作用点与受压区钢筋 A'_s 合力作用点相重合，如图 $2-1-24$ 所示。对受压钢筋合力作用点取矩，可得到正截面抗弯承载力的近似表达式为

$$M_u = f_{sd} A_s (h_0 - a'_s) \qquad (2-1-22)$$

双筋截面的配筋率 ρ 一般均能大于 ρ_{min}，所以往往不必再予计算。

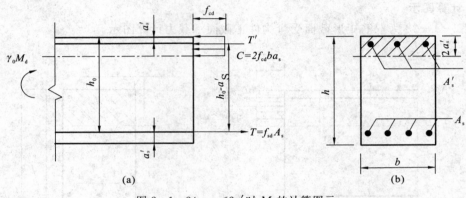

图 $2-1-24$ $x < 2a'_s$ 时 M_u 的计算图示

5. 计算方法

（1）截面设计

双筋截面设计的任务是确定受拉钢筋 A_s 和受压钢筋 A'_s 的数量。一般有下列两种计算情况：

情况 1：已知截面尺寸 $b \times h$，混凝土强度等级和钢筋牌号，弯矩组合设计值 M_d，结构重要性系数 γ_0，环境类别。求纵向受拉钢筋面积 A_s 和受压钢筋面积 A'_s。

计算步骤：

第一步　查表确定材料强度设计值；

第二步　假设 a_s，a'_s，确定截面有效高度 h_0；

第三步　验算是否需要双筋截面。当下式满足时，需采用双筋截面；

$$\gamma_0 M_d > M_u = f_{cd} b h_0^2 \xi_b (1 - 0.5 \xi_b)$$

第四步　在实际计算中，充分利用受压区混凝土，使钢筋总量 $(A_s + A'_s)$ 最小，取 $x = \xi_b h_0$。

第五步　计算受压钢筋面积 A'_s；

$$A'_s = \frac{\gamma_0 M_d - f_{cd} b h_0^2 \xi_b (1 - 0.5 \xi_b)}{f_{sd} (h_0 - a'_s)}$$

第六步　计算受拉钢筋面积 A_s；

$$A_s = \frac{f_{cd} b \xi_b h_0 + f'_{sd} A'_s}{f_{sd}}$$

第七步 选筋并布置,布置要满足构造要求。

情况2:已知截面尺寸 $b \times h$,混凝土强度等级和钢筋牌号,弯矩组合设计值 M_d,结构重要性系数 γ_0,环境类别,受压钢筋面积 A'_s,a'_s。求纵向受拉钢筋面积 A_s。

计算步骤:

第一步 查表确定材料强度设计值;

第二步 假设 a_s,确定截面有效高度 h_0;

第三步 计算受压区高度 x,

$$x = h_0 - \sqrt{h_0^2 - \frac{2\left[\gamma_0 M_d - f'_{sd} A'_s (h_0 - a'_s)\right]}{f_{cd} b}}$$

若 $x > \xi_b h_0$,表示已配置的受压钢筋 A'_s,数量不足,应增加 A'_s,按第一种情况重新设计。

第四步 计算钢筋面积 A_s;

若 $2a'_s \leqslant x \leqslant \xi_b h_0$,则

$$A_s = \frac{f_{cd} b x + f'_{sd} A'_s}{f_{sd}}$$

若 $x < \xi_b h_0$ 且 $x < 2a'_s$,取 $x = 2a'_s$,则

$$A_s = \frac{\gamma_0 M_d}{f_{sd}(h_0 - a'_s)}$$

第五步 选筋并布置,布置要满足构造要求。

(2)截面复核

已知截面尺寸 $b \times h$,混凝土强度等级和钢筋牌号,弯矩组合设计值 M_d,结构重要性系数 γ_0,环境类别,纵向受力钢筋面积 A_s,A'_s 及布置。试复核此截面是否安全。

计算步骤:

第一步 根据布置图,校核是否满足钢筋间净距(截面最小宽度)等构造要求;

第二步 计算受压区高度 x;

$$x = \frac{f_{sd} A_s - f'_{sd} A'_s}{f_{cd} b}$$

第三步 计算 M_u;

若 $2a'_s \leqslant x \leqslant \xi_b h_0$,$M_u = f_{cd} b x \left(h_0 - \frac{x}{2}\right) + f'_{sd} A'_s (h_0 - a'_s)$

若 $x > \xi_b h_0$,取 $x = \xi_b h_0$,$M_u = f_{cd} b h_0 \xi_b (1 - 0.5\xi_b) + f'_{sd} A'_s (h_0 - a'_s)$;

若 $x < \xi_b h_0$ 且 $x < 2a'_s$,取 $x = 2a'_s$,$M_u = f_{sd} A_s (h_0 - a'_s)$

第四步 判断截面是否安全。

若 $M_u \geqslant \gamma_0 M_d$,截面安全;若 $M_u < \gamma_0 M_d$,截面不安全。

【计算示例】

【例2-6】 钢筋混凝土矩形截面梁,截面尺寸限定为 200 mm×400 mm。C20 混凝土

且不得提高混凝土强度等级,钢筋为 HRB335,弯矩组合设计值 $M_d = 80$ kN·m。Ⅰ类环境条件,安全等级为一级。试进行配筋计算并进行截面复核。

【解题过程】

(1)截面设计

假设受压钢筋按一层布置,$a'_s = 35$ mm;受拉钢筋按两层布置,$a_s = 65$ mm。

$h_0 = h - a_s = 400 - 65 = 335$(mm)

单筋截面的最大承载能力为

$$M_u = f_{cd}bh_0^2\xi_b(1 - 0.5\xi_b)$$

$$= 9.2 \times 200 \times 335^2 \times 0.56 \times (1 - 0.5 \times 0.6)$$

$$= 83.26 \times 10^6 (\text{N·mm}) = 83.26 \text{ kN·m} < \gamma_0 M_d = 88 \text{ kN·m}$$

故采用双筋截面。

取 $\xi = \xi_b = 0.56$,得

$$A'_s = \frac{\gamma_0 M_d - f_{cd}bh_0^2\xi_b(1 - 0.5\xi_b)}{f'_{sd}(h_0 - a'_s)}$$

$$= \frac{88 \times 10^6 - 9.2 \times 200 \times (335)^2 \times 0.56 \times (1 - 0.5 \times 0.56)}{280 \times (335 - 35)} = 56.4 \text{(mm}^2)$$

$$A_s = \frac{f_{cd}bx + f'_{sd}A'_s}{f_{sd}}$$

$$= \frac{9.2 \times 200 \times (0.56 \times 335) + 280 \times 56.4}{280} = 1289 \text{(mm}^2)。$$

现选择受压钢筋为 2ϕ12($A'_s = 226$ mm^2),受拉钢筋 3ϕ20+3ϕ14($A_s = 1404$ mm^2)。

钢筋间净距 $S_n = \dfrac{200 - 2 \times 30 - 3 \times 22.7}{2} =$

36(mm)>30 mm 及 $d = 20$ mm;受拉钢筋混凝土保护层厚度 $c = 34$ mm,$a_s = 61$ mm,$a'_s = 40$ mm,$h_0 = 339$ mm。

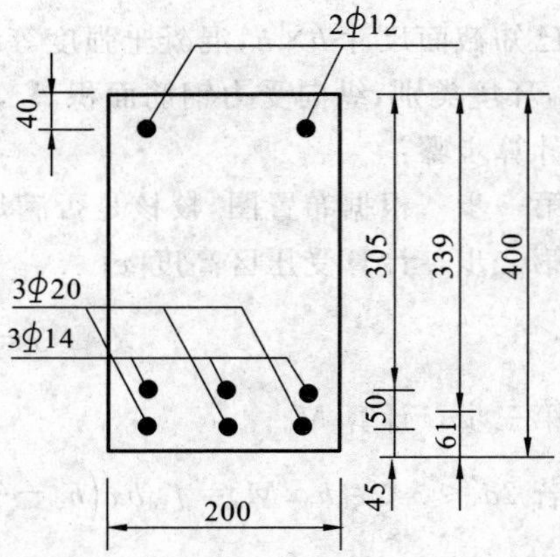

(2)截面复核

由 $A_s = 1404$ mm^2,$A'_s = 226$ mm^2,$h_0 = 339$ mm得

$$x = \frac{f_{sd}A_s - f'_{sd}A'_s}{f_{cd}b} = \frac{280 \times (1404 - 226)}{9.2 \times 200}$$

$$= 179 \text{(mm)} < \xi_b h_0 = 190 \text{ mm 且} > 2a'_s = 80 \text{ mm}$$

图 2-1-25 例 2-6 配筋图(尺寸单位:mm)

$$M_u = f_{cd}bx\left(h_0 - \frac{x}{2}\right) + f'_{sd}A'_s(h_0 - a'_s)$$

$$= 9.2 \times 200 \times 179 \times (339 - 179/2) + 280 \times 226 \times (339 - 40)$$

$$= 101.1 \times 10^6 (\text{N·mm}) = 101.1 \text{ kN·m} > \gamma_0 M_d = 88 \text{ kN·m}$$

截面是安全的。

【学习实践】

1.截面尺寸为 250 mm×500 mm 的钢筋混凝土矩形截面梁。采用 C25 混凝土和 HRB400 钢筋,弯矩组合设计值 $M_d = 250$ kN·m,I类环境条件,安全等级为一级。试进行配筋计算。

【实践过程】

2.截面尺寸 200 mm×400 mm 的钢筋混凝土矩形截面梁。采用 C20 混凝土和 R235 钢筋,受拉钢筋 3φ25,受压钢筋 2φ16,$a_s = 45$ mm,$a'_s = 40$ mm,承受的弯矩设计值 $M_d = 85$ kN·m,I类环境条件安全等级为二级。试验算该截面是否安全。

【实践过程】

2-1-5　T 形截面受弯构件正截面承载力计算

1.几点说明

矩形截面梁在破坏时,受拉区混凝土早已开裂。在开裂截面处,受拉区的混凝土对截面的抗弯承载力已不起作用,因此可将受拉区混凝土挖去一部分,将受拉钢筋集中布置在剩余受拉区混凝土内,形成了钢筋混凝土 T 形梁的截面,其承载能力与原矩形截面梁相同,但节省了混凝土和减轻了梁自重。因此,钢筋混凝土 T 形梁具有更大的跨越能力。

典型的钢筋混凝土 T 形梁截面如图 2-1-26 所示。截面伸出部分称为翼缘板(简称翼板),其宽度为 b 的部分称为梁肋或梁腹。判断一个截面在计算时是否属于 T 形截面,不是仅看截面本身形状,同时要看其翼缘板是否能参加抗压作用。从这个意义上来讲,工字形、箱形截面以及空心板截面,在正截面抗弯承载力计算中均可按 T 形截面来处理。

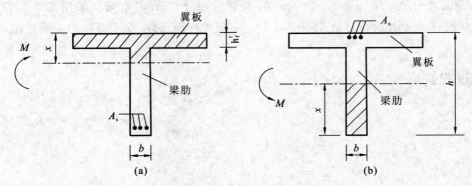

图 2-1-26　T 形截面示意图

　　下面以宽为 b_f 的挖空截面为例,将其换算成等效工字形截面,计算中即可按 T 形截面处理。

　　设挖空截面高度为 h,圆孔直径为 D,孔洞面积形心轴距板截面上、下边缘距离分别为 y_1, y_2,如图 2-1-27(a)所示。

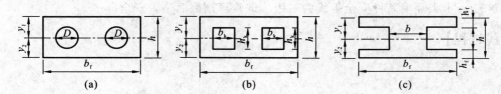

图 2-1-27　空心截面换算成等效工字形截面

　　将挖空截面换算成等效的工字形截面的方法,是先根据面积、惯性矩不变的原则,将圆孔(直径为 D)换算成 $b_k \times h_k$ 的矩形孔,如图 2-1-27(b)所示,可按下列各式计算:

按面积相等

$$b_k h_k = \frac{\pi}{4} D^2$$

按惯性矩相等

$$\frac{1}{12} b_k h_k^3 = \frac{\pi}{64} D^4$$

联立求解上述两式,可得到

$$b_k = \frac{\sqrt{3}}{6} \pi D, \quad h_k = \frac{\sqrt{3}}{2} D$$

　　然后,在圆孔的形心位置和空心板截面宽度、高度都保持不变的条件下,可进一步得到等效工字形截面尺寸。

上翼缘板厚度

$$h_f' = y_1 - \frac{1}{2} h_k = y_1 - \frac{\sqrt{3}}{4} D$$

下翼缘板厚度
$$h_{\mathrm{f}}=y_2-\frac{1}{2}h_{\mathrm{k}}=y_2-\frac{\sqrt{3}}{4}D$$

腹板宽度
$$b=b_{\mathrm{f}}-2b_{\mathrm{k}}=b_{\mathrm{f}}-\frac{\sqrt{3}}{3}\pi D$$

换算工字形截面如图 2-1-27(c)所示。当挖空截面孔洞为其他形状时,均可按上述原则换算成相应的等效工字形截面。在异号弯矩作用时,工字形截面总会有翼板位于受压区,故正截面抗弯承载力可按 T 形截面计算。

T 形截面随着翼板的宽度增大,可使受压区高度减小,内力偶臂增大,使所需的受拉钢筋面积减小。但通过试验和分析得知,T 形截面梁承受荷载作用产生弯曲变形时,在翼板宽度方向上纵向压应力的分布是不均匀的,离梁肋愈远,压应力愈小。其分布规律主要取决于截面与跨径(长度)的相对尺寸、翼板厚度、支承条件等。在设计计算中,为了便于计算,根据等效受力原则,把与梁肋共同工作的翼板宽度限制在一定的范围内,称为受压翼板的有效宽度 b_{f}'。在 b_{f}' 宽度范围内的翼板可以认为是全部参与工作,并假定其压应力是均匀分布的。而在这范围以外部分,则不考虑它参与受力。

《公桥规》规定,T 形截面梁(内梁)的受压翼板有效宽度 b_{f}',用下列三者中最小值。

(1)简支梁计算跨径的 1/3。对连续梁各中间跨正弯矩区段,取该跨计算跨径的 0.2 倍;边跨正弯矩区段,取该跨计算跨径的 0.27 倍;各中间支点负弯矩区段,则取该支点相邻两跨计算跨径之和的 0.07 倍。

(2)相邻两梁的平均间距。

(3)$b+2b_{\mathrm{h}}+12h_{\mathrm{f}}'$。当 $b_{\mathrm{h}}/h_{\mathrm{h}}\geqslant1/3$ 时,取 $b+6h_{\mathrm{h}}+12h_{\mathrm{f}}'$。此处,$b_{\mathrm{h}}$、$h_{\mathrm{h}}$ 如图 2-1-28 所示,分别为承托根部宽度和厚度。

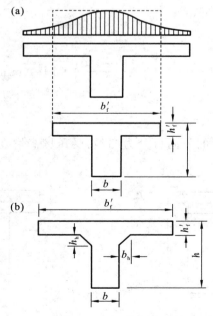

图 2-1-28 T 形截面受压翼缘有效计算宽度示意图

图 2-1-28 中所示承托,又称梗腋,它是为增强翼板与梁肋之间联系的构造措施,并可增强翼板根部的抗剪能力。

边梁受压翼板的有效宽度取相邻内梁翼缘有效宽度的一半加上边梁肋宽度的一半,再加 6 倍的外侧悬臂板平均厚度或外侧悬臂板实际宽度两者中的较小者。

此外,《公桥规》还规定,计算超静定梁内力时,T 形梁受压翼缘的计算宽度取实际全宽度。

【计算示例】

【例 2-7】 某钢筋混凝土简支梁,计算跨径 $L = 12.6$ m,相邻两片梁中心距离为 2.1 m,其截面尺寸如图 2-1-29 所示。试确定受压翼缘板有效宽度 b_f'。

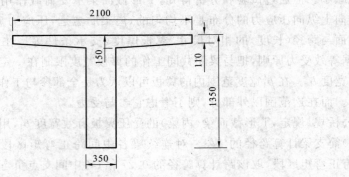

图 2-1-29 例 2-7 所示图形(尺寸单位:mm)

【解题过程】

$$b_{f1}' = \frac{L}{3} = \frac{12600}{3} = 4200 \text{(mm)};$$

$$b_{f2}' = 2100 \text{ mm};$$

$$b_{f3}' = b + 2b_h + 12h_f' = 350 + 0 + 12 \times \left(\frac{110 + 150}{2}\right) = 1910 \text{(mm)}$$

取 $b_f' = 1910$ mm。

2. 计算图示

T 形截面按受压区高度的不同可分为两类:受压区高度在翼板厚度内,即 $x \leqslant h_f'$(图

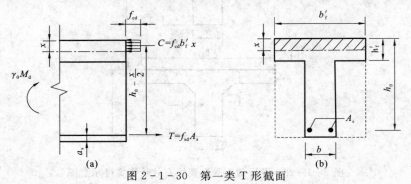

图 2-1-30 第一类 T 形截面

2-1-30)为第一类 T 形截面;受压区高度已进入梁肋,即 $x>h'_f$(图 2-1-31)为第二类 T 形截面。

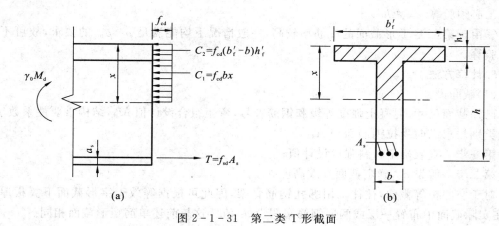

图 2-1-31 第二类 T 形截面

3. 计算公式

(1)第一类 T 形截面

第一类 T 形截面,中性轴在受压翼板内,受压区高度 $x \leqslant h'_f$。此时,截面虽为 T 形,但受压区形状为宽 b'_f 的矩形,而受拉区截面形状与截面抗弯承载力无关,故以宽度为 b'_f 的矩形截面进行抗弯承载力计算。计算时只需将单筋矩形截面公式中梁宽 b 以翼板有效宽度 b'_f 置换即可。

由截面平衡条件可得到:

$$f_{cd} b'_f x = f_{sd} A_s \tag{2-1-23}$$

$$\gamma_0 M_d \leqslant M_u = f_{cd} b'_f x \left(h_0 - \frac{x}{2} \right) \tag{2-1-24}$$

或

$$\gamma_0 M_d \leqslant M_u = f_{sd} A_s \left(h_0 - \frac{x}{2} \right) \tag{2-1-25}$$

(2)第二类 T 形截面

第二类 T 形截面,中性轴在梁肋部,受压区高度 $x>h'_f$,受压区为 T 形,故一般将受压区混凝土压应力的合力分为两部分求得:一部分宽度为肋宽 b、高度为 x 的矩形,其合力为 $f_{cd} b x$;另一部分宽度为 $(b'_f - b)$、高度为 h'_f 的矩形,其合力为 $f_{cd} (b'_f - b) h'_f$。

截面平衡条件可得到:

$$f_{cd} b x + f_{cd} (b'_f - b) h'_f = f_{sd} A_s \tag{2-1-26}$$

$$\gamma_0 M_d \leqslant M_u = f_{cd} b x \left(h_0 - \frac{x}{2} \right) + f_{cd} (b'_f - b) h'_f \left(h_0 - \frac{h'_f}{2} \right) \tag{2-1-27}$$

4. 适用条件

(1)第一类 T 形截面

①由于 $x \leqslant h'_f$,一般 T 形截面的 h'_f 较小,因而一般均能满足 $x \leqslant \xi_b h_0$ 这个条件;

②必须验算 $\rho \geqslant \rho_{\min}$，这里的 b 为 T 形截面的梁肋宽度。

(2)第二类 T 形截面

①必须验算 $x \leqslant \xi_b h_0$；

②由于第二类 T 形截面的配筋率较高，一般情况下均能满足 $\rho \geqslant \rho_{\min}$ 的要求，故可不必进行验算。

5. 计算方法

(1)截面设计

已知截面尺寸，混凝土强度等级和钢筋牌号，弯矩组合设计值 M_d，结构重要性系数 γ_0，环境类别。求纵向受拉钢筋面积 A_s。

第一步 查表确定材料强度设计值；

第二步 假设 a_s，确定截面有效高度 h_0；

对于空心板等截面，往往采用绑扎钢筋骨架，因此可根据等效工字形截面下翼板厚度 h_f，在实际截面中布置一层或两层钢筋来假设 a_s 值。这与前述单筋矩形截面相同。

对于预制或现浇 T 形梁，往往多用焊接钢筋骨架，由于多层钢筋的叠高一般不超过 $(0.15 \sim 0.2)h$，故可假设 $a_s = 30\ \text{mm} + (0.07 \sim 0.1)h$。

第三步 判定 T 形截面类型；

当 $\gamma_0 M_d \leqslant f_{cd} b_f' h_f' \left(h_0 - \dfrac{h_f'}{2} \right)$ 成立，为第一类 T 形截面；反之，为第二类 T 形截面。

第四步 求受压区高度 x 和纵向受拉钢筋面积 A_s；

若为第一类 T 形截面

$$x = h_0 - \sqrt{h_0^2 - \frac{2\gamma_0 M_d}{f_{cd} b_f'}}$$

$$A_s = \frac{f_{cd} b_f' x}{f_{sd}}$$

选择钢筋布置，校核 $\rho \geqslant \rho_{\min}$。

若为第二类 T 形截面

$$x = h_0 - \sqrt{h_0^2 - \frac{2\left[\gamma_0 M_d - f_{cd}(b_f' - b)h_f'\left(h_0 - \dfrac{h_f'}{2} \right) \right]}{f_{cd} b}}$$

若 $x > \xi_b h_0$，应修改设计，增加截面尺寸或提高混凝土强度等级。

若 $x \leqslant \xi_b h_0$，

$$A_s = \frac{f_{cd} b x + f_{cd}(b_f' - b)h_f'}{f_{sd}}$$

(2)截面复核

已知截面尺寸，混凝土强度等级和钢筋牌号，弯矩组合设计值 M_d，结构重要性系数 γ_0，环境类别，纵向受力钢筋面积 A_s 及布置。试复核此截面是否安全。

计算步骤：

第一步 根据布置图，校核是否满足钢筋间净距(或截面最小宽度)等构造要求；

第二步 判定 T 形截面类型；

当 $f_{sd} A_s \leqslant f_{cd} b_f' h_f'$ 成立，为第一类 T 形截面；反之，为第二类 T 形截面。

第三步　计算受压区高度 x；

若为第一类 T 形截面

$$x = \frac{f_{sd}A_s}{f_{cd}b'_f}$$

若为第二类 T 形截面

$$x = \frac{f_{sd}A_s - f_{cd}(b'_f - b)h'_f}{f_{cd}b}$$

第四步　计算 M_u；

若为第一类 T 形截面

$$M_u = f_{cd}bx\left(h_0 - \frac{x}{2}\right)$$

若为第二类 T 形截面

若 $x \leqslant \xi_b h_0$

$$M_u = f_{cd}bx\left(h_0 - \frac{x}{2}\right) + f_{cd}(b'_f - b)h'_f\left(h_0 - \frac{h'_f}{2}\right)$$

若 $x > \xi_b h_0$，取 $x = \xi_b h_0$ 代入求得。

第五步　判断截面是否安全；

若 $M_u \geqslant \gamma_0 M_d$，截面安全；若 $M_u < \gamma_0 M_d$，截面不安全。

【计算示例】

【例 2-8】　预制钢筋混凝土简支 T 梁截面高度 1.30 m，翼板有效宽度 1.60 m（预制宽度 1.58 m），如图 2-1-32 所示。C25 混凝土，HRB335 钢筋。Ⅰ类环境条件，安全等级为二级。跨中截面弯矩组合设计值 $M_d = 2200$ kN·m。试进行配筋（焊接钢筋骨架）计算及截面复核。

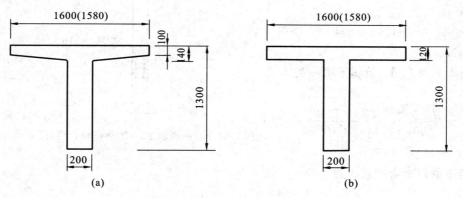

图 2-1-32　例题 2-8 图（尺寸单位：mm）

【解题过程】

(1)截面设计

由于是焊接钢筋骨架，故 $a_s = 30 + 0.07h = 30 + 0.07 \times 1300 = 121$(mm)，则 $h_0 = 1300$

$-121=1179(\mathrm{mm})$。因为

$$f_{\mathrm{cd}}b'_{\mathrm{f}}h'_{\mathrm{f}}\left(h_0-\frac{h'_{\mathrm{f}}}{2}\right)=11.5\times1600\times120\times\left(1179-\frac{120}{2}\right)$$

$$=2470.75\times10^6(\mathrm{N}\cdot\mathrm{mm})=2470.75\ \mathrm{kN}\cdot\mathrm{m}>\gamma_0 M_{\mathrm{d}}=2200\ \mathrm{kN}\cdot\mathrm{m}$$

故属于第一类 T 形截面。

由 $\gamma_0 M_0=f_{\mathrm{cd}}b'_{\mathrm{f}}x\left(h_0-\dfrac{x}{2}\right)$ 得

$$2200\times10^6=11.5\times1600x(1179-x/2)$$

$$x^2-2358x+239130=0$$

$$x=106\ \mathrm{mm}<h'_{\mathrm{f}}=120\ \mathrm{mm}$$

受拉钢筋面积为

$$A_{\mathrm{s}}=\frac{f_{\mathrm{cd}}b'_{\mathrm{f}}x}{f_{\mathrm{sd}}}=\frac{11.5\times1600\times106}{280}=6966(\mathrm{mm}^2)$$

现选用钢筋为 $8\phi32+4\phi16$，$A_{\mathrm{s}}=7238\ \mathrm{mm}^2$，混凝土保护层厚度取 $c=35\ \mathrm{mm}>d$，钢筋间净距 $S_{\mathrm{n}}=200-2\times35-2\times35.8=58(\mathrm{mm})>40\ \mathrm{mm}$ 及 $>1.25d$，故满足构造要求。布置如图 $2-1-33$ 所示。

$$a_{\mathrm{s}}=\frac{6434\times(35+2\times35.8)+804\times(35+4\times35.8+18.4)}{6434+804}=117(\mathrm{mm})$$

则实际有效高度 $h_0=1300-117=1183(\mathrm{mm})$

$\rho=\dfrac{A_{\mathrm{s}}}{bh_0}=\dfrac{7238}{200\times1183}=3.06\%>\rho_{\min}$

$=0.2\%$，故满足要求。

（2）截面复核

由于 $f_{\mathrm{cd}}b'_{\mathrm{f}}h'_{\mathrm{f}}=11.5\times1600\times120=$

$2.21(\mathrm{kN})$

$f_{\mathrm{sd}}A_{\mathrm{s}}=(6434+804)\times280=$

$2.03(\mathrm{kN})$

$f_{\mathrm{cd}}b'_{\mathrm{f}}h'_{\mathrm{f}}>f_{\mathrm{sd}}A_{\mathrm{s}}$，故属于第一类 T 形截面。

$$x=\frac{f_{\mathrm{sd}}A_{\mathrm{s}}}{f_{\mathrm{cd}}b'_{\mathrm{f}}}=\frac{280\times7238}{11.5\times1600}=110$$

$(\mathrm{mm})<h'_{\mathrm{f}}=120\ \mathrm{mm}$

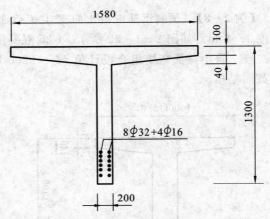

图 $2-1-33$ 例题 $2-8$ 的钢筋布置图（尺寸单位：mm）

则正截面抗弯承载力为

$$M_{\mathrm{u}}=f_{\mathrm{cd}}b'_{\mathrm{f}}x\left(h_0-\frac{x}{2}\right)$$

$$=11.5\times1600\times110\times\left(1183-\frac{110}{2}\right)$$

$$=2283.07\times10^6(\mathrm{N}\cdot\mathrm{mm})$$

$$=2283.07\ \mathrm{kN}\cdot\mathrm{m}>\gamma_0 M_{\mathrm{d}}=2200\ \mathrm{kN}\cdot\mathrm{m}$$

截面安全。

【例 $2-9$】 T 形截面梁截面尺寸如图 $2-1-34$ 所示。所承受的弯矩组合设计值 M_d $=580$ kN·m。采用 C30 混凝土，HRB400 钢筋。Ⅰ类环境条件，安全等级为二级。试进行配筋，并复核正截面承载力。

【解题过程】

(1)截面设计

按受拉钢筋布置成两排估算 $a_s=70$ mm，$h_0=h-a_s=700-70=630$(mm)；
$b'_f=600$ mm，由于

$$f_{cd}b'_fh'_f\left(h_0-\frac{h'_f}{2}\right)=13.8\times600\times120\times\left(630-\frac{120}{2}\right)$$
$$=566.3(\text{kN}\cdot\text{m})<\gamma_0 M_d=580 \text{ kN}\cdot\text{m}$$

属于第二类 T 形截面。

由 $\gamma_0 M_d=f_{cd}bx\left(h_0-\frac{x}{2}\right)+f_{cd}(b'_f-b)h'_f\left(h_0-\frac{h'_f}{2}\right)$ 得

$$x=630-\sqrt{630^2-\frac{2\times\left[1.0\times580\times10^6-13.8\times(600-300)\times120\times\left(630-\frac{120}{2}\right)\right]}{13.8\times200}}$$

$=126.5$(mm)$>h'_f=120$ mm，且 $<\xi_b h_0=0.53\times630=333.9$(mm)。

纵向受拉钢筋面积为

$$A_s=\frac{f_{cd}bx+f_{cd}(b'_f-b)h'_f}{f_{sd}}$$
$$=\frac{13.8\times300\times126.5+13.8\times(600-300)\times120}{330}$$
$$=3092.4(\text{mm}^2)$$

现选用钢筋为 $10 \phi 20$，$A_s=3142$ mm²；10 根钢筋布置成两排，每排 5 根，所需要截面最小宽度 $b_{min}=2\times30+5\times22.7+4\times30=293.5(mm)<b=300$ mm；受拉钢筋合力作用点至梁下边缘的距离 $a_s=30+22.7+30/2=67.7$(mm)，$h_0=700-67.7=632.3$(mm)。布置如图 $2-1-34$ 所示。

(2)截面复核

由于 $f_{cd}b'_fh'_f=13.8\times600\times120=993600$(N)

$f_{sd}A_s=3142\times330=1036860$(N)

$f_{cd}b'_fh'_f<f_{sd}A_s$，故属于第二类 T 形截面。

$$x=\frac{f_{sd}A_s-f_{cd}(b'_f-b)h'_f}{f_{cd}b}=\frac{330\times3142-13.8\times(600-300)\times120}{13.8\times300}$$
$$=130.45(\text{mm})<\xi_b h_0=0.53\times623.3=335.1(\text{mm})$$

则正截面抗弯承载力为

$$M_u=f_{cd}bx\left(h_0-\frac{x}{2}\right)+f_{cd}(b'_f-b)h'_f\left(h_0-\frac{h'_f}{2}\right)$$
$$=13.8\times300\times130.45\times\left(632.3-\frac{130.45}{2}\right)+13.8\times(600-300)\times120\times\left(632.3-\frac{120}{2}\right)$$

$$=590.57(\text{kN} \cdot \text{m}) > \gamma_0 M_d = 580 \text{ kN} \cdot \text{m}$$

截面安全。

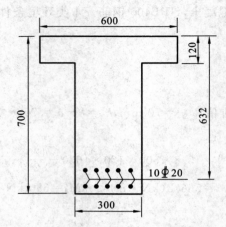

图 2 - 1 - 34　例 2 - 9 配筋图(尺寸单位：mm)

【学习实践】

1.计算跨径 $L = 12.6$ m 的钢筋混凝土简支梁,中梁间距为 2.1 m,截面尺寸及钢筋截面布置如图 2 - 1 - 35 所示。所承受的弯矩组合设计值 $M_d = 1190$ kN · m,采用 C25 混凝土,HRB335 钢筋。Ⅰ类环境条件,安全等级为二级。试进行配筋,并复核正截面承载力。

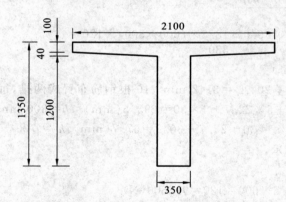

图 2 - 1 - 35　计算示意图(尺寸单位：mm)

【实践过程】

2.钢筋混凝土空心板的截面尺寸如图 2-1-36 所示,试作出其等效的工字形截面。

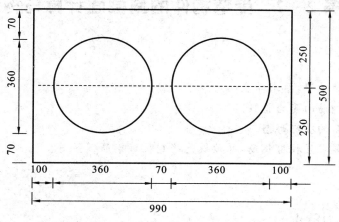

图 2-1-36　计算示意图(尺寸单位:mm)

【实践过程】

【学习心得】

　　通过本任务的学习,我的体会有 ....

....

....

....

....

....

.... 。

任务 2 – 2　受弯构件的斜截面计算与构造

【学习目标】

通过本任务的学习,要求学生熟悉以下内容:

1. 了解抗剪钢筋的受力特性。
2. 了解斜截面的破坏形态。
3. 会通过计算配置抗剪钢筋,并按规范绘制抗剪钢筋布置图。

【学习内容】

一、斜截面的受力特点

前面我们讲了钢筋混凝土受弯构件在主要承受弯矩的区段内,会产生垂直裂缝,如果正截面抗弯承载力不足,将沿垂直裂缝发生正截面受弯破坏。此外,钢筋混凝土受弯构件还有可能在剪力和弯矩共同作用的支座附近区段内,沿着斜向裂缝发生斜截面受剪破坏或斜截面受弯破坏。因此,在保证受弯构件正截面抗弯承载力的同时,还应保证受弯构件斜截面承载力,即斜截面抗剪承载力和斜截面抗弯承载力。

在工程设计中,斜截面抗剪承载力是通过计算来满足的,而斜截面抗弯承载力则是通过有关构造要求来满足的。

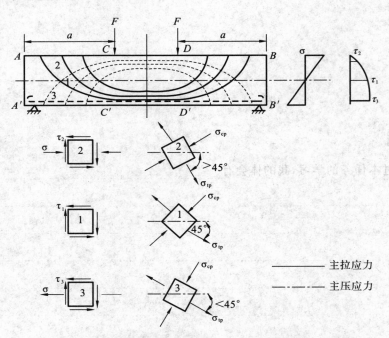

图 2-2-1　受弯构件在荷载作用下主拉应力和主压应力迹线

钢筋混凝土结构

通常,板承受的荷载较小而截面较大,具有足够的斜截面承载力,所以受弯构件斜截面承载力主要是针对梁而言。

为了防止梁沿斜裂缝破坏,应使梁具有合理的截面尺寸,还需在梁中配置与梁轴线垂直的箍筋,当梁承受的剪力较大时,可补充设置由纵向钢筋弯起而成的弯起钢筋(或斜筋),箍筋和弯起钢筋(或斜筋)统称为腹筋。配置腹筋的梁称为有腹筋梁;反之,称为无腹筋梁。

受弯构件在荷载作用下除了承受弯矩 M 外,一般同时还承受剪力 V 的作用。在 M 和 V 共同作用的区段,弯矩 M 产生的法向应力 σ 和剪力 V 产生的剪应力 τ 将合成主拉应力 σ_{tp} 和主压应力 σ_{cp},主拉应力和主压应力迹线如图 2-2-1 所示。

当主拉应力 σ_{tp} 的值超过混凝土的抗拉极限强度时,就会在沿主拉应力垂直方向产生斜向裂缝,从而有可能导致构件发生斜截面破坏。

试验表明,混凝土的强度等级、腹筋和纵筋的数量、截面形状、荷载种类和作用方式及剪跨比均影响斜截面承载力,其中剪跨比和配箍率是影响斜截面承载力的两个重要参数。

剪跨比是一个无量纲的参数。广义剪跨比系指计算截面的弯矩 M 与剪力 V 和有效高度 h_0 乘积的比值,即

$$m = \frac{M}{Vh_0} \qquad (2-2-1)$$

式中:M、V——梁计算截面所承受的弯矩和剪力。

对集中荷载作用的梁,集中力到临近支座的距离 a 称为剪跨,剪跨 a 与梁截面有效高度 h_0 的比值,称为狭义剪跨比。即

$$m = \frac{a}{h_0} \qquad (2-2-2)$$

箍筋用量一般用箍筋配筋率(工程上习惯称配箍率)ρ_{sv} 来表示。即

$$\rho_{sv} = \frac{A_{sv}}{bS_v} = \frac{na_{sv}}{bS_v} \qquad (2-2-3)$$

式中:A_{sv}——配置在同一截面内的箍筋面积总和,$A_{sv} = na_{sv}$;

n——同一截面内箍筋的肢数;双肢箍筋 $n=2$,四肢箍筋 $n=4$;

a_{sv}——单肢箍筋的截面面积;

b——梁的截面宽度,若是 T 形截面,则是梁肋宽度;

S_v——箍筋沿梁轴线方向的间距。

二、斜截面的破坏形态

试验结果表明,有腹筋梁沿斜截面的破坏形态有以下三种,如图 2-2-2 所示。

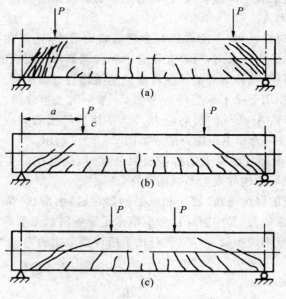

图 2-2-2 斜截面破坏形态

1. 斜压破坏

斜压破坏多发生在剪跨比较小（$m<1$）、配置的腹筋很多或薄腹梁中。

斜压破坏的特征是梁腹部出现若干条大体互相平行的斜裂缝，随着荷载的增加，这些斜裂缝将梁腹部分割成若干个受压短柱，最后因混凝土短柱被压碎而导致梁斜压破坏，如图 2-2-2(a) 所示，此时腹筋往往达不到屈服强度，钢筋的强度不能充分利用，属脆性破坏。这种破坏与正截面超筋梁的破坏相似。在实际工程中通过限制最小的截面尺寸来防止。

2. 剪压破坏

当腹筋配筋率适当且剪跨比适中（$1\leqslant m\leqslant 3$）时，常发生剪压破坏。

剪压破坏的特征是随着荷载的增加，梁的剪弯区段内陆续出现几条斜裂缝；其中一条发展为"临界斜裂缝"；临界斜裂缝不断加宽，并继续向上延伸，最后使斜裂缝顶端剪压区的混凝土在剪应力及压应力共同作用下达到极限强度而破坏，如图 2-2-2(b) 所示。此时与临界斜裂缝相交的腹筋达到屈服强度，混凝土和腹筋强度均得到充分发挥。这种破坏与正截面适筋梁的破坏相似。受弯构件斜截面抗剪承载力计算，以剪压破坏为依据。在实际工程中通过计算配置足够的腹筋来防止。

3. 斜拉破坏

当腹筋过少且剪跨比较大（$m>3$）时，多发生这种破坏。

斜拉破坏的特点是一旦出现斜裂缝，与其相交的腹筋立即达到屈服强度，很快形成临界斜裂缝，并迅速延伸到受压区的边缘，使梁很快撕裂为两部分，破坏过程急骤，具有明显的脆性，如图 2-2-2(c) 所示。这种破坏与正截面少筋梁的破坏相似。在实际工程中通过按构造要求配置箍筋来防止。

三、计算截面

斜截面受剪承载力计算时,应选择下列计算截面位置:

(1)距支座中心 $h/2$(梁高一半)处的截面,如图 2-2-3 截面 1—1,此处设计剪力值一般为最大。

(2)受拉区弯起钢筋弯起点处的截面,如图 2-2-3 中截面 2—2 和 3—3;以及锚固于受拉区的纵向钢筋开始不受力处的截面,如图 2-2-3 中截面 4—4。

(3)箍筋截面面积或间距改变处的截面,如图 2-2-3 截面 5—5。

(4)腹板宽度改变处的截面。

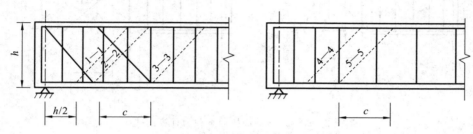

图 2-2-3 斜截面计算截面位置示意图

四、抗剪钢筋的构造要求

1. 箍筋

(1)钢筋混凝土梁应设置直径不小于 8 mm,且不小于 1/4 主钢筋直径的箍筋。当箍筋采用 R235 钢筋时, $\rho_{svmin}=0.18\%$;当箍筋采用 HRB335 钢筋时, $\rho_{svmin}=0.12\%$ 。

(2)箍筋的间距不应大于梁高的 1/2,且不大于 400 mm;当所箍钢筋为按受力需要的纵向受压钢筋时,应不大于受压钢筋直径的 15 倍,且不应大于 400 mm。

支座中心沿跨径方向长度不小于一倍梁高范围内,箍筋间距不宜大于 100 mm。

近梁端第一根箍筋应设置在距端面一个混凝土保护层的距离处。梁与梁或梁与柱的交接范围内可不设箍筋,靠近交接面的第一根箍筋,与交接面的距离不大于 50 mm。

2. 弯起钢筋

除了前面已述的内容外,对弯起钢筋的构造要求,《公桥规》还规定:

钢筋混凝土梁的弯起钢筋一般与梁纵轴成45°角。弯起钢筋以圆弧弯折,圆弧半径(以钢筋轴线为准)不宜小于 20 倍钢筋直径。

简支梁第一排(对支座而言)弯起钢筋的末端弯折点应位于支座中心截面处,以后各排弯起钢筋的末端折点应落在或超过前一排弯起钢筋的弯起点。

不得采用不与主钢筋焊接的浮筋。

五、斜截面抗剪承载力计算

1. 计算图示

图 2-2-4 为斜截面抗剪承载力计算图示。

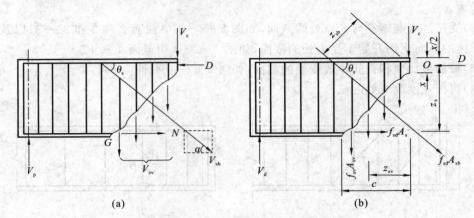

图 2-2-4　斜截面抗剪承载力计算图式

2. 计算公式

配有箍筋和弯起钢筋的钢筋混凝土梁,当发生剪压破坏时,其抗剪承载力 V_u 是由剪压区混凝土抗剪力 V_c、箍筋所能承受的剪力 V_{sv} 和弯起钢筋所能承受的剪力 V_{sb} 所组成,即

$$V_u = V_c + V_{sv} + V_{sb} = V_{cs} + V_{sb} \qquad (2-2-4)$$

《公桥规》根据国内外的有关试验资料,对配有腹筋的钢筋混凝土梁斜截面抗剪承载力的计算采用下述半经验半理论的公式:

$$\gamma_0 V_d \leqslant V_u = \alpha_1 \alpha_2 \alpha_3 (0.45 \times 10^{-3}) b h_0 \sqrt{(2 + 0.6p)\sqrt{f_{cu,k}} \rho_{sv} f_{sd,v}}$$
$$+ (0.75 \times 10^{-3}) f_{sd,b} \sum A_{sb} \sin \theta_s \qquad (2-2-5)$$

式中:V_d——斜截面受压端正截面上由作用(或荷载)效应所产生的最大剪力组合设计值,kN;

γ_0——桥梁结构的重要性系数;

α_1——异号弯矩影响系数,计算简支梁和连续梁近边支点梁段的抗剪承载力时,$\alpha_1 = 1$;计算连续梁和悬臂梁近中间支点梁段的抗剪承载力时,$\alpha_1 = 0.9$;

α_2——预应力提高系数,对钢筋混凝土受弯构件,$\alpha_2 = 1$;

α_3——受压翼缘的影响系数,对具有受压翼缘板的截面,取 $\alpha_3 = 1.1$;

b——斜截面受压区顶端截面处矩形截面宽度,mm,或 T 形和 I 形截面腹板宽度,mm;

h_0——斜截面受压端正截面上的有效高度,自纵向受拉钢筋合力点到受压边缘的距离,mm;

p——斜截面内纵向受拉钢筋的配筋率,$p = 100\rho$,当 $p > 2.5$ 时,取 $p = 2.5$;

$f_{cu,k}$——混凝土立方体抗压强度标准值,MPa;

ρ_{sv}——箍筋配筋率,见式(2-2-3);

f_{sv}——箍筋抗拉强度设计值,MPa;

f_{sd}——弯起钢筋的抗拉强度设计值,MPa;

A_{sb}——斜截面内在同一个弯起钢筋平面内的弯起钢筋总截面面积,mm²;

θ_s——弯起钢筋的切线与构件水平纵向轴线的夹角。

这里要指出以下几点:

(1)当不设弯起钢筋时,梁的斜截面抗剪力V_u等于V_{cs}。

(2)式(2-2-5)是一个半经验半理论公式,使用时必须按规定的单位代入数值,而计算得到的斜截面抗剪承载力V_u的单位为 kN。

3. 适用条件

(1)上限值——截面最小尺寸

当梁的截面尺寸较小而剪力过大时,就可能在梁的肋部产生过大的主压应力,使梁发生斜压破坏(或梁肋板压坏)。这种梁的抗剪承载力取决于混凝土的抗压强度及梁的截面尺寸,不能用增加腹筋数量来提高抗剪承载力。《公桥规》规定了截面最小尺寸的限制条件,这种限制,同时也为了防止梁特别是薄腹梁在使用阶段斜裂缝开展过大。截面尺寸应满足

$$\gamma_0 V_d \leqslant (0.51 \times 10^{-3})\sqrt{f_{cu,k}}\, bh_0 \ (\text{kN}) \qquad (2-2-6)$$

式中:V_d——验算截面处由作用(或荷载)产生的剪力组合设计值,kN;

$f_{cu,k}$——混凝土立方体抗压强度标准值,MPa;

b——相应于剪力组合设计值处矩形截面的宽度,mm,或 T 形和 I 形截面腹板宽度,mm;

h_0——相应于剪力组合设计值处截面的有效高度,mm。

若上式(2-2-6)不满足,则应加大截面尺寸或提高混凝土强度等级。

(2)下限值——按构造要求配置箍筋

钢筋混凝土梁出现斜裂缝后,斜裂缝处原来由混凝土承受的拉力全部传给箍筋承担,使箍筋的拉应力突然增大。如果配置的箍筋数量过少,则斜裂缝一出现,箍筋应力很快达到其屈服强度,不能有效地抑制斜裂缝发展,甚至箍筋被拉断而导致发生斜拉破坏。当梁内配置一定数量的箍筋,且其间距又不过大,能保证与斜裂缝相交时,即可防止发生斜拉破坏。《公桥规》规定,若符合下式,则不需进行斜截面抗剪承载力的计算,而仅按构造要求配置箍筋:

$$\gamma_0 V_d \leqslant (0.50 \times 10^{-3})\alpha_2 f_{td} bh_0 \ (\text{kN}) \qquad (2-2-7)$$

式中:f_{td}——混凝土抗拉强度设计值,MPa,其他符号的物理意义及相应取用单位与式(2-2-6)相同。

对于板,下限值可提高 25%。

4. 等高度简支梁腹筋的初步设计

等高度简支梁腹筋的初步设计,可以按照式(2-2-5)、式(2-2-6)和式(2-2-7)进

行,即根据梁斜截面抗剪承载力要求配置箍筋、初步确定弯起钢筋的数量及弯起位置。

已知条件是:梁的计算跨径 L 及截面尺寸、混凝土强度等级、纵向受拉钢筋及箍筋抗拉设计强度、跨中截面纵向受拉钢筋布置、梁的计算剪力包络图(计算得到的各截面最大剪力组合设计值 V_d 乘上结构重要性系数 γ_0 后所形成的计算剪力图)(图2-2-5)。

(1)据已知条件及支座中心处的最大剪力设计值 $V_0 = \gamma_0 V_{d.0}$, $V_{d.0}$ 为支座中心处最大力组合设计值, γ_0 为结构重要性系数。按照式(2-2-6),对由梁正截面承载力计算已决定的截面尺寸作进一步检查,若不满足,必须修改截面尺寸或提高混凝土强度等级。

(2)由式(2-2-7)求得按构造要求配置箍筋的剪力 $V = (0.50 \times 10^{-3}) f_{td} b h_0$,其中 b 和 h_0 可取跨中截面计算值,由计算剪力包络图可得到按构造配置箍筋的区段长度 l_1。

(3)在支点和按构造配置箍筋区段之间的计算剪力包络图中的计算剪力应该由混凝土、箍筋和弯起钢筋共同承担,但各自承担多大比例,涉及计算剪力包络图面积的合理分配问题。《公桥规》规定:最大剪力计算值取用距支座中心 $\frac{h}{2}$(梁高一半)处截面的数值(记做 V'),其中混凝土和箍筋共同承担不少于 60%,即不小于 $0.6V'$ 的剪力计算值;弯起钢筋(按 $45°$ 弯起)承担不超过 40%,即不超过 $0.4V'$ 的剪力计算值。由《公桥规》规定可见混凝土和箍筋共同承担了大部分剪力。这主要是国内外试验研究都表明,混凝土和箍筋共同的抗剪作用效果好于弯起钢筋的抗剪作用。

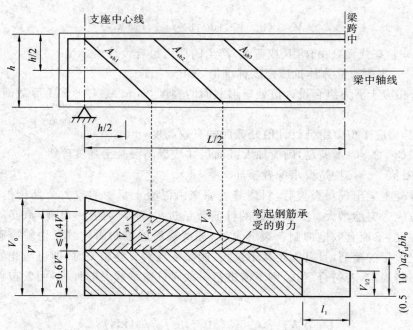

图 2-2-5　斜截面抗剪配筋计算图

(4)箍筋设计

现取混凝土和箍筋共同的抗剪能力 $V_{cs} = 0.6V'$,在式(2-2-5)中不考虑弯起钢筋的部分,则可得到

$$0.6V' = \alpha_1 \alpha_3 (0.45 \times 10^{-3}) b h_0 \sqrt{(2 + 0.6p)} \sqrt{f_{cu.k}} \rho_{sv} f_{sd.v}$$

　　　　　　　　　　　　　　　　　　　　钢筋混凝土结构

解得斜截面内箍筋配筋率为

$$\rho_{sv} = \frac{1.78 \times 10^6}{(2+0.6p)\sqrt{f_{cu,k}}\,f_{sd,v}} \left(\frac{V'}{\alpha_1\alpha_3 bh_0}\right)^2 \geqslant \rho_{sv\,min} \qquad (2-2-8)$$

当选择了箍筋直径（单肢面积为 a_{sv}）及箍筋肢数（n）后，得到箍筋截面积 $A_{sv} = na_{sv}$，则箍筋计算间距为

$$S_v = \frac{\alpha_1^2\alpha_3^2(0.56 \times 10^{-6})(2+0.6p)\sqrt{f_{cu,k}}\,A_{sv}f_{sd,v}bh_0^2}{(V')^2} \quad (mm) \qquad (2-2-9)$$

取整并满足规范要求后，即可确定箍筋间距。

（5）弯起钢筋的数量及初步的弯起位置

弯起钢筋是由纵向受拉钢筋弯起而成，常对称于梁跨中线成对弯起，以承担图 2-2-5 中计算剪力包络图中分配的计算剪力。

考虑到梁支座处的支承反力较大以及纵向受拉钢筋的锚固要求，《公桥规》规定，在钢筋混凝土梁的支点处，应至少有两根并且不少于总数 1/5 的下层受拉主钢筋通过。就是说，这部分纵向受拉钢筋不能在梁间弯起，而其余的纵向受拉钢筋可以在满足规范要求的条件下弯起。

根据梁斜截面抗剪要求，所需的第 i 排弯起钢筋的截面面积，要根据图 2-2-5 分配的、应由第 i 排弯起钢筋承担的计算剪力值 V_{bi} 来决定。由式（2-2-4），且仅考虑弯起钢筋，则可得到

$$V_{sbi} = (0.75 \times 10^{-3})f_{sd,b}\sum A_{sbi}\sin\theta_s$$

$$A_{sbi} = \frac{1333.33V_{sbi}}{f_{sd}\sin\theta_s} \quad (mm^2) \qquad (2-2-10)$$

式中的符号意义及单位见式（2-2-4）。

对于式（2-2-10）中的计算剪力 V_{sbi} 的取值方法，《公桥规》规定：

（1）计算第一排（从支座向跨中计算）弯起钢筋（即图 2-2-5 中所示 A_{sb1}）时，取用距支座中心 $\frac{h}{2}$ 处由弯起钢筋承担的那部分剪力值 $0.4V'$。

（2）计算以后每一排弯起钢筋时，取用前一排弯起钢筋弯起点处由弯起钢筋承担的那部分剪力值。

根据《公桥规》上述要求及规定，可以初步确定弯起钢筋的位置及要承担的计算剪力值 V_{sbi}，从而由式（2-2-10）计算得到所需的每排弯起钢筋的数量。

【学习实践】

1. 已知等高度矩形截面简支梁，截面尺寸 $b \times h = 200\ mm \times 600\ mm$，采用 C30 混凝土，Q235 钢筋，$A_s = 672\ mm^2$，$a_s = 40\ mm$，$\rho = 0.6\%$；支点处剪力值 $V_d = 121\ kN$，距支点 $\frac{h}{2}$ 处剪力值 $V_d' = 110\ kN$；拟采用箍筋为 $\phi 8$（单箍双肢）；$\gamma_0 = 1.0$。求该处斜截面仅仅配置箍筋时的箍筋间距 S_v。

【实践过程】

2. 请在如下等高度简支梁半跨剪力包络图中,标出相应计算区段,并说明它们的意义;标出最大的计算剪力;按照弯起钢筋的布置方式画出弯起钢筋的排数,按照弯起钢筋计算剪力的取值原则标出每排弯起钢筋的计算剪力。

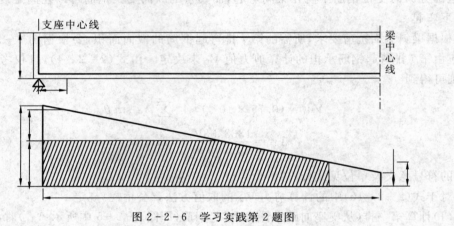

图 2-2-6 学习实践第 2 题图

【实践过程】

钢筋混凝土结构

六、斜截面抗弯承载力计算

上个学习内容中讨论了钢筋混凝土梁斜截面抗剪承载力计算问题,以防止梁沿斜截面发生剪切破坏。从正截面抗弯角度来看,沿梁长度方向各截面纵筋数量是可以随弯矩的减小而减少的,所以在实际工程中,纵筋是可以弯起或截断的,但如果弯起或截断的位置不恰当,就会引起斜截面受弯破坏。

在实际设计中,一般采用构造规定来避免斜截面受弯破坏。下面以弯起钢筋弯起点位置来加以说明。

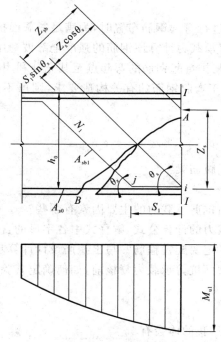

图 2-2-7 梁段斜截面抗弯承载力简图

图 2-2-7 表示所研究的梁段,在截面 I—I 上,纵筋面积为 A_s,正截面抗弯承载力满足

$$M_{d1} \leqslant M_{u1} = f_{sd} A_s Z_s \tag{2-2-11}$$

由于截面 I—I 处纵筋 A_s 的强度被充分利用,故被称为钢筋充分利用截面。在距 i 点距离为 S_1 的 j 点处弯起 N_1 钢筋(面积为 A_{sb1}),剩下的纵筋(面积为 A_{s0},$A_{s0} = A_s - A_{sb1}$)继续向支座方向延伸。设出现的斜裂缝 AB 跨越弯起钢筋 N_1 且斜裂缝顶端位于截面 I-I 处(图 2-2-7),现取斜裂缝 AB 左边梁段为隔离体,对斜裂缝上端受压区压力作用点 A 取矩,可得

$$M'_{u1} = f_{sd} A_{s0} Z_s + f_{sd} A_{sb1}(S_1 \sin\theta_s + Z_s \cos\theta_s) \tag{2-2-12}$$

斜截面上的作用效应仍然为 M_{d1},显然,若 $M'_{u1} \geqslant M_{u1}$,就不会发生斜截面受弯破坏。即

$$f_{sd}A_{s0}Z_s + f_{sd}A_{sb1}(S_1\sin\theta_s + Z_s\cos\theta_s) \geqslant f_{sd}A_sZ_s \qquad (2-2-13)$$

以 $A_s = A_{s0} + A_{sb1}$ 代入，整理后可得到：

$$S_1\sin\theta_s + Z_s\cos\theta_s \geqslant Z_s$$

即
$$S_1 \geqslant \frac{1-\cos\theta_s}{\sin\theta_s}Z_s \qquad (2-2-14)$$

一般情况下，$Z_s \approx 0.9h_0$，弯起钢筋的弯起角度为 45° 或 60°，那么可以得到

$$S_1 \geqslant (0.37 \sim 0.58)h_0 \qquad (2-2-15)$$

《公桥规》取 $0.5h_0$。

根据以上说明可知，在进行弯起钢筋布置时，为满足斜截面抗弯强度的要求，弯起钢筋弯起点应设在按正截面抗弯承载力计算该钢筋的强度全部被利用的截面以外，其距离不小于 $0.5h_0$ 处。换句话说，若某排弯起钢筋的弯起点至其充分利用截面的距离（S_1）满足 $S_1 \geqslant 0.5h_0$ 并且满足《公桥规》关于弯起钢筋的有关构造要求，则可不进行斜截面抗弯承载力的计算。

【学习实践】

1. 什么是有腹筋梁和无腹筋梁？
2. 剪跨比是指什么？
3. 影响受弯构件斜截面抗剪承载力的主要因素有哪些？
4. 写出斜截面抗剪承载力的计算公式，解释式中各字母的含义。
5. 为什么受弯构件内一定要配置箍筋？写出箍筋设计计算步骤。
6. 在进行受弯构件斜截面抗剪承载力复核前，如何确定其验算截面？

【学习心得】

通过本任务的学习，我的体会有 _____

_____

_____

_____

_____

_____

_____

_____

_____。

钢筋混凝土结构

任务 2-3　受弯构件全梁承载能力校核

【学习目标】

通过本任务的学习，要求学生熟悉以下内容：

1. 了解弯矩包络图和抵抗弯矩图的基本绘制方法和使用方法。
2. 了解和不需要点充分利用点的含义。

【学习内容】

在钢筋混凝土梁的设计中，必须同时考虑斜截面抗剪承载力、正截面抗弯承载力和斜截面抗弯承载力，以保证梁段中任一截面都不会出现正截面和斜截面破坏。

在任务 2-1 中已解决了梁最大弯矩截面的正截面抗弯承载力设计问题；在任务 2-2 中通过箍筋设计和弯起钢筋数量的确定，已基本解决了梁段斜截面抗剪承载力的设计问题。唯一待解决的问题是弯起钢筋弯起点的位置。尽管在梁斜截面抗剪设计中已初步确定了弯起钢筋的弯起位置，但是纵向钢筋能否在这些位置弯起，显然应考虑同时满足正截面及斜截面抗弯承载力的要求。这个问题一般采用梁的抵抗弯矩图应覆盖弯矩包络图的原则来解决。在具体设计中，可采用作图与计算相结合的方法进行。

一、弯矩包络图和抵抗弯矩图

弯矩包络图（又称荷载图），是沿梁长度各截面上弯矩组合设计值 M_d 的分布图，其纵坐标表示该截面上作用的最大设计弯矩。简支梁的弯矩包络图一般可近似为一条二次抛

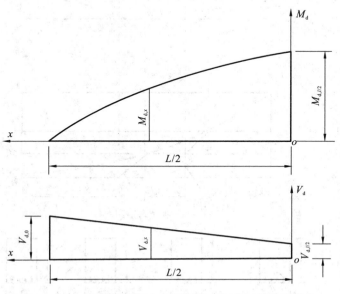

图 2-3-1　简支梁弯矩包络图和剪力包络图的方程描述

物线,若以梁跨中截面处为横坐标原点,则简支梁弯矩包络图(图2-3-1)可描述为

$$M_{d,x} = M_{d,l/2}\left(1 - \frac{4x^2}{L^2}\right) \qquad (2-3-1)$$

式中:$M_{d,x}$——距跨中截面为 x 处截面上的弯矩组合设计值;

$M_{d,l/2}$——跨中截面处的弯矩组合设计值;

l——简支梁的计算跨径。

对于简支梁的剪力包络图,可用直线方程来描述:

$$V_{d,x} = V_{d,l/2} + (V_{d,0} - V_{d,l/2})\frac{2x}{L} \qquad (2-3-2)$$

式中:$V_{d,x}$——距跨中截面为 x 处截面上的剪力组合设计值;

$V_{d,0}$——支点截面处的剪力组合设计值;

$V_{d,l/2}$——跨中截面处的剪力组合设计值。

抵抗弯矩图(又称材料图),就是沿梁长各个正截面按实际配置的受拉钢筋面积所产生的抵抗弯矩图,即表示各正截面所具有的抗弯承载力。

设一简支梁计算跨径为 L,跨中截面布置 6 根受拉钢筋($2N1+2N2+2N3$),如图2-3-2(a)所示。其正截面抗弯承载力为 $M_{u,l/2} > \gamma_0 M_{d,l/2}$。

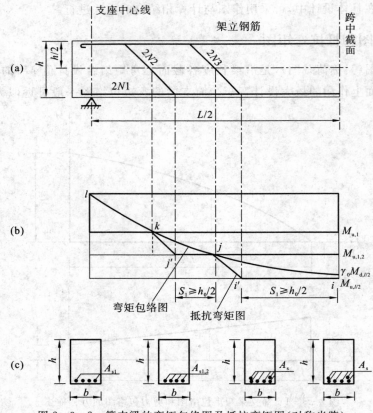

图2-3-2 简支梁的弯矩包络图及抵抗弯矩图(对称半跨)

钢筋混凝土结构

假定底层 2N1 纵筋必须伸过支座中心线,不得在梁跨间弯起,而 2N2＋2N3 钢筋考虑在梁跨间弯起。

由于部分纵筋弯起,因而正截面抗弯承载力发生了变化。在跨中截面,设全部钢筋提供的抗弯承载力为 $M_{u.l/2}$;弯起 2N3 钢筋后,剩余 2N1＋2N2 的面积为 $A_{s1.2}$,提供的抗弯承载力为 $M_{u.1,2}$;弯起 2N2 钢筋后,剩余 2N1 的面积为 A_{s1},提供的抗弯承载力为 $M_{u.1}$。分别用计算式表达为

$$M_{u.l/2}=f_{sd}A_sZ_s; \quad M_{u.1,2}=f_{sd}A_{s1.2}Z_{s1.2}; \quad M_{u.1}=f_{sd}A_{s1}Z_{s1}$$

这样可以作出抵抗弯矩图。图 2-3-2(a)所示为简支梁半跨配筋图,图 2-3-2(b)所示曲线图形为弯矩包络图,阶梯形图形为抵抗弯矩图,图 2-3-2(c)所示为不同位置正截面配筋图。显然,抵抗弯矩图必须能全部覆盖弯矩包络图,这样全梁的正截面抗弯承载力就可以得到保证。抵抗弯矩图与弯矩包络图的差距越小,说明设计越经济。

二、充分利用点和不需要点

由图 2-3-2(b)可见,抵抗弯矩图中 $M_{u.1,2}$、$M_{u.1}$ 水平线与弯矩包络图的交点标记为 j、k。在跨中 i 点处所有钢筋的强度被充分利用;在 j 点处 N1 和 N2 钢筋的强度被充分利用,而 N3 钢筋在 j 点以外(向支座方向)就不再需要了;同样,在 k 点处 N1 钢筋的强度被充分利用,而 N2 钢筋在 k 点以外也就不再需要了。通常把 i、j、k 分别称为 N3、N2、N1 钢筋的"充分利用点",而把通常把 j、k、l 分别称为 N3、N2、N1 钢筋的"不需要点"。

三、两个临界位置

以 N3 钢筋为例来说明。

为了保证斜截面抗弯承载力,N3 钢筋只能在距其充分利用点 i 处的距离 $S_1 \geqslant 0.5h_0$ 处 i' 点处开始弯起。为了保证弯起钢筋的受拉作用,N3 钢筋与梁中轴线的交点必须落在其不需要点 j 以外。这是由于 N3 钢筋穿过梁中轴线基本进入受压区,它的正截面抗弯作用才认为消失。

N2 钢筋弯起位置的确定原则,与 N3 钢筋相同。

在钢筋混凝土梁设计中,考虑梁斜截面抗剪承载力时,实际已经初步确定了各弯起钢筋的弯起位置,因此可以按照弯矩包络图和抵抗弯矩图来检查已定的弯起钢筋的弯起初步位置,若满足前述的各项要求,则认为所设计的弯起位置合理。否则要进行调整。

应该指出的是,若纵筋较多,除满足所需要的弯起钢筋数量外,多余的纵筋可以在梁跨间适当位置处截断。截断的设计位置应从理论截断点至少延伸(l_a+h_0)的长度,此处 l_a 为受拉钢筋的最小锚固长度(表 2-3-1),h_0 为截面有效高度;同时还应考虑从不需要该钢筋的截面至少延伸 20d(普通热轧钢筋的长度),此处 d 为钢筋直径。

表 2-3-1　普通热轧钢筋最小锚固长度 l_a

钢筋 混凝土 项目	R235				HRB335				HRB400、KL400			
	C20	C25	C30	≥C40	C20	C25	C30	≥C40	C20	C25	C30	≥C40
受压钢筋(直端)	40d	35d	30d	25d	35d	30d	25d	20d	40d	35d	30d	25d
受拉钢筋 直端	—	—	—	—	40d	35d	30d	25d	45d	40d	35d	30d
受拉钢筋 弯钩端	35d	30d	25d	20d	30d	25d	25d	20d	35d	30d	25d	20d

注：①d 为钢筋直径；

②采用环氧树脂涂层钢筋时,受拉钢筋最小锚固长度应增加 25%；

③当混凝土在凝固过程易受扰动时(如滑模施工),锚固长度应增加 25%。

受力主筋端部弯钩尺寸应符合表 2-3-2 的要求。

表 2-3-2　受力主筋端部弯钩

弯曲部位	弯曲角度	形状	钢筋	弯曲直径	平直段长度
末端弯钩	180°		R235	≥2.5d (d≤20 mm)	≥3d
	135°		HRB335	≥4d	≥5d
			HRB400 KL400	≥5d	
	90°		HRB335	≥4d	≥10d
			HRB400 KL400	≥5d	
中间弯折	≤90°		各种钢筋	≥20d	—

注：采用环氧树脂涂层钢筋时,除应满足表内固定要求外,当中钢筋直径 d≤20 mm 时,弯钩内直径 D 不小于 4d；当 d>20 mm 时,弯钩内直径 D 不小于 6d；直线段长度不应小于 5d。

钢筋混凝土结构

【学习实践】

1. 什么是弯矩包络图和抵抗弯矩图？如何绘制？
2. 在进行全梁承载力校核时，如何使用弯矩包络图和抵抗弯矩图？
3. 画图说明纵向主筋的不需要点和充分利用点。
4. 纵筋在支座处的锚固措施有哪些？

【学习心得】

通过本任务的学习，我的体会有

任务 2-4 受弯构件的应力、变形和裂缝宽度验算

【学习目标】

通过本任务的学习,要求学生熟悉以下内容:

1.了解换算截面的意义;能够进行换算截面特征值的计算;能够进行施工阶段正截面应力的验算。

2.了解受弯构件变形验算的目的;能够进行受弯构件的刚度计算;掌握受弯构件的变形验算。

3.了解受弯构件裂缝的成因;了解最大裂缝宽度计算方法和裂缝宽度限值;能够使用经验公式计算裂缝宽度。

【学习内容】

一、换算截面

钢筋混凝土受弯构件受力进入第Ⅱ工作阶段的特征是弯曲竖向裂缝已形成并开展,中性轴以下大部分混凝土已退出工作,由钢筋承受拉力,受压区混凝土的压应力图形大致是抛物线形,而其荷载-挠度(跨中)关系曲线是一条接近于直线的曲线。因此,钢筋混凝土受弯构件的第Ⅱ工作阶段又可称为开裂后弹性阶段。

对于第Ⅱ工作阶段的计算,一般有如下基本假定:

(1)平截面假定。根据平截面假定,平行于梁中性轴的各纵向纤维的应变与其到中性轴的距离成正比。同时,由于钢筋与混凝土之间的黏结力,钢筋与其同一水平线的混凝土应变相等,因此,由图 2-4-1 可得到

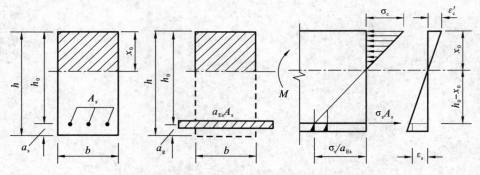

图 2-4-1 单筋矩形截面受弯构件的开裂截面

$$\varepsilon'_c/x_0 = \varepsilon_c/(h_0 - x_0) \qquad\qquad (2-4-1)$$

$$\varepsilon_s = \varepsilon_c \qquad\qquad (2-4-2)$$

式中:ε_c,ε'_c——分别为混凝土的受拉和受压平均应变;

ε_s——与混凝土的受拉平均应变为 ε_c 的同一水平位置处的钢筋平均拉应变；

x_0——实际受压区高度；

h_0——截面有效高度。

(2)弹性体假定。钢筋混凝土受弯构件在第Ⅱ工作阶段时，混凝土受压区的应力分布图形是曲线形，但此时曲线并不丰满，可以近似地看作直线分布，即受压区混凝土的应力与平均应变成正比。故有

$$\sigma'_c = E_c \varepsilon'_c \qquad (2-4-3)$$

同时，假定在受拉钢筋水平位置处混凝土的平均拉应变与应力成正比，即

$$\sigma_c = E_c \varepsilon_c \qquad (2-4-4)$$

(3)受拉区混凝土完全不能承受拉应力，拉应力完全由钢筋承受。

由上述三个基本假定作出的钢筋混凝土受弯构件在第Ⅱ工作阶段的计算图式如图 2-4-1 所示。

由上式可得到

$$\varepsilon_c = \frac{\sigma_c}{E_c}$$

因为：

$$\varepsilon_s = \frac{\sigma_s}{E_s}$$

故有：

$$\sigma_s = E_s \varepsilon_s = E_s \cdot \varepsilon_c = \frac{E_s}{E_c} \sigma_c = \alpha_{Es} \sigma_c \qquad (2-4-4)$$

式中：α_{Es}——钢筋混凝土构件截面的换算系数，等于钢筋弹性模量与混凝土弹性模量的比值，$\alpha_{Es} = E_s / E_c$。

式（2-4-4）表明，处于同一水平位置的钢筋拉应力 σ_s 为混凝土拉应力 σ_c 的 α_{Es} 倍。因此可将钢筋和受压区混凝土（受拉区混凝土不参与工作）两种材料组成的截面换算成一种拉压性能相同的假想材料组成的匀质截面（称换算截面），从而可采用材料力学公式进行截面计算。

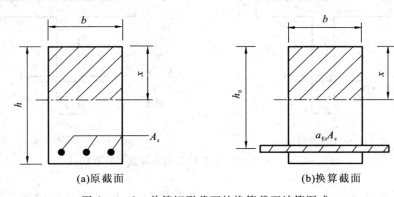

(a)原截面　　　　　　　(b)换算截面

图 2-4-2　单筋矩形截面的换算截面计算图式

通常，将钢筋截面积 A_s 换算成假想的受拉混凝土截面积 A_{sc}，其形心与钢筋的重心重合（图 $2-4-2$）。

假想的混凝土所承受的总拉力应该与钢筋承受的总拉力相等，即

$$A_s \sigma_s = A_{sc} \sigma_c$$

$$A_{sc} = \frac{A_s \sigma_s}{\sigma_c} = \alpha_{Es} A_s \qquad (2-4-6)$$

将 $A_{sc} = \alpha_{Es} A_s$ 称为钢筋的换算面积，而将受压区的混凝土面积和受拉区的钢筋换算面积所组成的截面称为钢筋混凝土构件开裂截面的换算截面（图 $2-4-2$）。这样就可以按材料力学的方法来计算换算截面的几何特性。

对于图 $2-4-2$ 所示的单筋矩形截面，换算截面的几何特性计算式为

换算截面面积 A_0 $\qquad A_0 = bx + \alpha_{Es} A_s \qquad (2-4-7)$

换算截面对中性轴的静矩 S_o

受压区 $\qquad S_{oc} = \frac{1}{2} bx^2 \qquad (2-4-8)$

受拉区 $\qquad S_{ot} = \alpha_{Es} A_s (h_0 - x) \qquad (2-4-9)$

对于受弯构件，开裂截面的中性轴通过其换算截面的形心轴，即 $S_{oc} = S_{ot}$，化简后解得换算截面的受压区高度为

$$x = \frac{\alpha_{Es} A_s}{b} \left[\sqrt{1 + \frac{2bh_0}{\alpha_{Es} A_s}} - 1 \right] \qquad (2-4-10)$$

换算截面惯性矩 I_{cr}： $\qquad I_{cr} = \frac{1}{3} bx^3 + \alpha_{Es} A_s (h_0 - x)^2 \qquad (2-4-11)$

图 $2-4-3$ 是受压翼缘有效宽度为 b_f' 时，T 形截面的换算截面计算图式。

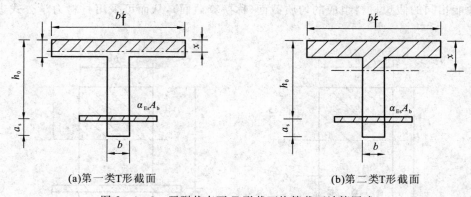

(a)第一类T形截面   (b)第二类T形截面

图 $2-4-3$ 开裂状态下 T 形截面换算截面计算图式

当受压区高度 $x \leqslant h_f'$ 时，可按宽度为 b_f' 的矩形截面，应用上面开裂状态下矩形截面来计算换算截面几何特性。

当受压区高度 $x > h'_f$ 即中性轴位于 T 形截面的肋部时,换算截面的受压区高度 x 计算式为

$$x = \sqrt{A^2 + B} - A \qquad (2-4-12)$$

式中: $A = \dfrac{\alpha_{Es} A_s + (b'_f - b) h'_f}{b}$, $B = \dfrac{2\alpha_{Es} A_s h_0 + (b'_f - b)(h'_f)^2}{b}$。

换算截面对其中性轴的惯性矩 I_{cr} 为

$$I_{cr} = \frac{1}{3} b'_f x^3 - \frac{1}{3}(b'_f - b)(x - h'_f)^3 + \alpha_{Es} A_s (h_0 - x)^2 \qquad (2-4-13)$$

在钢筋混凝土受弯构件的使用阶段和施工阶段的计算中,有时会遇到全截面换算截面概念。

全截面的换算截面是混凝土全截面面积和钢筋的换算面积所组成的截面。对于图 2-4-4 所示的 T 形截面,全截面的换算截面几何特性计算式为

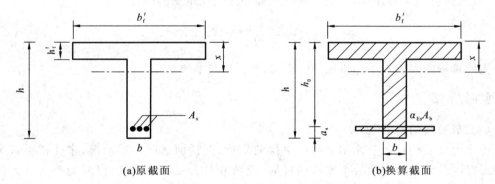

(a)原截面　　　　　　　　　(b)换算截面

图 2-4-4　T 形截面全截面换算截面计算图式

换算截面面积

$$A_o = bh + (b'_f - b)h'_f + (\alpha_{Es} - 1)A_s \qquad (2-4-14)$$

受压区高度

$$x = \frac{\dfrac{1}{2}bh^2 + \dfrac{1}{2}(b'_f - b)(h'_f)^2 + (\alpha_{Es} - 1)A_s h_0}{A_o} \qquad (2-4-15)$$

换算截面对中性轴的惯性矩 I_o

$$\begin{aligned} I_o = &\frac{1}{12} bh^3 + bh\left(\frac{h}{2} - x\right)^2 + \frac{1}{12}(b'_f - b)(h'_f)^3 + \\ &(b'_f - b)h'_f\left(\frac{h'_f}{2} - x\right)^2 + (\alpha_{Es} - 1)A_s(h_0 - x)^2 \end{aligned} \qquad (2-4-16)$$

二、应力验算

对于钢筋混凝土受弯构件,《公桥规》要求进行施工阶段的应力计算,即短暂状况的应力验算。截面应力验算按下式进行:

(1)受压区混凝土边缘

$$\sigma_{cc}^t = \frac{M_k^t x}{I_{cr}} \leqslant 0.80 f_{ck} \qquad (2-4-17)$$

(2)受拉钢筋的合力重心处

$$\sigma_{si}^t = \alpha_{Es} \frac{M_k^t(h_{0i}-x)}{I_{cr}} \leqslant 0.75 f_{sk} \qquad (2-4-18)$$

式中:I_{cr}——开裂截面换算截面的惯性矩;

M_k^t——由临时的施工荷载标准值产生的弯矩值。

对于钢筋的应力计算,一般仅需验算最外排受拉钢筋的应力

$$\sigma_{smax}^t = \alpha_{Es} \frac{M_k^t(h - a_{smin} - x)}{I_{cr}} \leqslant 0.75 f_{sk} \qquad (2-4-19)$$

当内排钢筋强度小于外排钢筋强度时,则应分排验算。

三、变形验算

1. 变形验算的目的

桥梁上部结构在荷载作用下将产生挠曲变形,使桥面成凹形或凸形,多孔桥梁甚至呈波浪形。因此设计钢筋混凝土受弯构件时,应使其具有足够的刚度,以避免产生过大的变形而影响结构的正常使用。过大的变形将影响车辆高速平稳地运行,并将导致桥面铺装的迅速破坏。同时,车辆行驶时引起的颠簸和冲击,会伴随有较大的噪声和对桥梁结构加载的不利影响。另外,构件变形过大,亦会给人们带来不安全感。

2. 刚度计算

在使用阶段,钢筋混凝土受弯构件是带裂缝工作的。对这个阶段的计算,前面已介绍有三个基本假定,即平截面假定、弹性体假定和不考虑受拉区混凝土参与工作,故可以采用材料力学或结构力学中关于受弯构件变形处理的方法,但应考虑到钢筋混凝土构件在第Ⅱ阶段的工作特点。

钢筋混凝土梁在弯曲变形时,纯弯段的各横截面将绕中性轴转动一个角度 φ,但截面仍保持平面。这时,按材料力学可得到挠度计算公式为

$$y = \alpha \frac{Ml^2}{B} \qquad (2-4-20)$$

式中:B——抗弯刚度。对匀质弹性梁,抗弯刚度 $B = EI$。

但是,钢筋混凝土受弯构件各截面的配筋不一样,承受的弯矩也不相等,弯矩小的截面可能不出现弯曲裂缝,其刚度要较弯矩大的开裂截面大得多,因此沿梁长度的抗弯刚度是个变值。为简化起见,采用结构力学方法,求得等刚度受弯构件的等效刚度 B,即为开裂构

钢筋混凝土结构

件等效截面的抗弯刚度。对钢筋混凝土受弯构件,《公桥规》规定计算变形时的抗弯刚度为

$$B = \frac{B_0}{\left(\frac{M_{cr}}{M_s}\right)^2 + \left[1 - \left(\frac{M_{cr}}{M_s}\right)^2\right]\frac{B_0}{B_{cr}}} \qquad (2-4-21)$$

式中:B——开裂构件等效截面的抗弯刚度;

$\quad\quad B_0$——全截面的抗弯刚度,$B_0 = 095E_c I_0$;

$\quad\quad B_{cr}$——开裂截面的抗弯刚度,$B_{cr} = E_c I_{cr}$;

$\quad\quad E_c$——混凝土的弹性模量;

$\quad\quad I_0$——全截面换算截面惯性矩;

$\quad\quad I_{cr}$——开裂截面换算截面惯性矩;

$\quad\quad M_s$——作用按短期效应组合计算的弯矩值;

$\quad\quad M_{cr}$——开裂弯矩,$M_{cr} = \gamma \cdot f_{tk} \cdot W_0$;

$\quad\quad \gamma$——构件受拉区混凝土塑性影响系数,$\gamma = 2S_0/W_0$;

$\quad\quad f_{tk}$——混凝土轴心抗拉强度标准值;

$\quad\quad S_0$——全截面换算截面重心轴以上(或以下)部分面积对重心轴的静矩;

$\quad\quad W_0$——全截面换算截面抗裂边缘的弹性抵抗矩。

3. 受弯构件的变形验算

(1)可变作用产生的变形验算

受弯构件在使用阶段的挠度应考虑作用长期效应的影响,即按作用短期效应组合和给定的刚度计算的挠度值,再乘以挠度长期增长系数 η_θ。挠度长期增长系数取用规定是:当采用 C40 以下混凝土时,$\eta_\theta = 1.60$;当采用 C40~C80 混凝土时,$\eta_\theta = 1.45~1.35$。即

$$f_l = \frac{5}{48} \times \frac{M_s L^2}{B} \times \eta_\theta \qquad (2-4-22)$$

《公桥规》规定,钢筋混凝土受弯构件按上述计算的长期挠度值,在消除结构自重后产生的长期挠度,即

$$f_Q = \frac{5}{48} \times \frac{(M_s - M_G)L^2}{B} \times \eta_\theta \qquad (2-4-23)$$

此值不应超过以下规定的限值:梁式桥主梁的最大挠度处为 $l/600$;梁式桥主梁的悬臂端为 $l_1/300$,此处,l 为受弯构件的计算跨径,l_1 为悬臂长度。

(2)预拱度的设置

对于钢筋混凝土梁式桥,梁的变形是由结构重力和可变作用两部分组成。对于结构重力引起的变形,一般采用设置预拱度来加以消除。

《公桥规》规定:当由作用短期效应组合并考虑作用长期效应影响产生的长期挠度值 f_l 不超过 $l/1600$(l 为计算跨径)时,可不设预拱度;当不符合上述规定时则应设预拱度,其值按结构自重和 1/2 可变作用频遇值计算的长期挠度值之和采用,即

$$\Delta = w_G + \frac{1}{2}w_Q$$

式中：Δ——预拱度值；

w_G——结构重力产生的长期竖向挠度；

w_Q——可变作用频遇值产生的长期竖向挠度。

以结构自重、汽车荷载和人群荷载组合为例，可得

$$\Delta = \frac{5}{48} \times \frac{\left[M_{Gk} + 0.5 \times \left(0.7 \times \frac{M_{Q1k}}{1+\mu} + M_{Q2k} \right) \right] L^2}{B} \times \eta_\theta \qquad (2-4-24)$$

需要注意的是，预拱的设置是按照最大的预拱度值沿顺桥向做成平顺的曲线。

四、裂缝宽度验算

1. 裂缝的成因

混凝土的抗拉强度很低，在一定的拉应力作用下就可能出现裂缝。钢筋混凝土结构的裂缝，按其产生的原因可分为以下几类：

（1）作用效应（如弯矩、剪力、扭矩及拉力等）引起的裂缝。由直接作用引起的裂缝一般是与受力钢筋以一定角度相交的横向裂缝。

（2）由外加变形或约束变形引起的裂缝。外加变形一般有地基的不均匀沉降、混凝土的收缩及温度差等。约束变形越大，裂缝宽度也越大。

（3）钢筋锈蚀裂缝。由于保护层混凝土碳化或冬季施工中掺氯盐（这是一种混凝土促凝、早强剂）过多导致钢筋锈蚀。锈蚀产物的体积比钢筋被侵蚀的体积大 2～3 倍，这种体积膨胀使外围混凝土产生相当大的拉应力，引起混凝土开裂，甚至保护层混凝土剥落。钢筋锈蚀裂缝是沿钢筋长度方向劈裂的纵向裂缝。

过多的裂缝或过大的裂缝宽度会影响结构的外观，造成使用者不安。从结构本身来看，某些裂缝的发生或发展，将影响结构的使用寿命。为了保证钢筋混凝土构件的耐久性，必须从设计、施工等方面控制裂缝。

对外加变形或约束变形引起的裂缝，往往是在构造上提出要求和在施工工艺上采取相应的措施予以控制。例如，混凝土收缩引起的裂缝，往往发生在混凝土的结硬初期，因此需要良好的初期养护条件和合适的混凝土配合比设计，所以在施工规程中，提出要严格控制混凝土的配合比，保证混凝土的养护条件和时间。

对于钢筋锈蚀裂缝，由于它的出现将影响结构的使用寿命，危害性较大，故必须防止其出现。钢筋锈蚀裂缝是目前正处于研究的一种裂缝，在实际工程中，为了防止它的出现，一般认为有足够厚度的混凝土保护层、保证混凝土的密实性、严格控制早凝剂的掺入量都是有效的措施。一旦钢筋锈蚀裂缝出现，应当及时处理。

在钢筋混凝土结构的使用阶段，直接作用引起的混凝土裂缝，只要不是沿混凝土表面延伸过长或裂缝的发展处于不稳定状态，均属正常的（指一般构件）。但在直接作用下，若裂缝宽度过大，仍会造成裂缝处钢筋锈蚀。

钢筋混凝土构件在荷载作用下产生的裂缝宽度，主要通过设计验算和构造措施加以控制。由于裂缝发展的影响因素很多，例如荷载作用及构件性质、环境条件、钢筋种类等，因

钢筋混凝土结构

此,本任务将主要介绍钢筋混凝土受弯构件弯曲裂缝宽度的验算及控制方法。

2. 最大裂缝宽度计算方法和裂缝宽度限值

影响裂缝宽度的因素很多,裂缝机理也十分复杂。近数十年来,人们根据已有的试验资料,分析影响裂缝宽度的各种因素,找出主要因素,舍去次要因素,再用数理统计方法给出简单适用而又有一定可靠性的裂缝宽度计算公式。《公桥规》规定矩形、T 形和工字形截面的钢筋混凝土构件,其最大裂缝宽度可按式(2-4-25)计算:

$$W_{fk} = c_1 c_2 c_3 \frac{\sigma_{ss}}{E_s} \left(\frac{30+d}{0.28+10\rho} \right) (\text{mm}) \qquad (2-4-25)$$

式中:c_1——钢筋表面形状系数,对于光面圆钢筋,$c_1 = 1.4$;对于带肋钢筋,$c_1 = 1.0$;

c_2——作用(或荷载)长期效应影响系数,$c_2 = 1 + 0.5 \frac{N_l}{N_s}$ 等,其中 N_l 和 N_s 分别为按作用(或荷载)长期效应组合和短期效应组合计算的内力值(弯矩或轴力);

c_3——与构件受力性质有关的系数,当为钢筋混凝土板式受弯构件时,$c_3 = 1.15$;其他受弯构件时,$c_3 = 1.0$;偏心受拉构件时,$c_3 = 1.1$;偏心受压构件时,$c_3 = 0.9$;轴心受拉构件时,$c_3 = 1.2$;

d——纵向受拉钢筋的直径,mm,当用不同直径的钢筋时,改用换算直径 d_e,$d_e = \frac{\sum n_i d_i^2}{\sum n_i d_i}$,对钢筋混凝土构件,$n_i$ 为受拉区第 i 种普通钢筋的根数,d_i 为受拉区第 i 种普通钢筋的公称直径;对于焊接钢筋骨架,式中的 d 或 d_e 应乘以 1.3 的系数;

ρ——纵向受拉钢筋配筋率,$\rho = \frac{A_s}{bh_0 + (b_f - b)h_f}$,对钢筋混凝土构件,当 $\rho > 0.02$ 时,取 $\rho = 0.02$;当 $\rho < 0.006$ 时,取 $\rho = 0.006$;对于轴心受拉构件,ρ 按全部受拉钢筋截面面积 A_s 的一半计算;

b_f, h_f——受拉翼缘板的宽度与厚度;

h_0——有效高度;

σ_{ss}——由作用(或荷载)短期效应组合引起的开裂截面纵向受拉钢筋在使用荷载作用下的应力(MPa),对于钢筋混凝土受弯构件,$\sigma_{ss} = \frac{M_s}{0.87 A_s h_0}$;其他受力性质构件的 σ_{ss} 计算式参见《公桥规》;

E_s——钢筋弹性模量,MPa。

《公桥规》规定,在正常使用极限状态下钢筋混凝土构件的裂缝宽度,应按作用(或荷载)短期效应组合并考虑长期效应组合影响进行验算,且不得超过规范规定的裂缝限值。在Ⅰ类和Ⅱ类环境条件下的钢筋混凝土构件,容许裂缝宽度不应超过 0.2 mm;处于Ⅲ类和Ⅳ类环境下的钢筋混凝土受弯构件,容许裂缝宽度不应超过 0.15 mm。应该强调的是,《公桥规》规定的裂缝宽度限值,是指在作用(或荷载)短期效应组合并考虑长期效应组合影响下构件的垂直裂缝,不包括施工中混凝土收缩、养护不当等引起的其他非受力裂缝。

【学习实践】

1. 受弯构件在施工阶段进行计算有哪些假定?

2. 截面变换的条件是什么？

3. 为什么要进行变形计算？

4. 什么是预拱度？设置预拱度有何条件？

5. 钢筋混凝土结构的裂缝有哪些类型？

6. 影响裂缝宽度的主要因素有哪些？

7. 请写出单筋矩形截面全截面换算截面几何特征值表达式。

8. 钢筋混凝土简支 T 梁梁长 $L_0 = 19.96$ m，计算跨径 $L_0 = 19.50$ m。C30 混凝土，主筋采用 HRB335 钢筋。Ⅰ 类环境条件，安全等级为二级。主梁截面尺寸如图 2 - 4 - 5 所示。

简支梁吊装时，其吊点设在距离梁端 $a = 400$ mm 处，梁自重在跨中截面引起的弯矩 $M_{G1} = 505.96$ kN·m。

T 梁跨中截面使用阶段汽车荷载标准值产生的弯矩为 $M_{Q1} = 620$ kN·m（未计入汽车冲击系数），人群荷载标准值产生的弯矩为 $M_{Q2} = 55.30$ kN·m，梁永久作用标准值产生的弯矩 $M_G = 751$ kN·m。

试进行钢筋混凝土简支 T 梁的验算。

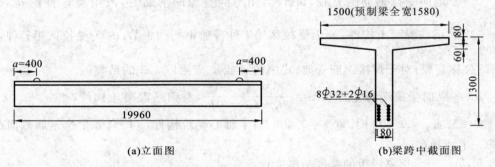

(a)立面图   (b)梁跨中截面图

图 2 - 4 - 5　学习实践第 8 题图(尺寸单位：mm)

【实践过程】

钢筋混凝土结构

【学习心得】

通过本任务的学习,我的体会有

学习项目 3　　钢筋混凝土受压构件

任务 3-1　　轴心受压构件

【学习目标】

通过本任务的学习,要求学生熟悉以下内容:

1. 普通箍筋柱的破坏形态、构造要求。
2. 普通箍筋柱正截面承载力计算。
3. 螺旋箍筋柱的结构特点及破坏特性、构造要求。
4. 螺旋箍筋柱正截面承载力计算。

【学习内容】

3-1-1　概述

受压构件是钢筋混凝土结构中最常见的构件之一,如柱、墙、拱、桩、桥墩、桁架压杆等。与受弯构件一样,受压构件除需满足承载力计算要求外,还应满足相应的构造要求。

钢筋混凝土受压构件在其截面上一般作用有轴力、弯矩和剪力。当只作用有轴力且轴向力作用线与构件截面形心轴重合时,称为轴心受压构件,如图 3-1-1(a);当同时作用有轴力和弯矩或轴向力作用线与构件截面形心轴不重合时,称为偏心受压构件。在计算受压构件时,常将作用在截面上的轴力和弯矩简化为等效的、偏离截面形心的轴向力来考虑。当轴向力作用线与截面的形心轴平行且沿某一主轴偏离形心时,称为单向偏心受压构件如

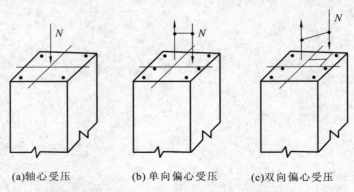

(a)轴心受压　　　　(b)单向偏心受压　　　　(c)双向偏心受压

图 3-1-1　轴心受压与偏心受压

图3-1-1(b)所示。当轴向力作用线与截面的形心轴平行且偏离两个主轴时,称为双向偏心受压构件,如图3-1-1(c)所示。

在实际结构中,严格的轴心受压构件是很少的,通常由于荷载位置的偏差,混凝土组成结构的非均匀性,纵向钢筋的非对称布置以及施工中的误差等原因,都或多或少存在有弯矩的作用。但是,在实际工程中,由于轴心受压构件计算简便,故可作为受压构件初步估算截面、复核强度的手段。钢筋混凝土轴心受压构件按照箍筋的功能和配置方式的不同可分为两种:

(1)配有纵向钢筋和普通箍筋的轴心受压构件(普通箍筋柱),如图3-1-2(a)图所示;

(2)配有纵向钢筋和螺旋箍筋的轴心受压构件(螺旋箍筋柱),如图3-1-2(b)图所示。

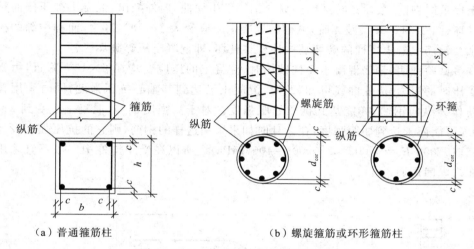

（a）普通箍筋柱　　　　　　　　　　（b）螺旋箍筋或环形箍筋柱

图3-1-2　普通箍筋柱与螺旋箍筋柱

普通箍筋柱的截面形状多为正方形、矩形和圆形等。纵向钢筋为对称布置,沿构件高度设置有等间距的箍筋。轴心受压构件的承载力主要由混凝土承担,设置纵向钢筋的目的是为了:

(1)协助混凝土承受压力,可减少构件截面尺寸;

(2)承受可能存在的不大的弯矩;

(3)防止构件的突然脆性破坏。

普通箍筋的作用是,防止纵向钢筋局部压屈,并与纵向钢筋形成钢筋骨架,便于施工。螺旋箍筋柱的截面形状多为圆形或正多边形,纵向钢筋外围设有连续环绕的间距较密的螺旋箍筋(或间距较密的焊环)。螺旋箍筋的作用是使截面中间部分(核心)混凝土成为约束混凝土,从而提高构件的强度和延性。

3-1-2　配有纵向钢筋和普通箍筋的轴心受压构件

一、破坏形态

按照构件的不同长细比,轴心受压构件可分为短柱和长柱两种,它们的受力变形和破坏形态各不相同。下面结合有关试验研究来分别介绍。

在轴心受压构件试验中,试件的材料强度级别、截面尺寸和配筋均相同,但柱长度不同。轴心力 P 用油压千斤顶施加,并用电子秤量测压力大小。由平衡条件可知,压力 P 的读数就等于试验柱截面所受到的轴心压力 N 值。同时,在柱长度一半处设置百分表,测量其横向挠度 u。通过对比试验的方法,观察长细比不同的轴心受压构件的破坏形态。

1. 短柱

当压力逐渐增加时,试件柱也随之缩短,用仪表测量,证明混凝土全截面和纵向钢筋均发生压缩变形。

当轴向力 P 达到破坏荷载的 90% 左右时,柱中部四周混凝土表面出现纵向裂缝,部分混凝土保护层剥落,最后是箍筋间的纵向钢筋发生屈曲,向外鼓出,混凝土被压碎而整个试验柱破坏(图 3-1-3)。破坏时,测得的混凝土压应变大于 1.8×10^{-3},而柱中部的横向挠度很小。钢筋混凝土短柱的破坏是一种材料破坏,即混凝土压碎破坏。

许多试验证明,钢筋混凝土短柱破坏时,混凝土的压应变均在 2×10^{-3} 附近,由钢筋混凝土受压时的应力-应变曲线可知,此时,混凝土已达到其轴心抗压强度;同时采用普通热轧钢筋作为纵向钢筋,亦能达到抗压屈服强度。对于高强度钢筋,混凝土应变到 2×10^{-3} 时,钢筋可能尚未达到屈服强度,在设计时如果采用这样的钢筋,则它的抗压强度设计值最多只能取 $0.002 E_s = 0.002 \times 200000 = 400 (\text{MPa})$。所以在受压构件中一般不宜采用高强钢筋作为纵向钢筋。

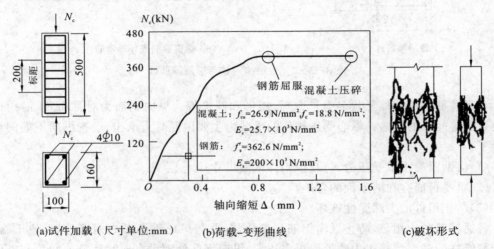

(a)试件加载(尺寸单位:mm)　　(b)荷载-变形曲线　　(c)破坏形式

图 3-1-3　轴心受压短柱的荷载-变形曲线及破坏形态

2. 长柱

试件柱在压力不大时,全截面受压,但随着压力增大,长柱不仅发生压缩变形,同时产生较大的横向挠度 u,凹侧压应力较大,凸侧较小。在长柱破坏前,横向挠度增加得很快,使长柱的破坏来得比较突然,导致失稳破坏。破坏时,凹侧的混凝土首先被压碎,有纵向裂缝,纵向钢筋被压弯而向外鼓出,混凝土保护层脱落;凸侧则由受压突然转变为受拉,出现水平裂缝(图 3-1-4)。

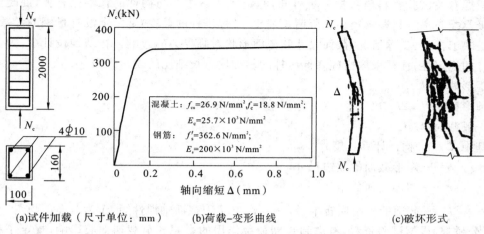

(a)试件加载（尺寸单位：mm）　　(b)荷载–变形曲线　　　　(c)破坏形式

图 3-1-4　轴心受压长柱的荷载-变形曲线及破坏形态

图 3-1-5 所示为轴心受压构件对比试验短柱和长柱的横向挠度 u 与压力 P 之间关系的对比图。由图示及大量的试验可知,短柱总是受压破坏,长柱则是失稳破坏;长柱的承载能力要小于相同截面、配筋、材料的短柱的承载能力。

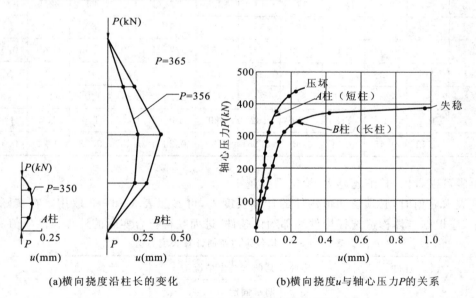

(a)横向挠度沿柱长的变化　　　　(b)横向挠度u与轴心压力P的关系

图 3-1-5　轴心受压构件的横向挠度 u

钢筋混凝土轴心受压构件计算中,考虑构件长细比增大的附加效应使构件承载力降低的计算系数称为轴心受压构件的稳定系数,用符号 φ 表示。如前所述,稳定系数就是长柱失稳破坏时的临界承载力 $N_\text{长}$ 与短柱压坏时的轴心力 $N_\text{短}$ 的比值。

$$\varphi = \frac{N_\text{长}}{N_\text{短}} \tag{3-1-1}$$

根据有关试验资料与数据分析可知,稳定系数 φ 主要与构件的长细比有关,混凝土强度等级及配筋率对其影响较小。所谓长细比(又称压杆的柔度)是一个没有量纲的参数,它综合反映了杆长、支撑情况、截面尺寸和截面形状对临界力的影响。在结构设计中,为了保证压杆的稳定性,往往采取措施降低压杆的长细比。长细比的表达式为

矩形截面:l_0/b;

圆形截面:$l_0/2r$;

一般截面:l_0/i。

其中:l_0——构件计算长度;

b——矩形截面的短边尺寸;

r——圆形截面的半径;

i——截面的最小回转半径,$i=\sqrt{I/A}$(I 为截面轴惯性矩,A 为截面面积)。

《公桥规》根据试验资料,考虑到长期荷载作用的影响和荷载初偏心影响,规定了稳定系数 φ 值,见表 $3-1-1$ 所列。

表 $3-1-1$　钢筋混凝土轴心受压构件稳定系数表

l_0/b	≤8	10	12	14	16	18	20	22	24	26	28
$l_0/2r$	≤7	8.5	10.5	12	14	15.5	17	19	21	22.5	24
l_0/i	≤28	35	42	48	55	62	69	76	83	90	97
φ	1.0	0.98	0.95	0.92	0.87	0.81	0.75	0.70	0.65	0.60	0.56
l_0/b	30	32	34	36	38	40	42	44	46	48	50
$l_0/2r$	26	28	29.5	31	33	34.5	36.5	38	40	41.5	43
l_0/i	104	111	118	125	132	139	146	153	160	167	174
φ	0.52	0.48	0.44	0.40	0.36	0.32	0.29	0.26	0.23	0.21	0.19

由表可以看出,长细比越大,稳定系数越小。

查表求 φ 值时,必须要知道构件的计算长度 l_0,可参照表 $3-1-2$ 取用。在实际桥涵设计中,应根据具体构造选择构件端部约束条件,进而获得符合实际的计算长度 l_0 值。

表 $3-1-2$　构件纵向弯曲计算长度 l_0 值

杆件	构件及其两端约束情况	计算长度 l_0
直杆	两端固定	$0.5l$
	一端固定,一端为不移动铰	$0.7l$
	两端均为不移动铰	$1l$
	一端固定,一端自由	$2l$

注:l 为构件支点间长度。

二、构造要求

1. 混凝土

轴心受压构件的正截面承载力主要由混凝土来提供,故一般多采用 C25～C40 级混凝土。

2. 截面形式

为了使模板制作方便,以及便于梁柱的连接,普通箍筋柱的截面常设计成正方形、矩形和圆形等,对于装配式柱,为了减轻其自重,并使运输安装时有较大的刚度,也可做成工字形截面。

3. 截面尺寸

轴心受压构件截面尺寸不宜过小,因长细比越大,φ 值越小,承载力降低越多,这样就不能充分利用材料强度。构件截面尺寸(矩形截面以短边计)不宜小于 250 mm。通常按 50 mm 一级增加,如 250 mm、300 mm、350 mm 等;在 800 mm 以上时,采用 100 mm 为一级,如 800 mm、900 mm、1000 mm 等。

4. 纵向钢筋

纵向受力钢筋一般采用 HRB335、HRB400 等热轧钢筋。纵向受力钢筋的直径应不小于 12 mm。在构件截面上,纵向受力钢筋至少应有 4 根并且在截面每一角隅处必须布置一根。

纵向受力钢筋的净距不应小于 50 mm,也不应大于 350 mm;普通钢筋的最小保护层厚度(钢筋外缘或管道外缘至混凝土表面的距离)不应小于钢筋的公称直径。

在轴心受压构件设计中当纵向钢筋配筋率很小时,纵筋对构件承载力的影响很小,此时受压构件接近素混凝土柱,徐变使混凝土的应力降低得很小,纵筋将起不到防止脆性破坏的缓冲作用,同时为了承受可能存在的较小弯矩,以及混凝土收缩、温度变化引起的拉应力,《公桥规》规定轴心受压构件、偏心受压构件全部纵向钢筋的配筋率不应小于 0.5%,当混凝土强度等级高于 C50 及以上时不应小于 0.6%;同时一侧钢筋的配筋率不应小于 0.2%。计算构件的配筋率应按构件的全截面面积计算。

实际结构中,轴心受压构件承受的作用大部分为恒载。在恒载的长期作用下,混凝土要产生徐变,由于混凝土徐变的作用以及钢筋和混凝土的变形必须协调,在混凝土和钢筋之间将会出现应力重分布现象。即随着作用持续时间的增加,混凝土的压应力逐渐减小,钢筋的压应力逐渐增大,造成实际上混凝土受拉,钢筋受压。若纵向钢筋配筋率过大,可能使混凝土的拉应力达到抗拉强度而开裂,会出现若干条与构件轴线垂直的贯通裂缝,故在设计中要限制纵向钢筋的最大配筋率。《公桥规》规定受压构件的最大配筋率不宜超过 5%。

水平浇筑的预制件,其纵向钢筋的最小净距采用受弯构件的规定要求。

5. 箍筋

普通箍筋柱中的箍筋必须做成封闭式,箍筋直径应不小于纵向钢筋直径的 1/4,且不小于 8 mm。

箍筋的间距应不大于纵向受力钢筋直径的 15 倍或不大于构件截面的较小尺寸（圆形截面采用 0.8 倍直径），并不大于 400 mm。

在纵向钢筋搭接范围内，箍筋的间距应不大于纵向钢筋直径的 10 倍，且不大于 200 mm。

当纵向钢筋截面积超过混凝土截面面积 3% 时，箍筋间距应不大于纵向钢筋直径的 10 倍，且不大于 200 mm。

《公桥规》将位于箍筋折角处的纵向钢筋定义为角筋。沿箍筋设置的纵向钢筋离角筋间距 S 不大于 150 mm 或 15 倍箍筋直径（取较大者）范围内，若超过此范围设置纵向受力钢筋，应设复合箍筋（图 3-1-6）。图 3-1-6 中，箍筋 A、B 与 C、D 两组设置方式可根据实际情况选用 (a)、(b) 或 (c) 的方式。

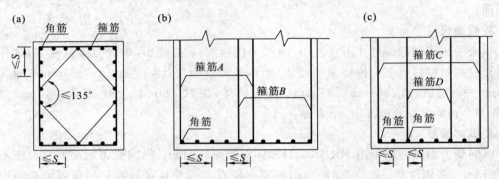

图 3-1-6　柱内复合箍筋布置

(a)、(b)S 内设 3 根纵向受力钢筋；(c)S 内设 2 根纵向受力钢筋

三、正截面承载力计算

1. 计算简图及基本公式

如图 3-1-7 可得到配有纵向受力钢筋和普通箍筋的轴心受压构件正截面承载力计算式为

$$\gamma_0 N_d \leqslant N_u = 0.90\varphi(f_{cd}A + f'_{sd}A'_s) \qquad (3-1-2)$$

式中：N_d——轴向力组合设计值；

　φ——稳定系数；

　A——构件毛截面面积，当纵向钢筋配筋率 $\rho > 3\%$ 时，A 应改用混凝土截面净面积 $A_n = A - A'_s$；

　A'_s——全部纵向钢筋截面面积；

　f_{cd}——混凝土轴心抗压强度设计值，当截面长边尺寸小于 300 mm 时，混凝土抗压强度应取设计强度的 0.8 倍；

　f'_{sd}——纵向普通钢筋抗压强度设计值。

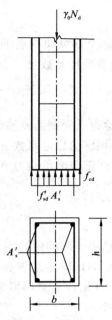

图 3-1-7 普通箍筋柱正截面承载力计算图示

2. 计算内容

普通箍筋柱的正截面承载力计算分为截面设计和截面复核两种情况。

(1)截面设计

已知截面尺寸 $b×h$,计算长度 l_0,混凝土强度等级和钢筋牌号,轴向压力组合设计值 N_d,结构重要性系数 γ_0。求纵向钢筋所需面积 A'_s。

【计算步骤】

首先计算长细比 $\dfrac{l_0}{b}$,查表得到相应的稳定系数 φ。

再由正截面承载力公式计算所需钢筋截面面积:

$$A'_s = \frac{1}{f'_{sd}}\left(\frac{\gamma_0 N_d}{0.9\varphi} - f_{cd}A\right)$$

由 A'_s 计算值及构造要求选择并布置钢筋。

若截面尺寸未知,可先假设配筋率 $\rho(\rho=0.8\%\sim1.5\%)$,并设 $\varphi=1$;则可将 $A'_s=\rho A$ 代入正截面承载力公式

$$\gamma_0 N_d \leqslant 0.90\varphi(f_{cd}A + f'_{sd}\rho A)$$

则

$$A \geqslant \frac{\gamma_0 N_d}{0.9\varphi(f_{cd} + f'_{sd})}$$

构件的截面面积确定后,结合构造要求选取截面尺寸(截面的边长要取整)。然后,按构件的实际长细比,确定稳定系数 φ,再由正截面承载力公式计算所需的钢筋截面面积 A'_s,

最后按构造要求选择并布置钢筋。

(2)截面复核

已知截面尺寸 $b \times h$,计算长度 l_0,全部纵向钢筋的截面面积 A_s',混凝土强度等级和钢筋牌号,轴向力组合设计值 N_d,结构重要性系数 γ_0。试验算截面的安全性。

【计算步骤】

由已知截面尺寸和计算长度应检查纵向钢筋及箍筋布置构造是否符合要求。

首先计算长细比 l_0/b,由表查得相应的稳定系数 φ。

由式(3-1-2)计算轴心受压构件正截面承载力 N_u,若 $N_u \geqslant \gamma_0 N_d$,说明构件的承载力是足够的。

【计算示例】

【例3-1】 预制的钢筋混凝土轴心受压构件截面尺寸 $b \times h = 300 \text{ mm} \times 500 \text{ mm}$,计算长度 $l_0 = 4.5 \text{ m}$。采用 C25 级混凝土,HRB335 级钢筋(纵向钢筋)和 R235 级钢筋(箍筋)。作用的轴向压力组合设计值 $N_d = 1600 \text{ kN}$,Ⅰ类环境条件,安全等级为二级。试进行构件的截面设计。

【解题过程】

轴心受压构件截面短边尺寸 $b = 300 \text{ mm}$,则计算长细比 $\lambda = \dfrac{l_0}{b} = \dfrac{4.5 \times 10^3}{300} = 15$,查表可得到稳定系数 $\varphi = 0.895$。混凝土抗压强度设计值 $f_{cd} = 11.5 \text{ MPa}$,纵向钢筋的抗压强度设计值 $f_{sd}' = 280 \text{ MPa}$,由式可得所需要的纵向钢筋数量 A_s' 为

$$
\begin{aligned}
A_s' &= \frac{1}{f_{sd}'}\left(\frac{\gamma_0 N_d}{0.9\varphi} - f_{cd}A\right) \\
&= \frac{1}{280} \times \left[\frac{1.0 \times 1600 \times 10^3}{0.9 \times 0.895} - 11.5 \times 300 \times 350\right] \\
&= 2782(\text{mm}^2)
\end{aligned}
$$

现选用纵向钢筋为 $8\phi 22$,$A_s' = 3041 \text{ mm}^2$

截面配筋率 $\rho = \dfrac{A_s'}{A} = \dfrac{3041}{300 \times 350} = 2.89\% > \rho_{min}' = 0.5\%$,且小于 $\rho_{max}' = 5\%$。截面一侧的纵筋配筋率 $\rho' = \dfrac{1140}{300 \times 350} = 1.09\% > 0.2\%$。

纵向钢筋在截面上布置如图3-1-8所示。纵向钢筋距截面边缘净距 $c = 45 - 25.1/2 = 32.5(\text{mm}) > 30 \text{ mm}$ 及 $d = 22 \text{ mm}$,则布置在截面短边 b 方向上的纵向钢筋间距 $S_n = \dfrac{300 - 2 \times 32.5 - 3 \times 25.1}{2} \approx 80(\text{mm}) > 50 \text{ mm}$,且小于 350 mm,满足规范要求。

闭口式箍筋选用 $\phi 8$,满足直径大于 $\dfrac{1}{4}d = \dfrac{1}{4} \times 22 = 5.5(\text{mm})$,且不小于 8 mm 的要求。根据构造要求,箍筋间距 S 应满足:

$S \leqslant 15d = 15 \times 22 = 330 (\text{mm})$，$S \leqslant b = 300$ mm，且 $S \leqslant 400$ mm，故选用箍筋间距 $S = 300$ mm。

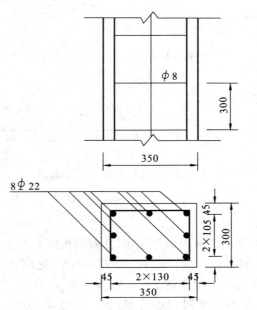

图 3-1-8　例题 3-1 配筋图(尺寸单位:mm)

3-1-3　配有纵向钢筋和螺旋箍筋的轴心受压构件

当轴心受压构件承受很大的轴向压力，而截面尺寸受到限制不能加大，或采用普通箍筋柱，即使提高了混凝土强度等级和增加了纵向钢筋用量也不足以承受该轴向压力时，可以考虑采用螺旋箍筋柱以提高柱的承载力。

一、受力特点与破坏特性

对于配有纵向钢筋和螺旋箍筋的轴心受压短柱，沿柱高连续缠绕的、间距很密的螺旋箍筋犹如一个套筒，将核心部分的混凝土约束住，有效地限制了核心混凝土的横向变形，从而提高了柱的承载力。

如图 3-1-9 所示的螺旋箍筋柱轴力-混凝土压应变曲线可见，在混凝土压应变 $\varepsilon_c = 0.002$ 以前，螺旋箍筋柱的轴力-混凝土压应变变化曲线与普通箍筋柱基本相同。当轴力继续增加，直至混凝土和纵筋的压应变 ε 达到 $0.003 \sim 0.0035$ 时，纵筋已经开始屈服，箍筋外面的混凝土保护层开始崩裂剥落，混凝土的截面积减小，轴力略有下降。这时，核心部分混凝土由于受到螺旋箍筋的约束，仍能继续受压，核心混凝土处于三向受压状态，其抗压强度超过了轴心抗压强度 f_c，补偿了剥落的外围混凝土所承担的压力，曲线逐渐回升。随着轴力不断增大，螺旋箍筋中的环向拉力也不断增大，直至螺旋箍筋达到屈服，不能再约束核心混凝土横向变形，混凝土被压碎，构件即告破坏。这时，荷载达到第二次峰值，柱的纵向压应变可达到 0.01 以上。可见，螺旋箍筋柱相比普通箍筋柱具有更好的延性。

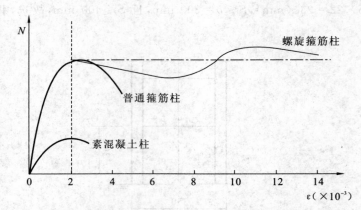

图 3-1-9　轴心受压柱的轴力-应变曲线

二、构造要求

1.螺旋箍筋柱的纵向钢筋应沿圆周均匀分布,其截面积应不小于箍筋圈内混凝土核心截面积的 0.5%。常用的配筋率 $\rho'=A'_s/A_{cor}$ 在 0.8%~1.2% 之间。

2.混凝土核心截面积应不小于构件整个截面面积的 2/3。

3.螺旋箍筋的直径不应小于纵向钢筋直径的 1/4,且不小于 8 mm,一般采用 8~12 mm。为了保证螺旋箍筋的作用,螺旋箍筋的间距 S 应满足:

(1)S 应不大于核心直径 d_{cor} 的 1/5;

(2)S 应不大于 80 mm,且不应小于 40 mm,以便施工。

三、正截面承载力计算

1.计算图示及基本公式

螺旋箍筋柱的正截面破坏时核心混凝土压碎、纵向钢筋已经屈服,而在破坏之前,柱的混凝土保护层早已剥落。

根据图 3-1-10 所示螺旋箍筋柱正截面受力图式,由平衡条件可得到

$$N_u = f_{cc}A_{cor} + f'_{sd}A'_s \qquad (3-1-3)$$

式中:f_{cc}——处于三向压应力作用下核心混凝土的抗压强度;

A_{cor}——核心混凝土面积;

A'_s——纵向钢筋面积。

螺旋箍筋对其核心混凝土的约束作用,使混凝土抗压强度提高,根据圆柱体三向受压试验结果,约束混凝土的轴心抗压强度可得到下述近似表达式为

$$f_{cc} = f_{cd} + 2k\sigma_2 \qquad (3-1-4)$$

式中:σ_2——作用于核心混凝土的径向压应力值。

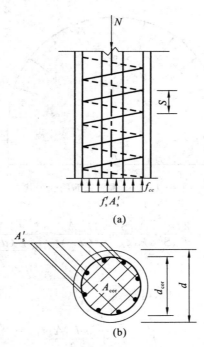

图 3 - 1 - 10 螺旋箍筋柱受力计算图示

螺旋箍筋柱破坏,螺旋箍筋达到了屈服强度,它对核心混凝土提供了最后的环向压应力 σ_2。现取螺旋箍筋间距 S 范围内,沿螺旋箍筋的直径切开成脱离体(图 3 - 1 - 11),由隔离体的平衡条件可得到

$$\sigma_2 d_{cor} S = 2 f_{sd} A_{s01}$$

整理后为

$$\sigma_2 = \frac{2 f_{sd} A_{s01}}{d_{cor} S} \qquad (3 - 1 - 5)$$

式中:A_{s01}——单根螺旋箍筋的截面面积;

f_{sd}——螺旋箍筋的抗拉强度;

S——螺旋箍筋的间距(图 3 - 1 - 10);

d_{cor}——截面核心混凝土的直径,$d_{cor} = d - 2c$,c 为纵向钢筋至柱截面边缘的径向混凝土保护层厚度。

现将间距为 S 的螺旋箍筋,按钢筋体积相等的原则换算成纵向钢筋的面积,称为螺旋箍筋柱的间接钢筋换算截面面积 A_{s0},即

$$\pi d_{cor} A_{s01} = A_{s0} S, A_{s0} = \frac{\pi d_{cor} A_{s01}}{S} \qquad (3 - 1 - 6)$$

将式(3 - 1 - 6)代入式(3 - 1 - 5),则可得到:

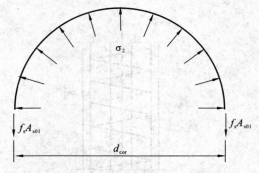

图 3-1-11　螺旋箍筋的受力状态

$$\sigma_2 = \frac{2f_{sd}A_{s01}}{d_{cor}S} = \frac{2f_{sd}}{d_{cor}S} \cdot \frac{A_{s0}S}{\pi d_{cor}} = \frac{2f_{sd}A_{s0}}{\pi \left(d_{cor}\right)^2} = \frac{f_{sd}A_{s0}}{2\dfrac{\pi \left(d_{cor}\right)^2}{4}} = \frac{f_{sd}A_{s0}}{2A_{cor}}$$

将 $\sigma_2 = \dfrac{f_{sd}A_{s0}}{2A_{cor}}$ 代入式（3-1-4），可得到

$$f_{cc} = f_{cd} + \frac{2kf_{sd}A_{s0}}{2A_{cor}} \tag{3-1-7}$$

将式（3-1-7）代入式（3-1-3），整理并考虑实际间接钢筋作用影响，即得到螺旋箍筋柱正截面承载力的计算式并应满足：

$$\gamma_0 N_d \leqslant N_u = 0.9(f_{cd}A_{cor} + kf_{sd}A_{s0} + f'_{sd}A'_s) \tag{3-1-8}$$

式中各符号意义见式（3-1-3）～式（3-1-7）。k 称为间接钢筋影响系数，混凝土强度等级为 C50 及以下时，取 $k=2.0$；混凝土强度为 C50～C80 时，取 $k=2.0～1.70$，中间值直线插入取用。

2. 两点说明

（1）为了保证在使用荷载作用下，螺旋箍筋混凝土保护层不致过早剥落，《公桥规》规定，按螺旋箍筋柱计算的承载力设计值（式（3-1-8）），不应大于按普通箍筋柱计算的承载力设计值（式（3-1-2））的 1.5 倍，即满足：

$$0.9(f_{cd}A_{cor} + kf_{sd}A_{s0} + f'_{sd}A'_s) \leqslant 1.35\varphi(f_{cd}A + f'_{sd}A'_s) \tag{3-1-9}$$

（2）不满足构造要求（即 $S>80$ mm，$A_{s0}<0.25A'_s$）或构件长细比 $l_0/i>48$（相当于 $l_0/d>$ 12）的螺旋箍筋柱，可不考虑螺旋箍筋的作用，其承载力应按照普通箍筋柱计算。

【计算示例】

【例 3-2】　圆形截面轴心受压构件直径 $d=400$ mm，计算长度 $l_0=2.75$ m。混凝土强度等级为 C25，纵向钢筋采用 HRB335 级钢筋，箍筋采用 R235 级钢筋，轴心压力组合设计值 $N_d=1640$ kN。Ⅰ 类环境条件，安全等级为二级。试按照螺旋箍筋柱进行截面设计和截面复核。

【解题过程】

混凝土抗压强度设计值 $f_{cd}=11.5$ MPa，HRB335 钢筋抗压强度设计值 $f'_{sd}=280$ MPa，R235 级钢筋抗拉强度设计值 $f_{sd}=195$ MPa。轴心压力计算值 $\gamma_0 N_d=1640$ kN。

1. 截面设计

由于长细比 $\lambda=l_0/d=2750/400=6.88<12$，故可以按螺旋箍筋柱设计。

(1)计算所需的纵向钢筋截面积

取纵向钢筋的混凝土保护层厚度为 $c=30$ mm，则可得到

核心面积直径 $\quad d_{cor}=d-2c=400-2\times30=340$(mm)

柱截面面积 $\quad A=\dfrac{\pi d^2}{4}=\dfrac{3.14\times(400)^2}{4}=125600$(mm^2)

核心面积 $\quad A_{cor}=\dfrac{\pi(d_{cor})^2}{4}=\dfrac{3.14\times(340)^2}{4}=90746(mm^2)>\dfrac{2}{3}A=\dfrac{2}{3}\times125600=$

83733(mm^2)

假定纵向钢筋配筋率 $\rho'=0.012$，则可得到

$$A'_s=\rho'A_{cor}=0.012\times90746=1089(\text{mm}^2)$$

现选用 6 ϕ 16，$A'_s=1206$ mm^2。

(2)确定箍筋的直径和间距

由式(3-1-8)且取 $N_u=\gamma_0 N_d=1640$ kN，可得到螺旋箍筋换算截面面积 A_{s0} 为

$$A_{s0}=\frac{\gamma_0 N_d/0.9-f_{cd}A_{cor}-f'_{sd}A'_s}{kf_{sd}}$$

$$=\frac{1640000/0.9-11.5\times90746-280\times1206}{2\times195}$$

$$=1130(\text{mm}^2)>0.25A'_s=0.25\times1206=302(\text{mm}^2)$$

现选 ϕ 10，单肢箍筋的截面积 $A_{s01}=78.5$ mm^2。这时，螺旋箍筋所需的间距为

$$S=\frac{\pi d_{cor}A_{s01}}{A_{s0}}=\frac{3.14\times340\times78.5}{1130}=74(\text{mm})$$

由构造要求，间距 S 应满足 $S\leqslant d_{cor}/5(=68$ mm$)$ 和 40 mm $\leqslant S\leqslant80$ mm，故取 $S=60$ mm。截面配筋布置如图 3-1-12。

2. 截面复核

经校核，图 3-1-12 所示截面布置符合构造要求。实际设计截面的 $A_{cor}=90746$ mm^2，

$A'_s=1206$ mm^2，$\rho'=\dfrac{1206}{90746}=1.32\%>0.5\%$，$A_{s0}=\dfrac{\pi d_{cor}A_{s01}}{S}=\dfrac{3.14\times340\times78.5}{60}=$

1397(mm^2)

则由式(3-1-8)可得到

$$N_u = 0.9(f_{cd}A_{cor} + kf_{sd}A_{s0} + f'_{sd}A'_s)$$
$$= 0.9 \times (11.5 \times 90746 + 2 \times 195 \times 1397 + 280 \times 1206)$$
$$= 1733.48 \times 10^3 (N) = 1733.48 \text{ kN} > \gamma_0 N_d = 1640 \text{ kN}$$

检查混凝土保护层是否会剥落,由式(3-1-2)可得到

$$N'_u = 0.9\varphi(f_{cd}A + f'_{sd}A'_s)$$
$$= 0.9 \times 1 \times (11.5 \times 125600 + 280 \times 1206)$$
$$= 1603.87 \times 10^3 (N) = 1603.87 \text{ kN}$$

$1.5N'_u = 1.5 \times 1603.87 = 2405.81 (\text{kN}) > N_u = 1733.48 \text{ kN}$,故混凝土保护层不会剥落。

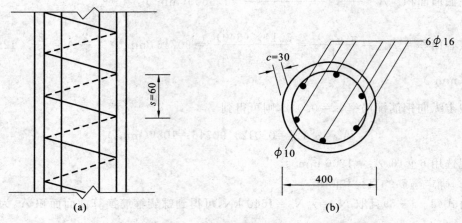

图 3-1-12 例 3-2 截面配筋布置图(尺寸单位:mm)

【学习实践】

1. 普通箍筋柱有哪些破坏形态?

2. 轴向受压构件的稳定系数是指什么?

3. 绘制普通箍筋柱的计算图式,并由此写出正截面承载力计算公式。

4. 螺旋箍筋柱应该满足哪些条件?

5. 螺旋箍筋柱的正截面抗压承载力由哪些部分组成?

6. 有一现浇的钢筋混凝土轴心受压柱,柱高 7 m,两端固定,承受的轴向压力组合设计值 $N_d = 900$ kN,结构重要性系数 $\gamma_0 = 1.0$,拟采用 C30 混凝土, $f_{cd} = 13.8$ MPa;HRB400 钢筋, $f'_{sd} = 330$ MPa。试设计柱的截面尺寸及配筋。

【实践过程】

7.配有纵向钢筋和螺旋箍筋的轴心受压构件的截面为圆形,直径 $d=450$ mm,构件计算长度 $l_0=3$ m;C25 混凝土,纵向钢筋采用 HRB335 级钢筋,箍筋采用 R235 级钢筋;Ⅱ类环境条件,安全等级为一级;轴向压力组合设计值 $N_d=1560$ kN。试进行构件的截面设计和承载力复核。

【实践过程】

【学习心得】

通过本任务的学习,我的体会有 _____

_____

_____

_____

_____

_____

_____

_____。

任务 3-2　偏心受压构件的构造与计算

【学习目标】

通过本任务的学习,要求学生熟悉以下内容:
1. 了解偏心受压构件的基本概念。
2. 了解偏心受压构件正截面的破坏形态和类型。
3. 了解矩形截面偏心受压构件正截面承载力计算的基本公式及适用条件。
4. 会使用公式进行矩形截面大偏心受压构件正截面承载力计算、承载力复核的计算。
5. 了解圆形截面偏心受压构件构造要求、基本公式的应用,掌握实用计算方法。

【学习内容】

3-2-1　概述

当轴向压力 N 的作用线偏离受压构件的轴线时(图 3-2-1(a)),此受压构件称为偏心受压构件。偏心压力 N 的作用点离构件截面形心的距离 e_0 称为初始偏心距。截面上同时承受轴心压力和弯矩的构件(图 3-2-1(b)),称为压弯构件。根据力的平移法则,截面承受偏心距为 e_0 的偏心压力 N 相当于承受轴心压力 N 和弯矩 $M(M=Ne_0)$ 的共同作用,故压弯构件与偏心受压构件的受力特征是基本上一致的。

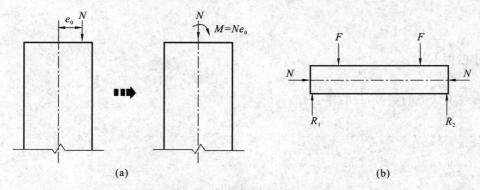

图 3-2-1　偏心受压构件与压弯构件

钢筋混凝土偏心受压(或压弯)构件是实际工程中应用较广泛的受力构件之一。例如,拱桥的钢筋混凝土拱肋、上承式桁架的上弦杆、刚架的立柱、柱式墩(台)的墩(台)柱、桩基础的桩等均属偏心受压构件,即在承受作用时,构件截面上同时存在着轴心压力和弯矩。

钢筋混凝土偏心受压构件的截面形式如图 3-2-2 所示。矩形截面为最常用的截面形式;截面高度大于 600 mm 的偏心受压构件多采用工字形或箱型截面;圆形截面多用于柱式墩台及桩基础中。

在钢筋混凝土偏心受压构件中,布置有纵向受力钢筋和箍筋。纵向受力钢筋在矩形截

钢筋混凝土结构

面中最常见的配置方式是将纵向钢筋布置在偏心力方向的两侧(图 3－2－3(a)),其数量通过承载力计算确定。对于圆形截面,则采用沿截面周边均匀配筋的方式(图 3－2－3(b))。箍筋的作用与轴心受压构件中普通箍筋的作用基本相同。此外,偏心受压构件中还存在着一定的剪力,可由箍筋承担。但因剪力的数值一般较小,故一般不做计算。箍筋数量及间距按 3－1－2 中普通箍筋柱的构造要求确定。

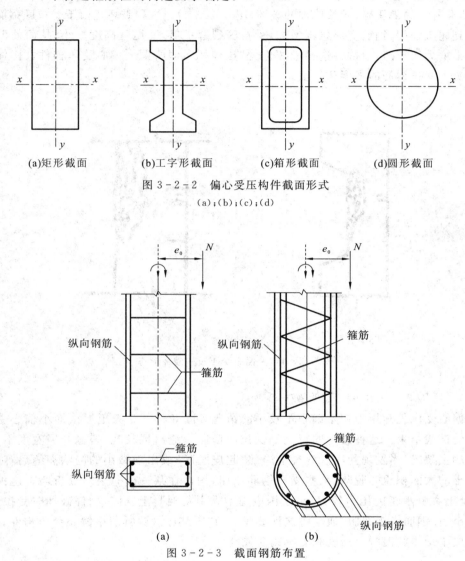

(a)矩形截面　　　(b)工字形截面　　　(c)箱形截面　　　(d)圆形截面

图 3－2－2　偏心受压构件截面形式

(a);(b);(c);(d)

(a)　　　　　　　　　　　　　(b)

图 3－2－3　截面钢筋布置

一、受力特点和破坏形态

钢筋混凝土偏心受压构件也有短柱和长柱之分。下面以矩形截面偏心受压短柱的试验结果,介绍偏心受压构件的受力特点和破坏形态。

1. 破坏形态

钢筋混凝土偏心受压构件随着偏心距的大小及纵向钢筋配筋情况的不同,有以下两种主要破坏形态。

(1)受拉破坏——大偏心受压破坏

在相对偏心距(e_0/h)较大,且受拉钢筋 A_s(远离偏心力一侧)配置不太多时,会发生这种破坏形态。这种破坏的特点是受拉区横向裂缝出现较早,随着荷载的增加,裂缝不断伸展,并逐渐形成一条明显的主裂缝。这时,构件的挠曲明显增加,受压区混凝土出现纵向裂缝,随即混凝土局部压碎,导致构件的破坏(图3-2-4)。这种破坏是由于受拉区钢筋的应力先达到屈服强度,钢筋变形急剧增加,受拉区裂缝扩展,受压区高度减小,从而使混凝土的压应力增大而压碎,通常将这种破坏称为"拉破坏",即所谓大偏心受压构件。构件的承载力取决于受拉钢筋的强度和数量。

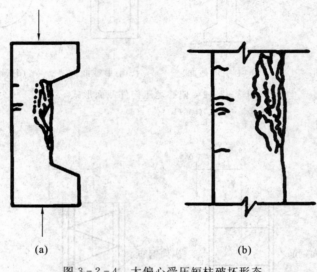

(a)　　　　　　　　　　　　　　(b)

图3-2-4　大偏心受压短柱破坏形态

(2)受压破坏——小偏心受压破坏

小偏心受压就是压力初始偏心距较小的情况。图3-2-5为矩形截面小偏心受压短柱试件的试验结果。这种破坏的特点是受拉区横向裂缝出现较晚,裂缝开展宽度不大,并无明显的主裂缝,当发现受压区混凝土局部"起皮脱落"或出现微小的网状裂缝后,随即引起混凝土的大面积压碎脱落,某些受压钢筋压屈,构件在某一横向裂缝处折断。这种情况下,混凝土本身承担的压力较大,由于压应力增大引起混凝土压碎,构件破坏时受拉边(或受压较小边)钢筋尚未屈服,通常将这种破坏称为"压破坏",即所谓小偏心受压构件。其承载力取决于受压区混凝土强度和受压钢筋强度。

钢筋混凝土结构

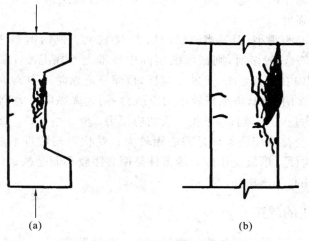

图 3-2-5　小偏心受压短柱破坏形态

2. 小偏心受压构件的截面应力状态

根据以上试验以及其他短柱的试验结果,小偏心受压短柱破坏时的截面应力分布,根据偏心距的大小及远离偏心力一侧的纵向钢筋数量,可分为图 3-2-6 所示的几种情况。

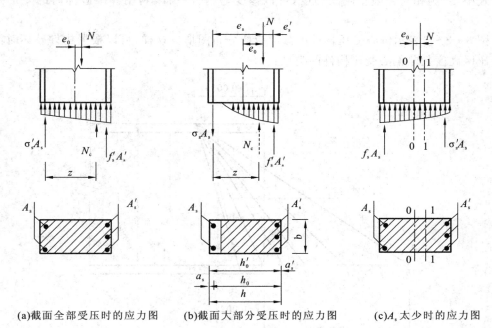

(a)截面全部受压时的应力图　　(b)截面大部分受压时的应力图　　(c)A_s太少时的应力图

图 3-2-6　小偏心受压短柱截面受力的几种情况

(1)当纵向偏心压力偏心距很小时,构件截面将全部受压,中性轴位于截面形心轴线以外(图 3-2-6(a))。破坏时,靠近纵向压力 N 一侧混凝土压应变达到其极限压应变,钢筋 A'_s 达到其屈服强度,而离纵向压力 N 较远一侧的混凝土和钢筋 A_s 均未达到其抗压强度。

(2)当纵向压力偏心距较小时,或偏心距较大而远离纵向压力 N 一侧的钢筋 A_s 较多时,截面大部分受压而小部分受拉(图 3 - 2 - 6(b)),中性轴距钢筋 A_s 很近,钢筋中的拉应力很小,达不到屈服强度。

(3)纵向压力偏心距很小,但是当离纵向压力 N 较远一侧的钢筋 A_s 数量少而靠近纵向压力 N 一侧的钢筋 A_s' 较多时,则截面的实际中性轴就不在混凝土截面形心轴 0—0 处(图 3 - 2 - 6(c)),而向右偏移至 1—1 轴。这样,截面靠近纵向压力 N 的一侧,即原来压应力较大而 A_s' 布置较多的一侧,将承担较小的应压力;而远离纵向压力 N 的一侧,即原来压应力较小而 A_s 布置过少的一侧,将承担较大的应压力。

综上所述,形成受拉破坏的条件是偏心距较大且受拉钢筋数量不多的情况,这类构件称之为大偏心受压构件。形成受压破坏的条件是偏心距较小而受拉钢筋数量过多的情况,这类构件称之为小偏心受压构件。

二、大、小偏心受压的界限

从理论上讲,在大、小偏心受压构件之间存在一个分界线,这种构件的破坏特点是受拉钢筋应力达到屈服强度的同时,受压区混凝土边缘纤维的应变也恰好达到混凝土的极限压应变,通常将这种破坏称为"界限破坏"。

界限破坏时的混凝土受压区高度,一般以 $x = \xi_b h_0$ 表示。

式中,ξ_b 为相对界限受压区高度,可以像受弯构件一样,利用界限破坏时的变形条件求得。

图 3 - 2 - 7 表示偏心受压构件的截面应变分布图形。这样,可以根据构件破坏时混凝土受压区高度判断偏心受压构件的类型:

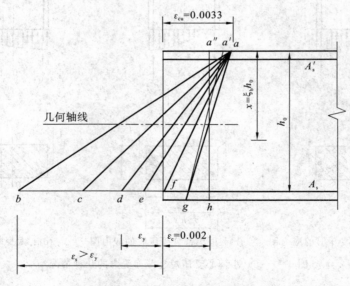

图 3 - 2 - 7　偏心受压构件的截面应变分布

(1)当 $x \leqslant \xi_b h_0$ 时,截面为大偏心受压破坏;

(2)当 $x > \xi_b h_0$ 时,截面为小偏心受压破坏。

三、纵向弯曲的影响

钢筋混凝土受压构件在承受偏心作用（荷载）后，将产生纵向弯曲变形，即产生侧向挠度。对于长细比小的短柱，侧向挠度小，计算时一般可忽略其影响。而对长细比较大的长柱由于侧向挠度的影响，各截面所受的弯矩不再是 Ne_0，而变成 $N(e_0+y)$（图 3-2-8），y 为构件任意点的水平侧向挠度。在柱高度中点处，侧向挠度最大为 u，截面上的弯矩为 $N(e_0+u)$。u 随着作用（荷载）的增大而不断增大，因而弯矩的增长也越来越快。一般把偏心受压构件截面弯矩中的 Ne_0 称为初始弯矩或一阶弯矩（不考了构件侧向挠度时的弯矩），将 Ny 或 Nu 称为附加弯矩或二阶弯矩。

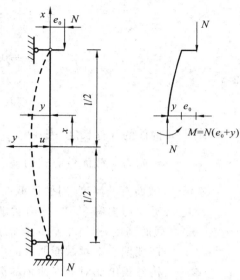

图 3-2-8　偏心受压构件的受力图

试验表明，长细比较大的钢筋混凝土柱，在偏心压力的作用下，构件弯矩作用平面内将发生纵向弯曲，从而导致初始偏心距的增加，使柱的承载力减低。在图 3-2-9 中，短柱、长柱和细长柱的初始偏心距是相同的，但破坏类型不同。短柱和长柱分别为 OB 和 OC 曲线，是材料破坏；细长柱为 OE 曲线，是失稳破坏。随着长细比的增大，承载力 N_u 值也不同，其值分别为 N_0、N_1 和 N_2，而 $N_0 > N_1 > N_2$。

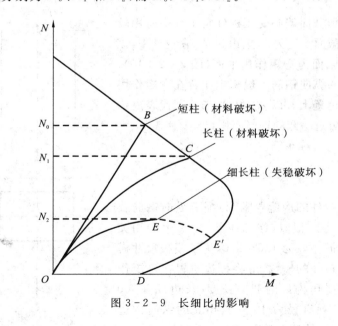

图 3-2-9　长细比的影响

《公桥规》规定，对于长细比 $l_0/i > 17.5$（相当于矩形截面 $l_0/h > 5$ 或圆形截面 $l_0/d > 4.4$）

的构件,应考虑构件在弯矩作用平面内的挠度对轴向力偏心距的影响。此时,应对截面重心轴的偏心距 e_0 乘以偏心距增大系数 η。

矩形、T形、I形和圆形截面偏心受压构件的偏心距增大系数可按下列公式计算:

$$\eta = 1 + \frac{1}{1400 e_0 / h_0} \cdot \left(\frac{l_0}{h}\right)^2 \zeta_1 \zeta_2 \qquad (3-2-1)$$

$$\zeta_1 = 0.2 + 2.7 \frac{e_0}{h_0} \leqslant 1.0 \qquad (3-2-2)$$

$$\zeta_2 = 1.15 - 0.01 \frac{l_0}{h} \leqslant 1.0 \qquad (3-2-3)$$

式中:l_0——构件的计算长度,表 3-1-2 的规定计算;

e_0——轴向力对截面重心轴的偏心矩,$e_0 = \dfrac{M_d}{N_d}$;

h_0——截面有效高度,对圆形截面取 $h_0 = r + r_s$;

γ_s——见学习内容 3-2-5 有关解释;

h——截面高度,对圆形截面取 $h = 2r$,r 为圆形截面半径;

ζ_1——荷载偏心率对截面曲率的影响系数;

ζ_2——构件长细比对截面曲率的影响系数;ζ_2 计算公式的适用范围为 $5 \leqslant l_0/h \leqslant 30$;当 $l_0/h \leqslant 15$ 时,影响不显著,取 $\zeta_2 = 1$;当 $l_0/h > 30$ 时,构件已由材料破坏变为失稳破坏,不在考虑范围之内;$l_0/h = 30$ 时,最小值 $\zeta_2 = 0.85$。

3-2-2　矩形截面偏心受压构件计算方法

钢筋混凝土矩形截面偏心受压构件是工程中应用较为广泛的构件。其截面长边为 h,短边为 b。在设计中,该长边方向的截面主轴面为弯矩作用平面(图 3-2-10)。矩形偏心受压构件的纵向钢筋一般集中布置在弯矩作用方向的截面两对边位置上。以 A_s 和 A_s' 来分别代表离偏心压力较远一侧和较近一侧的钢筋面积,当 $A_s = A_s'$,$a_s = a_s'$ 及 $f_{sd} = f_{sd}'$ 时,称为对称布筋。

一、构造要求

矩形偏心受压构件的构造要求,与配有纵向钢筋及普通箍筋轴心受压构件相似,详见任务 3-1 中的相关内容。长短边的比值一般为 1.5～3.0,为了模板尺寸模数化,边长采用 50 mm 的倍数,应将长边布置在弯矩作用的方向。当偏心受压构件的截面长度(长边)$h \geqslant 600$ mm 时,在侧面应设置直径为 10～16 mm 的纵向构造钢筋,必要时设置相应的复合箍筋(图3-2-11)。

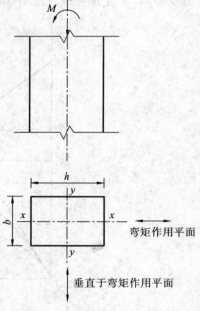

图 3-2-10　矩形截面偏心受压构件的弯矩作用平面示意图

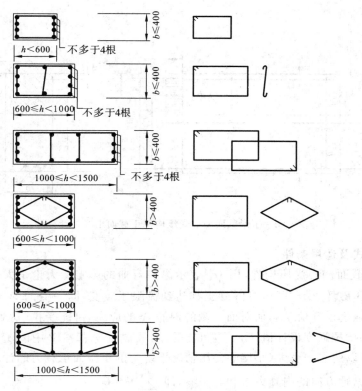

图 3-2-11　偏心受压构件的箍筋布置形式(尺寸单位：mm)

二、计算公式及适用条件

1. 基本假定

偏心受压构件的正截面承载力计算采用下列基本假定：

(1)截面应变分布符合平截面假定；

(2)不考虑受拉区混凝土参加工作,拉力全部由钢筋承担；

(3)受压区混凝土的极限压应变 $\varepsilon_{cu}=0.0033$；

(4)混凝土的压应力图形采用等效矩形应力图形,受拉区混凝土应力达到混凝土抗压强度设计值 f_{cd},矩形应力图的高度取 $x=\beta x_0$(式中 x_0 为应变图应变零点至受压较大边截面边缘的距离；β 为矩形应力图高度系数,按表 3-2-1 取用),受压较大边钢筋的应力取钢筋抗压强度设计值 f'_{sd}。

2. 计算图示

矩形截面偏心受压构件正截面抗压承载力的计算图示如图 3-2-12。

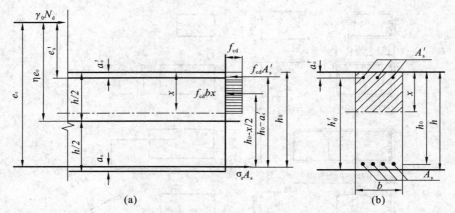

图 3 - 2 - 12　矩形截面偏心受压构件正截面承载力计算图示

3. 计算公式及适用条件

对于矩形截面偏心受压构件,用 ηe_0 表示纵向弯曲的影响。无论是大偏心受压破坏,还是小偏心受压破坏,受压区边缘混凝土都达到极限压应变,同一侧的受压钢筋 A'_s,一般都能达到抗压强度设计值 f'_{sd},而对面一侧的钢筋 A_s 的应力,可能受拉(达到抗拉强度设计值 f_{sd} 或未达到抗拉强度设计值 f_{sd}),也可能受压,故在图 3 - 2 - 12 中以 σ_s 表示钢筋 A_s 中的应力,从而可以建立一套大、小偏心受压情况下统一的正截面承载力的计算公式。

按沿构件纵轴方向的内外力之和等于零,即 $\sum N = 0$

$$\gamma_0 N_d \leqslant f_{cd}bx + f'_{sd}A'_s - \sigma_s A_s \qquad (3 - 2 - 4)$$

由截面上所有力对受拉边(或受压较小边)钢筋合力点的力矩之和等于零,即 $\sum M_{A_s} = 0$,可得

$$\gamma_0 N_d e_s \leqslant f_{cd}bx\left(h_0 - \frac{x}{2}\right) + f'_{sd}A'_s(h_0 - a'_s) \qquad (3 - 2 - 5)$$

由截面上所有力对受压较大边钢筋合力点的力矩之和等于零,即 $\sum M_{A'_s} = 0$,可得

$$\gamma_0 N_d e'_s \leqslant -f_{cd}bx\left(\frac{x}{2} - a'_s\right) + \sigma_s A_s(h_0 - a'_s) \qquad (3 - 2 - 6)$$

由截面上所有力对轴向力作用点取矩的平衡条件,即 $\sum M_N = 0$,可得

$$f_{cd}bx\left(e_s - h_0 + \frac{x}{2}\right) = \sigma_s A_s e_s - f'_{sd}A'_s e'_s \qquad (3 - 2 - 7)$$

式中:e_s——轴向力作用点至截面受拉边或者受压较小边纵向钢筋合力作用点的距离,$e_s = \eta e_0 + h_0 - \frac{h}{2}$(或 $e_0 = \eta e_0 + \frac{h}{2} - a_s$);

e'_s——轴向力作用点至截面受压边钢筋合力作用点的距离,$e'_s = \eta e_0 + a'_s - \frac{h}{2}$;

e_0——轴向力对截面重心轴的偏心距,即初始偏心距,$e_0 = \dfrac{M_d}{N_d}$;

M_d——相应于轴向力的弯矩组合设计值;

h_0——截面受压较大边边缘至受拉边或者受压较小边纵向钢筋合力的距离,$h_0 = h - a_s$;

η——偏心距增大系数,按式(3-2-1)计算;

f_{cd}——混凝土轴心抗压强度设计值。

关于式(3-2-4)和式(3-2-7)的使用要求及有关说明如下:

(1)受拉边或者受压较小边钢筋 A_s 的应力 σ_s 的取值:当 $x \leqslant \xi_b h_0$ 时,构件为大偏心受压,取 $\sigma_s = f_{sd}$;当 $x > \xi_b h_0$ 时,构件为小偏心受压,钢筋应力按下式计算

$$\sigma_{si} = \varepsilon_{cu} E_s \left(\frac{\beta h_{0i}}{x} - 1 \right) \tag{3-2-8}$$

式中:σ_{si}——第 i 层纵向钢筋的应力,按公式计算为正值表示拉应力,负值表示压应力,其范围为 $-f'_{sd} \leqslant \sigma_{si} \leqslant f_{sd}$;

ε_{cu}——截面非均匀受压时,混凝土极限压应变,混凝土强度等级 C50 及以下时取 $\varepsilon_{cu} = 0.0033$,当混凝土强度等级为 C80 时,取 $\varepsilon_{cu} = 0.003$;中间强度等级用直线插入求得;

E_s——钢筋的弹性模量;

β——矩形应力图高度系数,按表 2-1-2 取用;

x——截面受压区高度;

h_{0i}——第 i 层纵向钢筋截面重心至受压边缘的距离。

(2)为了保证构件破坏时,大偏心受构件截面上的受压钢筋能达到抗压设计强度 f'_{sd},必须满足:

$$x \geqslant 2a'_s \tag{3-2-9}$$

当 $x < 2a'_s$ 时,受压钢筋的压力可能达不到抗压强度设计值,与双筋截面受弯构件类似,近似取 $x = 2a'_s$,受压区混凝土所承担的压力作用位置与受压钢筋承担的压力作用位置重合,由截面受力平衡条件可写出:

$$\gamma_0 N_d e'_s \leqslant f_{sd} A_s (h_0 - a'_s) \tag{3-2-10}$$

(3)当偏心压力作用的偏心距很小,即小偏心受压的情况下,全截面受压。若靠近偏心压力一侧的纵向钢筋 $A's$ 配置较多,而远离偏心压力的一侧的纵向钢筋 As 配置过少时,钢筋 As 的应力可能达到受压屈服强度,离偏心压力较远一侧的混凝土也有可能被压坏,为使钢筋 As 的数量不至于过少,防止出现这种破坏,应满足下列条件:

$$\gamma_0 N_d e'_s \leqslant f_{cd} bh \left(h'_0 - \frac{h}{2} \right) + f'_{sd} A_s (h'_0 - a_s) \tag{3-2-11}$$

式中:h'_0——纵向钢筋 $A's$ 合力点离偏心压力较远一侧边缘的距离,按 $h'_0 = h - a'_s$ 计算;

e'_s——按 $e'_s = \dfrac{h}{2} - e_0 - a'_s$ 计算。

3-2-3 非对称配筋的计算方法

一、截面设计

在进行偏心受压构件的截面设计时,通常已知截面尺寸 $b \times h$,轴向力组合设计值 N_d,弯矩组合设计值 M_d 或者偏心距 e_0,材料的强度等级,构件计算长度 l_0。求钢筋截面积 A_s 及 A_s'。

1. 大、小偏心受压的初步判别

首先根据已知条件计算初始偏心距 $e_0 = \dfrac{M_d}{N_d}$;假定 a_s 与 a_s',按公式(3-2-1)计算偏心增大系数;然后判别构件截面应该根据哪一种偏心受压情况来设计。

如前述,当 $\xi \leqslant \xi_b$ 时为大偏心受压,当 $\xi > \xi_b$ 时为小偏心受压。但在截面设计时,纵向钢筋数量未知,ξ 值无法计算,因此不能用 ξ 与 ξ_b 的关系来进行判断。这时可根据经验,当 $\eta e_0 > 0.3h_0$ 时,构件假定为大偏心受压构件;当 $\eta e_0 \leqslant 0.3h_0$ 时,构件假定为小偏心受压构件。

2. 当 $\eta e_0 > 0.3 h_0$ 时,构件可按照大偏心受压构件来进行设计。

(1)第一种情况:A_s 和 A_s' 均未知

在偏心受压构件计算式(3-2-4)～式(3-2-7)中,独立公式只有两个,但未知数却有三个,即 A_s、A_s' 和 $x(\xi)$,必须补充设计条件。

与双筋矩形截面受弯构件截面设计类似,从充分利用混凝土抗压强度、使 $(A_s + A_s')$ 最小的设计原则出发,近似取 $\xi = \xi_b$,即 $x = \xi_b h_0$ 为补充条件;代入式(3-2-5)中,求得

$$A_s' = \frac{\gamma_0 N_d e_s - f_{cd} b h_0^2 \xi_b (1 - 0.5\xi_b)}{f_{sd}'(h_0 - a_s')} \geqslant \rho_{min}' bh \qquad (3-2-12)$$

ρ_{min}' 为截面一侧受压钢筋的最小配筋率,一般可取 $\rho_{min}' = 0.002$。

当 $A_s' < \rho_{min}' bh$ 或为负值时,应取 $A_s' = 0.002bh$ 选择钢筋并布置 A_s',然后按照 A_s' 为已知的情况(后面将要介绍的第二种情况)继续计算求 A_s。

当计算 $A_s' \geqslant \rho_{min}' bh$ 时,则以求得的 A_s'、$\sigma_s = f_{sd}$ 代入式(3-2-4)中,求得

$$A_s = \frac{f_{cd} b \xi_b h_0 + f_{sd}' A_s' - \gamma_0 N_d}{f_{sd}} \geqslant \rho_{min} bh \qquad (3-2-13)$$

ρ_{min} 为截面一侧受拉钢筋的最小配筋率,取值参照受弯构件最小配筋率的计算方法。

(2)第二种情况:A_s' 已知,A_s' 未知

当钢筋 A_s' 为已知时,只有钢筋 A_s 和 x 两个未知数,故可以用基本公式来直接求解。由式(3-2-5),求得受压区高度 x 为

$$x = h_0 - \sqrt{h_0^2 - \frac{2\left[\gamma_0 N_d e_s - f_{sd}' A_s'(h_0 - a_s')\right]}{f_{cd} b}} \qquad (3-2-14)$$

①当 $2a_s' \leqslant x \leqslant \xi_b h_b$,构件属于大偏心受压,取 $\sigma_s = f_{sd}$,把 x 代入公式(3-2-4)中,求得

$$A_s = \frac{f_{cd}bx + f'_{sd}A'_s - \gamma_0 N_d}{f_{sd}} \qquad (3-2-15)$$

②当 $x \leqslant \xi_b h_0$，但是 $x < 2a'_s$，则按式（3-2-10）求得所需要的受拉钢筋数量 A_s，即

$$A_s = \frac{\gamma_0 N_d e'_s}{f'_{sd}(h_0 - a'_s)} \qquad (3-2-16)$$

注意：无论什么情况，轴心受压构件、偏心受压构件全部纵向钢筋的配筋率（按构件的毛截面计算）不应小于 0.5%；构件的全部纵向钢筋配筋率不宜超过 5%。

3. 当 $\eta e_0 \leqslant 0.3h_0$ 时，构件可按照小偏心受压构件来进行设计。

（1）第一种情况：A_s 和 A'_s 均未知

要利用基本公式进行计算，仍面临独立的基本公式只有两个，而存在三个未知数的情况。这时，和大偏心受压构件一样，必须补充条件以便求解。

试验表明，对于小偏心受压的一般情况，如图 3-2-6(a)、(b)所示的破坏形态，远离偏心压力一侧纵向受力钢筋无论是受压还是受拉，其应力均未达到屈服强度，显然，A_s 可按构造要求取等于最小配筋量，即 $A_s = \rho'_{\min}bh = 0.002bh$。

首先计算受压区高度 x。由式（3-2-6）和式（3-2-8）可得到一个以 x 为未知数的一元三次方程方程

$$Ax^3 + Bx^2 + Cx + D = 0 \qquad (3-2-17)$$

式中各系数的计算表达式

$$A = -0.5f_{cd}b \qquad (3-2-18a)$$

$$B = f_{cd}ba'_s \qquad (3-2-18b)$$

$$C = \varepsilon_{cu}E_s(a'_s - h_0) - \gamma_0 N_d e'_s \qquad (3-2-18c)$$

$$D = \varepsilon_{cu}\beta E_s A_s(h_0 - a'_s)h_0 \qquad (3-2-18d)$$

用逐次渐近法求解一元三次方程。

①当 $\xi_b h_0 < x < h$，则将 x 代入式（3-2-8）计算 σ_s 值；然后将 x 和 σ_s 值带入式（3-2-4），求得受压较大边钢筋截面面积 A'_s 且应满足 $A'_s \geqslant \rho'_{\min}bh$。

②当 $x \geqslant h$，截面为全截面受压。这时取 $x = h$，直接由下式求得

$$A'_s = \frac{\gamma_0 N_d e_s - f_{sd}bh(h_0 - h/2)}{f'_{sd}(h_0 - a'_s)} \geqslant \rho'_{\min}bh \qquad (3-2-19)$$

（2）第二种情况：A'_s 已知，A'_s 未知

这时，求解的未知数个数与独立基本公式的个数相同，可直接求解。

由式（3-2-5），求得受压区高度 x。

①当 $\xi_b h_0 < x < h$，截面部分受拉、部分受压。则将 x 代入式（3-2-8）计算 σ_s 值；然后将 x 和 σ_s 值带入式（3-2-4），求得 A'_s。

②当 $x \geqslant h$，全截面受压。先将 x 代入式（3-2-8）计算 σ_s 值；然后取 $x = h$ 和 σ_s 值带

入式(3-2-4),求得 A_{s1}。

全截面受压时,为防止设计的小偏心受压构件可能会出现图 3-2-6(c)所示的破坏,钢筋 A_s 的数量应满足式(3-2-11)的要求,求得

$$A_{s2} = \frac{\gamma_0 N_d e'_s - f_{cd}bh(h'_0 - h/2)}{f'_{sd}(h'_0 - a_s)} \tag{3-2-20}$$

设计中所采用的钢筋面积 A_s 应取上述计算值 A_{s1} 和 A_{s2} 的较大值,以防止出现远离偏心压力作用点的一侧混凝土边缘先破坏的情况。

二、截面复核

已知截面尺寸 $b \times h$,钢筋截面积 A_s 及 A'_s,构件的计算长度 l_0,材料的强度等级,轴向力组合设计值 N_d,弯矩组合设计值 M_d。试复核构件的承载力。

偏心受压构件需要进行截面在两个方向上的承载力复核,即弯矩作用平面内和垂直于弯矩作用平面的截面承载力复核。

1. 弯矩作用平面内截面承载力复核

(1)大、小偏心受压的判别

在截面设计时,以 ηe_0 与 $0.3h_0$ 之间的关系来初步确定截面按何种偏心受压情况来进行设计,但这不是判断大、小偏心的根本依据。截面设计完成后,还必须通过 ξ 与 ξ_b 的关系来复核设计中所采用的初步假定是否成立,如果不成立,应重新进行截面设计。

截面复核时,因 A_s、A'_s 均为已知,故应通过实际的 ξ 与 ξ_b 的关系来判断截面偏心受压的性质。一般可取 $\sigma_s = f_{sd}$,代入式(3-2-7)中求 x,亦即 $\xi = \dfrac{x}{h_0}$。当 $\xi \leqslant \xi_b$ 时,截面为大偏心受压;当 $\xi > \xi_b$ 时,截面为小偏心受压。

(2)大偏心受压 $(\xi \leqslant \xi_b)$

①当 $2a'_s \leqslant x \leqslant \xi_b h_0$ 时,由式(3-2-7)计算的 x 即为大偏心受压构件截面受压区高度,此时,$\sigma_s = f_{sd}$,然后按式(3-2-4)进行截面复核。

②当 $x < 2a'_s$ 时,由式(3-2-10)求得

$$N_u \leqslant \frac{f_{sd}A_s(h_0 - a'_s)}{e'_s} \tag{3-2-21}$$

(3)小偏心受压 $(\xi > \xi_b)$

这时,截面受压区高度 x 不能单独由式(3-2-6)来确定,而要联合使用式(3-2-7)和式(3-2-8)来确定小偏心受压构件截面受压区高度 x,化简后可得 x 的一元三次方程

$$Ax^3 + Bx^2 + Cx + D = 0 \tag{3-2-22}$$

式中各系数计算表达式

$$A = 0.5f_{cd}b \tag{3-2-23a}$$

$$B = f_{cd}b(e_0 - h_0) \tag{3-2-23b}$$

$$C = \varepsilon_{cu}E_s A_s e_s + f'_{sd}A'_s e'_s \tag{3-2-23c}$$

$$D = -\varepsilon_{cu}\beta E_s A_s e_s h_0 \qquad (3-2-23d)$$

由上式可求得 x 和相应的 ξ 值。

①当 $\xi_b h_0 < x < h$ 时，截面部分受压，部分受拉。将计算的 ξ 值代入式(3-2-7)，可求得的应力 σ_s 值。然后，按照基本计算式(3-2-4)，求截面承载力 N_u 并且复核截面承载力。

②当 $x \geqslant h$ 时，全截面受压。这种情况下，偏心距较小。首先考虑靠近压力作用点的侧面边缘的混凝土破坏，由实际的 ξ 代入式(3-2-7)中求得 A_s 的应力 σ_s 值，然后取 $\xi = \dfrac{h}{h_0}$，由式(3-2-4)求得截面承载力 N_{u1}。

因全截面受压，尚须考虑距纵向压力作用点远侧截面边缘破坏的可能性，即再由式(3-2-11)求得承载力 N_{u2}。

很显然，截面承载力应取 N_{u1} 和 N_{u2} 较小值。

2. 垂直于弯矩作用平面的承载力复核

《公桥规》规定，偏心受压构件除应计算弯矩作用平面抗压承载力外，尚应按轴心受压构件验算垂直于弯矩作用平面的抗压承载力，此时，不考虑弯矩的作用，但应考虑稳定系数 φ 的影响。此内容可参考 3-1-2 相关的内容，此处不再赘述。

值得注意的是，弯矩作用平面内构件长细比 (l_0/h) 和垂直于弯矩作用平面的构件长细比 (l_0/b) 的不同。

【计算示例】

【例 3-3】　某钢筋混凝土矩形截面偏心受压柱，截面尺寸为 $b \times h = 300~\text{mm} \times 600~\text{mm}$，计算长度 $l_0 = 10~\text{m}$，$M_d = 210~\text{kN·m}$，$N_d = 315~\text{kN}$，结构重要性系数 $\gamma_0 = 1$，C30 混凝土，$f_{cd} = 13.8~\text{MPa}$，HRB335 钢筋，$f_{sd} = f'_{sd} = 280~\text{MPa}$。试进行配筋计算，并复核承载力。

【解题过程】

假设 $a_s = a'_s = 45~\text{mm}$，则 $h_0 = h - a_s = 600 - 45 = 555 (\text{mm})$

由长细比 $\dfrac{l_0}{h} = \dfrac{10000}{600} = 16.67 > 5$，故应考虑柱的纵向弯曲。

1. 求偏心距增大系数 η

$$e_0 = \frac{M_d}{N_d} = \frac{210 \times 10^6}{315 \times 10^3} = 666.7 (\text{mm})$$

$$\zeta_1 = 0.2 + 2.7\frac{e_0}{h_0} = 0.2 + 2.7 \times 666.7/455 = 3.44 > 1.0，取\ \zeta_1 = 1$$

$$\zeta_2 = 1.15 - 0.01\frac{l_0}{h} = 1.15 - 0.01 \times 10000/600 = 0.98 < 1.0$$

$$\eta = 1 + \frac{1}{1400 \times 666.7 \times 555} \times \left(\frac{1000}{600}\right)^3 \times 1 \times 0.98 = 1.16$$

计算偏心距：

$$e_s = \eta e_0 + h_0 - \frac{h}{2} = 1.16 \times 666.7 + 555 - \frac{600}{2} = 1028.4 \text{(mm)}$$

$$e_s' = \eta e_0 - \frac{h}{2} + a_s' = 1.16 \times 666.7 - \frac{600}{2} + 45 = 518.4 \text{(mm)}$$

2. 钢筋选择

因 $\dfrac{\eta e_0}{h_0} = 1.16 \times \dfrac{666.7}{555} = 1.39 > 0.3$，按大偏心受压构件进行设计，取 $\sigma_s = f_{sd} = 280$ MPa。首先，以 $x = \xi_b h_0 = 0.56 \times 555 = 310.8 \text{(mm)}$ 代入公式（3 - 2 - 5），求得受压钢筋截面面积

$$A_s' = \frac{\gamma_0 N_d e_s - f_{cd} bx \left(h_0 - \dfrac{x}{2} \right)}{f_{sd}'(h_0 - a_s')}$$

$$= \frac{1 \times 315 \times 10^3 \times 1028.4 - 13.8 \times 300 \times 310.8 \times \left(555 - \dfrac{310.8}{2} \right)}{280 \times (555 - 45)} = -1332.1 \text{(mm}^2)$$

A_s' 出现负值，则应改为按构造要求取 $A_s' = 0.002bh = 0.002 \times 300 \times 600 = 360 \text{ (mm)}^2$，选 $3 \phi 14$（外径 16.2 mm），$A_s' = 462 \text{ mm}^2$，仍取 $a_s' = 45 \text{ mm}$。

这时，应由公式（3 - 2 - 5）计算混凝土受压高度 x

$$\gamma_0 N_d e_s = f_{cd} bx \left(h_0 - \frac{x}{2} \right) + f_{sd}' A_s'(h_0 - a_s')$$

$$1 \times 315 \times 10^3 \times 1028.4 = 13.8 \times 300 x \left(555 - \frac{x}{2} \right) + 280 \times 462 \times (555 - 45)$$

展开整理后得：

$$x^2 - 1110x + 124624.35 = 0$$

解之得：$x = 126.75 \text{ mm} < \xi_b h_0 = 0.56 \times 555 = 310.8 \text{(mm)}$，且 $x > 2a_s' = 2 \times 45 = 90$ (mm)

将所得 x 值代入公式（3 - 2 - 4），求得受拉钢筋截面面积为

$$A_s = \frac{f_{cd} bx + f_{sd}' A_s' - \gamma_0 N_d}{f_{sd}}$$

$$= \frac{13.8 \times 300 \times 126.75 + 280 \times 462 - 1 \times 315 \times 10^3}{280} = 1211 \text{(mm}^2)$$

选 $4 \phi 20$（外径 22.7 mm），布置成一排，所需截面最小宽度 $b_{min} = 2 \times 30 + 3 \times 30 + 4 \times 22.7 = 241 \text{(mm)} < b = 300 \text{ mm}$

仍取 $a_s = 45 \text{ mm}$，$h_0 = 555 \text{ mm}$，布置如图 3 - 2 - 13 所示。

3. 稳定验算

因 $\dfrac{l_0}{b} = \dfrac{10000}{300} = 33.3 > 8$，应对垂直于弯矩作用平面进行稳定验算。稳定验算时，不考虑弯矩的作用，

按 $\dfrac{l_0}{b} = 33.3$ 查得 $\varphi = 0.467$，代入公式（3 - 1 - 2）得

$$N_u = 0.9 \times 0.467 \times [13.8 \times 300 \times 600 + 280 \times (462 + 1256)]$$

$$= 1246.2 \times 10^3 (\text{N}) = 1246.2 \text{ kN} > \gamma_0 N_d = 315 \text{ kN}$$

计算结果表明,垂直弯矩作用平面的稳定性满足要求。

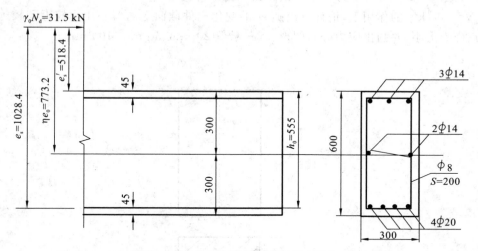

图 3-2-13 例题 3-3 偏心受压构件计算简图和配筋(尺寸单位:mm)

4. 承载力复核

按实际配筋情况进行承载力复核时,应用 $\sum M_N = 0$ 的平衡条件式(3-2-7),确定混凝土受压区高度 x

$$f_{cd}bx\left(e_s - h_0 + \frac{x}{2}\right) = f_{sd}A_s e_s - f'_{sd}A'_s e'_s$$

$$13.8 \times 300 x\left(1028.4 - 555 + \frac{x}{2}\right) = 280 \times 1256 \times 1028.4 - 280 \times 462 \times 518.4$$

展开整理后得

$$x^2 + 946.8x - 142322.46 = 0$$

解得 $x = 131.9 \text{ mm} < \xi_b h_0 = 0.56 \times 555 = 310.8 (\text{mm})$

$$\text{且 } x > 2a'_s = 2 \times 45 = 90 (\text{mm})$$

将所得 x 值,代入公式(3-2-4)得

$$N_u = f_{cd}bx + f'_{sd}A'_s - f_{sd}A_s$$

$$= 13.8 \times 300 \times 131.9 + 280 \times 462 - 280 \times 1256$$

$$= 323.9 \times 10^3 (\text{N}) = 323.9 \text{ kN} > \gamma_0 N_d = 315 \text{ kN}$$

计算结果表明,结构的承载力是足够的。

【学习实践】

1.什么是偏心受压构件?

2. 偏心受压构件的破坏形态有哪两种？它们的破坏特征是什么？

3. 大偏心受压构件和小偏心受压构件的区别是什么？

4. 画出矩形截面偏心受压构件的计算图式，并由此写出计算公式。

5. 如图 3-2-14 所示为一矩形截面偏心受压构件，$b \times h = 200 \text{ mm} \times 300 \text{ mm}$，在偏心压力 $N = 300 \text{ kN}$ 的作用下，请计算出随 e_0 的变化构件截面上离偏心压力较近和较远边缘处的正应力大小，并画出应力分布图形。（e_0 赋值 20 mm、50 mm、100 mm）

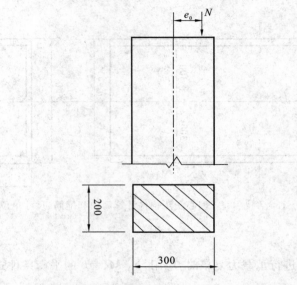

图 3-2-14　学习实践第 5 题示意图（尺寸单位：mm）

【实践过程】

6. 钢筋混凝土偏心受压构件，截面尺寸 $b \times h = 300 \text{ mm} \times 400 \text{ mm}$ 承受轴向力组合设计值 $N_d = 188 \text{ kN}$，弯矩组合设计值 $M_d = 120 \text{ kN·m}$，计算长度为 4.0 m，采用 C20 混凝土，HRB335 钢筋，Ⅰ类环境，结构结构重要性系数 1.0。求所需的纵向钢筋。

钢筋混凝土结构

【实践过程】

7.钢筋混凝土矩形截面偏心受压柱,截面尺寸为 400 mm×500 mm,承受轴向力组合设计值 N_d＝1500 kN,弯矩组合设计值 M_d＝200 kN·m,计算长度为 4.5 m,采用 C20 混凝土,HRB335 钢筋,Ⅰ类环境,结构重要性系数为 1.0。求所需的纵向钢筋。

【实践过程】

3-2-4 对称配筋的计算方法

在桥梁结构中,常由于作用(荷载)位置不同,在截面中会产生方向相反的弯矩,在其绝对值相差不大时,或即使相反方向弯矩相差较大,但按照对称配筋设计求得的纵筋总量,比非对称配筋设计所求得的纵筋总量增加不多,为使结构简单及施工方便,宜采用对称配筋。装配式偏心受压构件,为了保证安装不出错,一般也采用对称配筋。

对称配筋是指截面的两侧配有相同等级和数量的钢筋。

一、截面选择

已知截面尺寸 b、h(通常是根据经验或以往的设计资料确定),轴向力组合设计值 N_d,弯矩组合设计值 M_d,结构重要性系数 γ_0,混凝土及钢筋的等级,构件计算长度 l_0。求钢筋

截面积 $A_s(=A_s')$。

1. 大、小偏心受压构件的判别

首先假定是大偏心受压,由于是对称配筋,$A_s=A_s'$,$f_{sd}'=f_{sd}$,由公式(3-2-4)得到

$$\gamma_0 N_d = f_{cd}bx$$

以 $x=\xi h_0$ 代入上式,得

$$\xi=\frac{\gamma_0 N_d}{f_{cd}bh_0} \qquad (3-2-24)$$

当 $\xi \leqslant \xi_b$ 时,截面为大偏心受压;当 $\xi > \xi_b$ 时,截面为小偏心受压。

2. 大偏心受压构件的计算

① 当 $2a_s' \leqslant x \leqslant \xi h_0$ 时,直接利用公式(3-2-5)得到:

$$A_s=A_s'=\frac{\gamma_0 N_d e_s - f_{cd}bh_0^2(1-0.5\xi)\xi}{f_{sd}'(h_0-a_s')} \qquad (3-2-25)$$

② 当 $x < 2a_s'$ 时,按公式(3-2-10)计算钢筋。

3. 小偏心受压构件的计算

对称配筋小偏心受压构件,由于 $A_s=A_s'$,即使在全截面受压情况下,也不会出现远离偏心压力作用点一侧混凝土先破坏的情况。

首先应计算截面受压区高度。《公桥规》建议矩形截面对称配筋的小偏心受压构件截面相对受压区高度 ξ 按下式计算:

$$\xi=\frac{\gamma_0 N_d - f_{cd}bh_0\xi_b}{\dfrac{\gamma_0 N_d e_s - 0.43f_{cd}bh_0^2}{(\beta-\xi_b)(h_0-a_s')}+f_{cd}bh_0}+\xi_b \qquad (3-2-26)$$

式中 β 取值见表 2-1-2。求得 ξ 值后,由式(3-2-25)计算出所需的钢筋面积 A_s。

二、截面复核

对称配筋时的承载力复核计算方法与非对称配筋情况相同,仍是对弯矩作用平面方向和垂直于弯矩作用方向都进行复核计算。

【计算实例】

【例 3-4】 混凝土矩形截面偏心受压柱,截面尺寸 400 mm×500 mm,承受轴向力组合设计值 $N_d=400$ kN,弯矩组合设计值 $M_d=240$ kN·m,柱高 4 m,两端铰支,采用 C20 混凝土,HRB335 钢筋,Ⅰ类环境,结构重要性系数为 1.0。试求对称配筋时所需钢筋数量并复核截面。

【解题过程】

1. 截面设计

由 $N_d=400$ kN,$M_d=250$ kN·m,可得到偏心距

$$e_0=\frac{M_d}{N_d}=\frac{240\times10^6}{400\times10^3}=600(\text{mm})$$

在弯矩作用方向，构件长细比 $\dfrac{l_0}{h} = \dfrac{4000}{500} = 8 > 5$

设 $a_s = a'_s = 50$ mm，$h_0 = h - a_s = 450$ mm 由式(3-2-1)可计算得到，$\eta = 1.034$，$\eta e_0 = 620$ mm

(1)判别大小偏心受压

$$\xi = \frac{N}{f_{cd}bh_0} = \frac{400 \times 10^3}{9.2 \times 400 \times 450} = 0.242 < \xi_b = 0.56$$

故可按大偏心受压构件设计。

(2)求纵向钢筋面积

由 $\xi = 0.242$，$h_0 = 450$ mm，得到受压区高度

$$x = \xi h_0 = 0.242 \times 450 = 109(\text{mm}) > 2a'_s = 100 \text{ mm}$$

$$e_s = \eta e_0 + \frac{h}{2} - a_s = 620 + \frac{500}{2} - 50 = 820(\text{mm})$$

纵向钢筋面积

$$A_s = A'_s = \frac{Ne_s - f_{cd}bh_0^2\xi(1 - 0.5\xi)}{f_{sd}(h_0 - a'_s)}$$

$$= \frac{400 \times 10^3 \times 820 - 9.2 \times 400 \times 450^2 \times 0.242 \times (1 - 0.5 \times 0.242)}{280 \times (450 - 50)}$$

$$= 1513(\text{mm}^2)$$

选每侧钢筋为 5 ϕ 20，即 $A_s = A'_s = 1570$ mm^2 $> 0.002bh = 400$ mm^2

每侧布置钢筋所需最小宽度

$$b_{\min} = 2 \times 33.65 + 4 \times 50 + 5 \times 22.7$$

$$= 380.6(\text{mm}) < b = 400 \text{ mm}$$

而 $a_s = a'_s = 45$ mm，截面布置如图 3-2-15 所示。

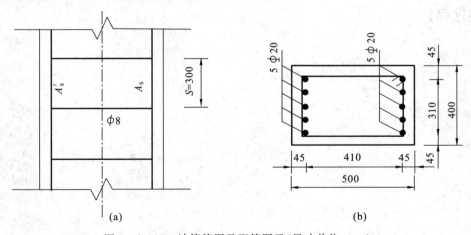

图 3-2-15　计算简图及配筋图示(尺寸单位:mm)

2. 截面复核

(1)在垂直于弯矩作用平面内的截面复核

长细比 $\dfrac{l_0}{h} = \dfrac{4000}{400} = 10$，查得 $\varphi = 0.98$

$N_u = 0.9\varphi[f_{cd}A + f'_{sd}(A_s + A'_s)] = 2398 \text{ kN} > \gamma_0 N_d = 400 \text{ kN}$，满足要求。

(2)在弯矩作用平面内的截面复核

$a_s = a'_s = 45 \text{ mm}, A_s = A'_s = 1570 \text{ mm}^2, h_0 = 455 \text{ mm}$

$\eta = 1.035$，则 $\eta e_0 = 621 \text{ mm}, e_s = \eta e_0 + \dfrac{h}{2} - a_s = 621 + \dfrac{500}{2} - 45 = 826 \text{ mm}$

$e'_s = \eta e_0 - \dfrac{h}{2} + a'_s = 621 - \dfrac{500}{2} + 45 = 416 \text{(mm)}$

假定为大偏心受压，即取 $\sigma = f_{sd}$，解得混凝土受压区高度

$$x = (h_0 - e_s) + \sqrt{(h_0 - e_s)^2 + \frac{2f_{sd}A_s(e_s - e'_s)}{f_{cd}b}}$$

$$= (455 - 826) + \sqrt{(455 - 826)^2 + \frac{2 \times 280 \times 1570 \times (826 - 416)}{9.2 \times 400}}$$

$$= 114 \text{ mm} \begin{cases} < \xi_b h_0 = 0.56 \times 455 = 255 \text{(mm)} \\ > 2a_s = 2 \times 45 = 90 \text{(mm)} \end{cases}，故确为大偏心受压构件。$$

截面承载力为

$N_u = f_{cd}bx = 9.2 \times 400 \times 114 = 419.52 \text{(kN)} > \gamma_0 N_d = 400 \text{ kN}$，满足要求。

【学习实践】

1.已知钢筋混凝土偏心受压构件截面尺寸 $b \times h = 400 \text{ mm} \times 600 \text{ mm}$，计算长度 $l_0 = 4.5 \text{ m}$；安全等级为I级I类环境；承受计算轴向力 $N_d = 3000 \text{ kN}$，计算弯矩 $M_d = 235 \text{ kN} \cdot \text{m}$；采用 C35 混凝土，纵向钢筋为 HRB335，对称布筋。试计算钢筋面积。

【实践过程】

2.已知钢筋混凝土偏心受压构件截面尺寸 $b \times h = 250 \text{ mm} \times 300 \text{ mm}$，计算长度 $l_0 = 2.2 \text{ m}$；I 类环境；承受计算轴向力 $N_d = 122 \text{ kN}$，计算弯矩 $M_d = 58.5 \text{ kN} \cdot \text{m}$；采用 C25 混凝土，纵向钢筋为 HRB335，对称布筋。试计算钢筋面积并校核。

钢筋混凝土结构

【实践过程】

3-2-5 圆形截面偏心受压构件

一、构造要求

圆形截面偏心受压构件的纵向受力钢筋,通常是沿圆周均匀布置,其根数不少于 6 根。对于预制或现浇的一般钢筋混凝土圆形截面偏心受压构件,纵向钢筋的直径不宜小于 12 mm,混凝土保护层厚度详见表 2-1-1。而对于钻孔灌注桩,其截面尺寸较大(桩直径 $D = 800 \sim 1500$ mm),桩内纵向受力钢筋的直径不宜小于 14 mm,根数不宜小于 8 根,钢筋间净距不宜小于 80 mm,混凝土保护层厚度不小于 $60 \sim 80$ mm;箍筋直径不小于 8 mm,箍筋间距 $200 \sim 400$ mm。

对于配有普通箍筋的圆形截面偏心受压构件[钻(挖)孔桩除外],构造要求详见 3-2-1。

二、基本假定

工程中采用的圆形截面偏心受压构件,其纵向钢筋一般是沿圆周等间距布置的,其正截面承载力计算的基本假定是:

(1)截面变形符合平截面假定;

(2)构件达到破坏时,受压边缘处混凝土的极限压应变取为 $\varepsilon_{cu} = 0.0033$;

(3)受压区混凝土应力分布采用等效矩形应力图,正应力集度为 f_{cd},计算高度为 $x = \beta x_0$(x_0 为实际受压区高度),β 值与实际相对受压区高度 $\xi = x_0/2r$ 有关,即

当 $\xi < 1$ 时,$\beta = 0.8$;

当 $1 < \xi \leqslant 1.5$ 时,$\beta = 1.067 - 0.267\xi$;

(4)不考虑受拉区混凝土参加工作,拉力由钢筋承受;

当 $\xi > 1.5$ 时,按全截面砼均匀受压处理。

(5)将钢筋视为理想的弹塑性体。

对于周边均匀配筋的圆形偏心受压构件,当纵向钢筋不少于 6 根时,可以将纵向钢筋化为总面积 $\sum_{i=1}^{n} A_{si}$(A_{si} 为单根钢筋面积,n 为钢筋根数),半径为 r_s 的等效钢环(图 3-2-

16)。这样的处理,可为采用连续函数的数学方法推导钢筋的抗力提供很大便利。

设圆形截面的半径为 r,等效钢环的壁厚中心至截面圆心的距离为 r_s,一般以 $r_s = gr$ 表示 r_s 与 r 之间的关系。那么等效钢环的厚度 t_s 为

$$t_s = \frac{\sum_{i=1}^{n} A_{si}}{2\pi r_s} = \frac{\sum_{i=1}^{n} A_{si}}{\pi r^2} \cdot \frac{r}{2g} = \frac{\rho r}{2g} \qquad (3-2-27)$$

式中:ρ——纵向钢筋配筋率,$\rho = \dfrac{\sum_{i=1}^{n} A_{si}}{\pi r^2}$;

g——纵向钢筋所在圆周的半径 r_s 与圆截面半径 r 之比,一般取 $g = 0.88 \sim 0.92$。

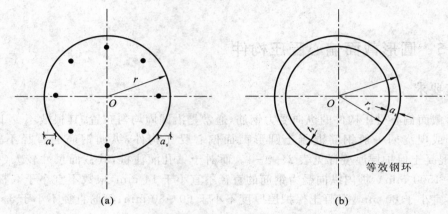

图 3-2-16　等效钢环示意图

三、计算图示

基于前述假定,可以建立圆形截面偏心受压构件正截面承载力计算图示:

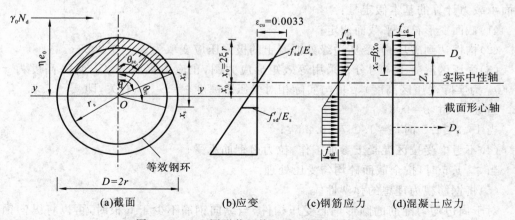

(a)截面　　　　(b)应变　　　　(c)钢筋应力　　　(d)混凝土应力

图 3-2-17　圆形截面偏心受压构件计算简图

四、基本公式

根据平衡条件可写出以下方程：

由截面上所有水平力平衡条件

$$\gamma_0 N_d \leqslant D_c + D_s = f_{cd}A_c + \sum_{i=1}^{n}\sigma_{si}A_{si} \qquad (3-2-28)$$

由截面上所有力对截面形心轴对 y 的合力矩平衡条件

$$\gamma_0 N_d(\eta e_0) \leqslant M_c + M_s = f_{cd}A_c Z_c + \sum_{i=1}^{n}\sigma_{si}A_{si}Z_{si} \qquad (3-2-29)$$

式中：D_c、D_s——分别为受压区混凝土压应力的合力和所有钢筋的应力合力；

M_c、M_s——分别为受压区混凝土应力的合力对 y 轴力矩和所有钢筋应力合力对 y 轴的力矩；

N_d——轴向力组合设计值；

e_0——轴向力相对于 y 轴的计算偏心距，$e_0 = \dfrac{M_d}{N_d}$；

η——偏心距增大系数；

A_c——受压混凝土矩形应力图所对应的弓形截面面积；

Z_c——受压区混凝土弓形面积的重心至 y 轴的距离；

Z_{si}——第 i 根钢筋的截面面积重心至 y 轴的距离；

f_{cd}——混凝土的抗压强度设计值；

A_{si}——第 i 根钢筋的截面面积；

σ_{si}——第 i 根钢筋的应力。

在实际计算中为了避免繁琐的数学求解，人们经过研究发现复杂繁琐的计算可以通过编制表格的方式查表解决，于是公式(3-2-28)、(3-2-29)被简化为

$$\gamma_0 N_d \leqslant Ar^2 f_{cd} + C\rho r^2 f'_{sd} \qquad (3-2-30)$$

$$\gamma_0 N_d(\eta e_0) \leqslant Br^3 f_{cd} + D\rho r^3 f'_{sd} \qquad (3-2-31)$$

式中的 A、B 仅与 ξ 有关；系数 C、D 与 ξ、E_s 有关，其数值可以编制成表格(表3-2-1)。

表3-2-1　圆形截面钢筋混凝土偏压构件正截面抗压承载力计算系数

ζ	A	B	C	D	ζ	A	B	C	D	ζ	A	B	C	D
0.20	0.3244	0.2628	-1.5296	1.4216	0.64	1.6188	0.6661	0.7373	1.6763	1.08	2.8200	0.2609	2.4924	0.5356
0.21	0.3481	0.2787	-1.4676	1.4623	0.65	1.6508	0.6651	0.8080	1.6343	1.09	2.8341	0.2511	2.5129	0.5204
0.22	0.3723	0.2945	-1.4074	1.5004	0.66	1.6827	0.6635	0.8766	1.5933	1.10	2.8480	0.2415	2.5330	0.5055
0.23	0.3969	0.3103	-1.3486	1.5361	0.67	1.7147	0.6615	0.9430	1.5534	1.11	2.8615	0.2319	2.5525	0.4908
0.24	0.4219	0.3259	-1.2911	1.5697	0.68	1.7466	0.6589	1.0071	1.5146	1.12	2.8747	0.2225	2.5716	0.4765
0.25	0.4473	0.3413	-1.2348	1.6012	0.69	1.7784	0.6559	1.0692	1.4769	1.13	2.8876	0.2132	2.5902	0.4624

ζ	A	B	C	D	ζ	A	B	C	D	ζ	A	B	C	D
0.26	0.4731	0.3566	−1.1796	1.6307	0.70	1.8102	0.6523	1.1294	1.4402	1.14	2.9001	0.2040	2.6084	0.4486
0.27	0.4992	0.3717	−1.1254	1.6584	0.71	1.8420	0.6483	1.1876	1.4045	1.15	2.9123	0.1949	2.6261	0.4351
0.28	0.5258	0.3865	−1.0720	1.6843	0.72	1.8736	0.6437	1.2440	1.3697	1.16	2.9242	0.1860	2.6434	0.4219
0.29	0.5526	0.4011	−1.0149	1.7086	0.73	1.9052	0.6386	1.2987	1.3558	1.17	2.9357	0.1772	2.6603	0.4089
0.30	0.5798	0.4155	−0.9675	1.7313	0.74	1.9367	0.6331	1.3517	1.3028	1.18	2.9469	0.1685	2.6767	0.3961
0.31	0.6073	0.4295	−0.9163	1.7524	0.75	1.9681	0.6271	1.4030	1.2706	1.19	2.9578	0.1600	2.6928	0.3836
0.32	0.6351	0.4433	−0.8656	1.7721	0.76	1.9994	0.6206	1.4529	1.2392	1.20	2.9684	0.1517	2.7085	0.3714
0.33	0.6631	0.4568	−0.8154	1.7903	0.77	2.0306	0.6136	1.5013	1.2086	1.21	2.9787	0.1435	2.7238	0.3594
0.34	0.6915	0.4699	−0.7657	1.8071	0.78	2.0617	0.6061	1.5482	1.1787	1.22	2.9886	0.1355	2.7387	0.3476
0.35	0.7201	0.4828	−0.7165	1.8225	0.79	2.0926	0.5982	1.5938	1.1496	1.23	2.9982	0.1277	2.7532	0.3361
0.36	0.7489	0.4952	−0.6676	1.8366	0.80	2.1234	0.5898	1.6381	1.1212	1.24	3.0075	0.1201	2.7675	0.3248
0.37	0.7780	0.5073	−0.6190	1.8494	0.81	2.1540	0.5810	1.6811	1.0934	1.25	3.0165	0.1126	2.7813	0.3137
0.38	0.8074	0.5191	−0.5707	1.8609	0.82	2.1845	0.5717	1.7228	1.0663	1.26	3.0252	0.1053	2.7948	0.3028
0.39	0.8369	0.5304	−0.5227	1.8711	0.83	2.2148	0.5620	1.7635	1.0398	1.27	3.0336	0.0982	2.8080	0.2922
0.40	0.8667	0.5414	−0.4749	1.8801	0.84	2.2450	0.5519	1.8029	1.0139	1.28	3.0417	0.0914	2.8209	0.2818
0.41	0.8966	0.5519	−0.4273	1.8878	0.85	2.2749	0.5414	1.8413	0.9886	1.29	3.0495	0.0847	2.8335	0.2715
0.42	0.9268	0.5620	−0.3798	1.8943	0.86	2.3047	0.5304	1.8786	0.9639	1.30	3.0569	0.0782	2.8457	0.2615
0.43	0.9571	0.5717	−0.3323	1.8996	0.87	2.3342	0.5191	1.9149	0.9397	1.31	3.0641	0.0719	2.8576	0.2517
0.44	0.9876	0.5810	−0.2850	1.9036	0.88	2.3636	0.5073	1.9503	0.9161	1.32	3.0709	0.0659	2.8693	0.2421
0.45	1.0182	0.5898	−0.2377	1.9065	0.89	2.3927	0.4952	1.9846	0.8930	1.33	3.0775	0.0600	2.8806	0.2327
0.46	1.0490	0.5982	−0.1903	1.9081	0.90	2.4215	0.4828	2.0181	0.8704	1.34	3.0837	0.0544	2.8917	0.2235
0.47	1.0799	0.6061	−0.1429	1.9084	0.91	2.4501	0.4699	2.0507	0.8483	1.35	3.0897	0.0490	2.9024	0.2145
0.48	1.1110	0.6136	−0.0954	1.9075	0.92	2.4785	0.4586	2.0824	0.8266	1.36	3.0954	0.0469	2.9129	0.2057
0.49	1.1422	0.6206	−0.0478	1.9053	0.93	2.5065	0.4433	2.1132	0.8055	1.37	3.1007	0.0389	2.9232	0.1970
0.50	1.1735	0.6271	0.0000	1.9018	0.94	2.5343	0.4295	2.1433	0.7847	1.38	3.1058	0.0343	2.9331	0.1886
0.51	1.2049	0.6331	0.0480	1.8971	0.95	2.5618	0.4155	2.1726	0.7645	1.39	3.1106	0.0298	2.9428	0.1803
0.52	1.2364	0.6386	0.0963	1.8909	0.96	2.5890	0.4011	2.2012	0.7446	1.40	3.1150	0.0256	2.9523	0.1722
0.53	1.2680	0.6437	0.1450	1.8834	0.97	2.6158	0.3865	2.2290	0.7251	1.41	3.1192	0.0127	2.9615	0.1643
0.54	1.2996	0.6483	0.1941	1.8744	0.98	2.6424	0.3717	2.2561	0.7061	1.42	3.1231	0.0180	2.9704	0.1566
0.55	1.3314	0.6523	0.2436	1.8639	0.99	2.6685	0.3566	2.2825	0.6874	1.43	3.1266	0.0146	2.9791	0.1491
0.56	1.3632	0.6559	0.2937	1.8519	1.00	2.6943	0.3413	2.6082	0.6692	1.44	3.1299	0.0115	2.9876	0.1417
0.57	1.3960	0.6589	0.3444	1.8381	1.01	2.7112	0.3311	2.3333	0.6513	1.45	3.1328	0.0086	2.9958	0.1345
0.58	1.4269	0.6615	0.3960	1.8226	1.02	2.7277	0.3209	2.3578	0.6337	1.46	3.1354	0.0061	3.0038	0.1275
0.59	1.4589	0.6635	0.4485	1.8053	1.03	2.7440	0.3108	2.3817	0.6165	1.47	3.1376	0.0039	3.0115	0.1206
0.60	1.4908	0.6651	0.5201	1.7856	1.04	2.7598	0.3006	2.4049	0.5997	1.48	3.1395	0.0021	3.0191	0.1140
0.61	1.5228	0.6661	0.5571	1.7636	1.05	2.7754	0.2906	2.4276	0.5832	1.49	3.1408	0.0007	3.0264	0.1075
0.62	1.5548	0.6666	0.6139	1.7387	1.06	2.7906	0.2806	2.4497	0.5670	1.50	3.1416	0.0000	3.0334	0.1011
0.63	1.5868	0.6666	0.6734	1.7103	1.07	2.8054	0.2707	2.4713	0.5512	1.51	3.1416	0.0000	3.0403	0.0950

五、计算方法

圆形截面偏心受压构件的正截面承载力计算方法,分为截面设计和截面复核。

1. 截面设计

已知截面尺寸、计算长度、材料强度级别、轴向力计算值 N_d,安全等级。弯矩计算值 M_d,求纵向钢筋面积 A_s。

直接采用式(3-2-30)和式(3-2-31)是无法求得纵向钢筋面积 A_s 的,一般是采用试算法。

现将式(3-2-31)除以式(3-2-30),整理可得到

$$\rho = \frac{f_{cd}}{f'_{sd}} \cdot \frac{Br - A(\eta e_0)}{C(\eta e_0) - Dgr} \qquad (3-2-32)$$

由已知条件求 ηe_0,确定 g、r_s 等值。

先假设 ξ 值,由表3-2-1查得相应的系数 A、B、C 和 D,代入式(3-2-32)得到配筋率 ρ。再将系数 A、C 和 ρ 值代入式(3-2-30)可求得 N_u。若 N_u 值与已知的 $\gamma_0 N_d$ 基本相符(允许误差在 2% 以内),则假定的 ξ 值及依此计算的 ρ 值即为设计用值。若两者不符,需重新假定 ξ 值,重复以上步骤,直至基本相符为止。

按最后确定的 ξ 值计算所得的 ρ 值代入下式,即得到所需的纵筋面积 A_s 为

$$A_s = \rho \pi r^2 \qquad (3-2-33)$$

2. 截面复核

已知截面尺寸、计算长度、纵向钢筋面积 A_s、材料强度级别、轴向力计算值 N_d、弯矩计算值 M_d,安全等级求复核截面承载力。

仍需采用试算法。现将式(3-2-31)除以式(3-2-30),整理为

$$\eta e_0 = \frac{B f_{cd} + D \rho g f'_{sd}}{A f_{cd} + C \rho f'_{sd}} r \qquad (3-2-34)$$

先假设 ξ 值,由表3-2-1查得系数 A、B、C 和 D 的值,代入式(3-2-34)算到 ηe_0。若此 ηe_0 与由 M_d 和 N_d 并考虑偏心距增大系数后得到的 ηe_0 基本相符(允许误差在 2% 以内),则假定的 ξ 值可为计算用的 ξ 值。若两者不符,需重新假设 ξ 值,重复以上步骤,直至两者基本相符为止。

按确定的 ξ 值及其所相应的系数 A、B、C 和 D 的值代入式(3-2-30)中,则可求得截面承载力为

$$N_u = A r^2 f_{cd} + C \rho r^2 f'_{sd} \qquad (3-2-35)$$

上述方法为《公桥规》提出的沿周边均匀配筋的圆形截面钢筋混凝土偏心受压构件计算的查表法,需要反复试算。为了避免反复迭代的试算过程,《公桥规》还提出了用查图法来进行圆形截面偏心受压构件截面设计和截面复核的方法,详见《公桥规》条文说明。

【计算实例】

【例3-5】 钢筋混凝土柱式桥墩,柱直径为 1.2 m,柱控制截面上的轴向力计算值 $N_d =$

6450 kN,弯矩组合设计值 $M_d = 1330.6$ kN·m,柱高 7.5 m,两端铰支,采用 C20 混凝土,R235 钢筋,Ⅰ类环境,安全等级为二级。试进行配筋计算。

【解题过程】

(1)计算 η $\left(\text{长细比}\dfrac{l_0}{d} = \dfrac{7500}{1200} = 6.25 > 4.4\right)$

$$e_0 = \frac{M_d}{N_d} = 206 \text{ mm};\text{取 } r_s = 0.9r = 0.9 \times 600 = 540(\text{mm})$$

则 $h_0 = r + r_s = 1140$ mm。通过计算 $\eta = 1.106, \eta e_0 = 228$ mm。

(2)实用计算

由下式得到:

$$\rho = \frac{f_{cd}}{f'_{sd}} \times \frac{Br - A(\eta e_0)}{C(\eta e_0) - Dgr} = \frac{9.2}{195} \cdot \frac{B \times 600 - A \times 228}{C \times 228 - D \times 540} = \frac{5520B - 2097.6A}{44460C - 105300D}$$

由下式得到:

$$N_u = f_{cd}Ar^2 + f'_{sd}C\rho r^2 = 9.2 \times A \times 600^2 + 195 \times C\rho \times 600^2$$
$$= 3312000A + 70200000C\rho$$

以下采用试算法列表如下,各系数查表:

ξ	A	B	C	D	ρ	N_{du}	$\gamma_0 N_d$	$\gamma_0 N_{du}/N_d$
0.71	1.842	0.6483	1.1876	1.4045	0.003	6351×10^3	6450×10^3	0.98
0.73	1.9052	0.6386	1.2987	1.3358	0.00568	6828×10^3	6450×10^3	1.06
0.72	1.8736	0.6437	1.244	1.3697	0.0042	6575×10^3	6450×10^3	1.019

由计算表可见,当 $\xi = 0.72$ 时,计算纵向力与设计值相近。

这时 $\rho = 0.0042$。

(3)求钢筋数量

由于 $\rho = 0.0042$ 小于规定的最小配筋率 0.005,故取 $\rho = 0.005$。

$A_s = \rho\pi r^2 = 5652$ mm²,现选用 20 ϕ 20,$A_s = 6282$ mm²,$a_s = 45$ mm。

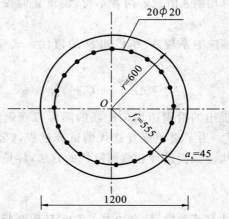

图 3-2-18　钢筋布置图(尺寸单位:mm)

【**例 3 - 6**】　钢筋混凝土柱式桥墩,柱直径为 1.2 m,柱控制截面上的轴向力计算值 $N_d=$ 6450 kN,弯矩组合设计值 $M_d=1330.6$ kN·m,柱高 7.5 m,两端铰支,采用 C20 混凝土, R235 钢筋,Ⅰ 类环境,安全等级为二级,配筋如图 3-2-18 所示。试进行承载力校核。

【**解题过程**】

(1) $a_s=45$ mm,则 $r_s=555$ mm,$g=0.925$;$\eta e_0=228$ mm。

(2) 在垂直于弯矩作用的平面内

$\dfrac{l_0}{d}=6.25<7,\varphi=1$。而 $\dfrac{A'_s}{A}=0.55\%<3\%$,

$$N_u=0.9\times\varphi\times(f_{cd}A+f'_{sd}A'_s)$$

$$=0.9\times1\times\left(9.2\times\frac{\pi\times600^2}{4}+195\times6282\right)$$

$$=10462.2(kN)>\gamma_0 N_d=6450\ kN$$

(3) 弯矩作用的平面内

由下式得到:

$$(\eta e_0)=\frac{Bf_{cd}+D\rho gf'_{sd}}{Af_{cd}+C\rho f'_{sd}}r=\frac{B\times9.2+D\times0.0055\times0.925\times195}{A\times9.2+C\times0.0055\times195}\times600$$

$$=\frac{5520B+959.24D}{9.2A+1.073C}$$

以下采用试算法列表如下,各系数查表:

ξ	A	B	C	D	(ηe_0)	ηe_0	$(\eta e_0)/\eta e_0$
0.75	1.9681	0.6271	1.4030	1.2706	215	228	0.943
0.73	1.9502	0.6386	1.2987	1.3358	228.3	228	1.001

由计算表可见,当 $\xi=0.73$ 时,计算偏心距与设计值相近。

由下式得到:

$$N_u=f_{cd}Ar^2+f_{sd}C\rho r^2=9.2\times1.9052\times600^2+195\times1.2987\times0.0055\times600^2$$

$$=6811.45(kN)>\gamma_0 N_d=6450\ kN$$

所以承载力是满足要求的。

【**学习实践**】

1. 圆形截面偏心受压构件正截面承载力计算的基本假定是什么?

2. 已知钻孔灌注桩直径 $d=1.2$ m,计算长度 $l_0=8$ m,承受计算纵向力 $N_d=4360$ kN, 计算弯矩 $M_d=1665.5$ kN·m,采用 C25 混凝土和 HRB335 钢筋,$a_s=60$ mm Ⅰ 类环境,安全等级为二级。求所需纵向钢筋的截面面积并校核。

3.已知圆形截面偏心受压构件直径 $d=400$ mm,计算长度 $l_0=8.8$ m,承受计算纵向力 $N_d=969$ kN,计算弯矩 $M_d=310$ kN·m,采用 C20 混凝土和 HRB335 钢筋,Ⅰ类环境,安全等级二级。用查表法求所需纵向钢筋的截面面积并校核。

【实践过程】

【学习心得】

通过本任务的学习,我的体会有

预应力混凝土受弯构件

任务 4 - 1　预应力混凝土受弯构件的构造

【学习目标】

通过本任务的学习之后,学生能够:

1. 了解预应力混凝土结构的基本概念、工作原理、特点及适用范围等基本知识。
2. 重点掌握先张法和后张法的区别及特点。
3. 熟悉预加应力常用的设备及材料的特点。
4. 熟悉预应力钢筋张拉的基本工艺。

【学习内容】

4 - 1 - 1　预应力混凝土结构的基本概念

普通钢筋混凝土结构由于在使用上具有许多优点,目前是桥梁结构广泛使用的结构形式之一。但它也有很多的弱点,主要是混凝土的抗拉强度过低,极限拉应变很小,在正常使用荷载作用下,混凝土构件很容易开裂,裂缝的存在,不仅使构件刚度下降,而且不能应用于不允许开裂的结构中。同时,在普通钢筋混凝土结构中,采用材料强度等级不高(混凝土强度等级不超过 C35,钢筋强度等级不超过 HRB400),无法充分利用高强材料的强度。这样,当荷载增加时,就只有靠增加钢筋混凝土构件的截面尺寸,或者靠增加钢筋用量的方法来控制裂缝和变形。这样做既不经济,效果也不明显。特别对于桥梁结构,随着跨度的增大,结构自重的比例也大大增加,使钢筋混凝土结构的使用范围受到很大的限制。要使钢筋混凝土结构得到进一步的发展,就必须克服混凝土抗拉强度低的这一缺点。工程实践证明,在由高强钢筋和高强混凝土组成的钢筋混凝土结构中施加预应力是解决这一问题的良好方法。

一、预应力混凝土结构的基本原理

所谓预应力混凝土,就是事先人为地在混凝土或钢筋混凝土中引入内部应力,且其大小和分布恰好能将使用荷载产生的应力抵消到一个合适程度的混凝土。例如,混凝土构件受力前,在其使用时的受拉区内预先施加压力,使之产生预压应力,造成人为的压应力状态。当构件在荷载作用下产生拉应力时,首先要抵消混凝土构件内的预压应力,然后随着

荷载的增加,混凝土构件受拉并随荷载继续增加才出现裂缝,因此可推迟裂缝的出现,减小裂缝的宽度,满足使用要求。这种在构件受荷前预先对混凝土受拉区施加压应力的结构称为"预应力混凝土结构"。

预应力混凝土的构思出现在 19 世纪末,1886 年就有人申请了用张拉钢筋对混凝土施加预压力防止混凝土开裂的专利。但那时材料的强度很低,混凝土的徐变性能尚未被人们充分认识,通过张拉钢筋对混凝土构件施加预压力不久,由于混凝土的收缩、徐变,使已建立的混凝土预压应力几乎完全消失,致使这一新颖的构思未能实现。直到 1928 年,法国的 E. Freyssinet 首先用高强度钢丝及高强混凝土成功地设计建造了一座水压机,以后在 20 世纪 30 年代,高强钢材能够大量生产时,预应力混凝土才真正为人们所应用。

下面通过一个例子,进一步说明预加应力混凝土结构工作的原理。

图 4-1-1 为一根由 C25 混凝土制作的纯混凝土梁,标准跨径 $L=400$ cm,截面尺寸为 20 cm×30 cm,截面模量 $W=\dfrac{20\times30^2}{6}=3000(\text{cm}^3)$,在 $q=15$ kN/m 的均布荷载作用下的跨中弯矩为 $M=\dfrac{ql^2}{8}=\dfrac{15\times4^2}{8}=30(\text{kN}\cdot\text{m})$。跨中截面产生最大的应力为

$$\sigma_{\text{q}}=\pm\frac{M}{W}=\pm\frac{30\times10^6}{3000\times10^3}=\frac{+10}{-10}(\text{MPa})$$

对于 C25 混凝土来说,抗压设计强度 $f_{\text{cd}}=11.5$ MPa,而抗拉设计强度 $f_{\text{td}}=1.23$ MPa,所以,C25 混凝土承受 10 MPa 的压应力是没有问题的,但若承担 10 MPa 的拉应力,则是根本不可能的。实际上,这样一根纯混凝土梁早已断裂,是无法承担 $q=15$ kN/m 的均布荷载的。

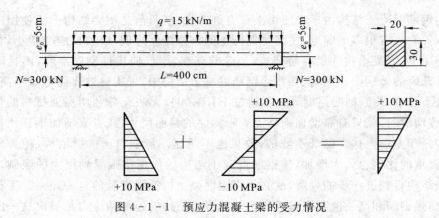

图 4-1-1　预应力混凝土梁的受力情况

如果在梁端加一对偏心距 $e_0=5$ cm,纵向力 $N=300$ kN 的预加力,在这个预加力作用下,梁跨中截面上下边缘混凝土所受到的受到的预应力为

$$\sigma_{\text{N}}=\frac{N}{A}\mp\frac{Ne_0}{W}=\frac{300\times10^3}{20\times30\times10^2}\mp\frac{300\times10^3\times50}{3000\times10^3}=\frac{0}{+10}(\text{MPa})$$

这样,在梁的下缘预先储备了 10 MPa 的压应力,用以抵抗外荷载作用的拉应力,使在外荷载和预加纵向力的共同作用下截面上下边缘应力为

$$\sigma = \frac{N}{A} \mp \frac{N \times e_0}{W} \pm \frac{M}{W} = \frac{0}{+10} \pm \frac{+10}{-10} = \frac{+10}{0} (\text{MPa})$$

显然,这样的梁承受 $q = 15 \text{ kN/m}$ 的均布荷载是没问题的,而且整个截面始终处于受压工作状态。从理论上讲,没有拉应力,也就不会出现裂缝。

其实上述基本原理在日常生活中都有应用。例如,用铁箍箍紧木桶,木桶盛水而不漏;建筑工地用砖夹装卸砖块,被夹的一叠水平砖块不会掉落;自行车拧紧的辐条,保证钢圈受压不变形等,这些都是运用了预应力原理的浅显事例。随着土木工程中混凝土强度等级的不断提高,高强钢筋的进一步使用,预应力混凝土目前已广泛应用于大跨度建筑结构、公路路面及桥梁、铁路、海洋、水利、机场、核电站等工程之中。例如,广州市九运会的体育场馆、日新月异的众多公路大桥、核电站的反应堆保护壳、上海市的东方明珠电视塔、遍及沿海地区高层建筑、大跨建筑以及量大面广的工业建筑的吊车梁、屋面梁等都采用了现代预应力混凝土技术。

二、预应力混凝土结构的特点

图 4-1-2 为两根具有相同材料等级、跨度、截面尺寸和配筋量的梁的荷载-挠度曲线对比图。其中一根已施加预应力,另一根为普通钢筋混凝土梁。由图中实验曲线可以看出,预应力梁的开裂荷载大于钢筋混凝土梁的开裂荷载。同时,在使用荷载 P 的作用下,前者并未开裂,且前者的挠度小于后者的挠度。

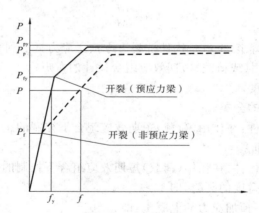

图 4-1-2 梁的荷载(P)-挠度(f)曲线对比图

由此可见,预应力混凝土结构除具有普通钢筋混凝土结构的特点外,还具有以下主要特点:

1.预应力的施加能提高构件的抗裂度和刚度。对构件施加预应力,大大推迟了裂缝的出现,在使用荷载作用下,构件可不出现裂缝,或使裂缝推迟出现,因而也提高了构件的刚度,增加了结构的耐久性。

2.可以节省材料,减少自重。预应力混凝土由于必须采用高强度材料,因而可以减少钢筋用量和减少构件截面尺寸,使自重减轻,从而有可能利于预应力混凝土构件建造大跨度承重结构。

3.预应力的施加还可以减少梁的竖向剪力和主拉应力。预应力混凝土梁的曲线钢筋

（束），可使梁中支座附近的竖向剪力减少。

4.结构质量安全可靠。施加预应力时，钢筋（束）与混凝土都同时经受了一次强度检验，如果在张拉钢筋时构件质量表现良好，那么，在使用时也可以认为是安全可靠的。因此，有人称预应力混凝土结构是"预先经过检验的结构"。

5.预应力可作为结构件连接的手段，从而促进桥梁结构新体系与施工方法的发展。

此外，预应力还可以提高结构的耐疲劳性能。

预应力混凝土也存在着一些缺点：

1.如工艺较复杂，对质量要求高，因而需要配备一支技术较熟练的专业施工队伍。

2.制造预应力混凝土构件需要较多的张拉设备及具有一定加工精度要求的锚具。

3.预应力反拱不易控制。

4.预应力混凝土结构的开工费用较大，对于跨径小、构件数量少的工程，成本较高。

三、预应力混凝土结构的分类

根据国内工程习惯，将加筋混凝土结构按其预应力度分成全预应力混凝土、部分预应力混凝土和钢筋混凝土等三种结构。

1.预应力度的定义

《公桥规》将预应力度（λ）定义为预应力大小确定的消压弯矩 M_0 与外荷载产生的弯矩 M_s 的比值，即

$$\lambda = \frac{M_0}{M_s} \qquad\qquad (4-1-1)$$

式中：M_0——消压弯矩，也就是构件抗裂边缘预压应力抵消到零时的弯矩；

M_s——按作用（或荷载）短期效应组合设计的弯矩；

λ——预应力度。

2.加筋混凝土结构的分类

全预应力混凝土构件：在作用（荷载）短期效应组合下控制的正截面受拉边缘不允许出现拉应力（不得消压），即 $\lambda \geq 1$。

部分预应力混凝土构件：在作用（荷载）短期效应组合下控制的正截面受拉边缘出现拉应力或出现不超过规定宽度的裂缝，即 $1 > \lambda > 0$。

钢筋混凝土构件：不预加应力的混凝土，即 $\lambda = 0$。

为了设计的方便，《公桥规》按照使用荷载作用下构件正截面混凝土的应力状态，又将部分预应力混凝土构件分为以下两类：

A 类：当对控制截面受拉边缘的拉应力加以限制时，为 A 类部分预应力混凝土构件；

B 类：当对控制截面受拉边缘的拉应力超过限值或出现不超过宽度限制的裂缝时，为 B 类构件。

4-1-2 预加力的方法与设备

一、预加力的方法

目前，对混凝土施加预应力，一般是通过张拉钢筋（称为预应力钢筋），利用钢筋的回弹

来挤压混凝土,使混凝土受到压应力。根据张拉钢筋与混凝土浇筑的先后次序,可分为先张法和后张法。

1. 先张法

先张法是指首先在台座上或钢模内张拉钢筋,然后浇注混凝土的一种方法。其主要工序是:①将预应力钢筋一端通过夹(锚)具临时固定在台座的钢梁上,另一端则通过张拉夹具,测力器与张拉机械相连。当张拉机械将预应力钢筋张拉到规定的应力(控制应力)和应变后,用张拉端夹具将预应力钢筋锚固在钢梁上,再卸去张拉机具,如图 4-1-3(a)、(b)所示。②支模,绑扎非预应力钢筋(如局部加强锚固区的非预应力钢筋,抗剪需要的非预应力钢筋等),浇筑混凝土,并进行养护,如图 4-1-3(c)所示。③待混凝土达到一定强度(一般不低于达到强度设计值的 75% 以上)后,切断或放松预应力钢筋,让预应力钢筋的回缩力,通过预应力钢筋与混凝土间的黏结作用,传递给混凝土,使混凝土获得预压应力。如图 4-1-3(d)所示。先张法的特点:生产工序少,工艺简单,施工质量容易保证。在构件上不需设永久性锚具,生产成本较低,台座愈长,一次生产的构件数量也愈多。先张法适合工厂生产中、小型预应力构件。

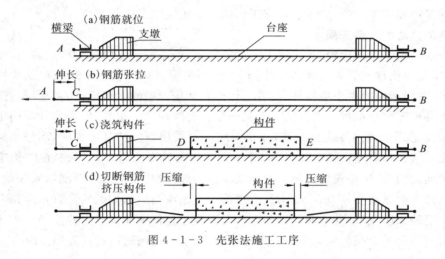

图 4-1-3　先张法施工工序

2. 后张法

后张法是指先浇筑混凝土构件,然后直接在构件上张拉预应力钢筋的一种施工方式。主要工序是:①浇筑混凝土构件,并预先在构件中留出供穿预应力钢筋的孔道如图 4-1-4(a)所示;②当构件混凝土达到规定强度(强度设计值的 75% 以上)后,将预应力钢筋穿入孔道,并在锚固端用锚具将预应力钢筋锚固在构件的端部,然后在构件另一端用张拉机具张拉预应力钢筋,在张拉的同时,钢筋对构件施加预应力如图 4-1-4(b)所示;③当预应力钢筋达到规定的控制值时,将张拉端的预应力钢筋用锚具锚固在构件上,并拆除张拉机具;④最后用高压泵将水泥浆灌入构件孔道中,使预应力钢筋与构件形成整体。后张法的特点:不需要台座,构件可在工厂预制,也可在现场施工,所以应用比较灵活,但对构件施加预应力需逐个进行,操作较麻烦。此外,锚具用钢量较多,又不能重复使用,因而成本较高,后张法适用于运输不方便的大型预应力混凝土构件。

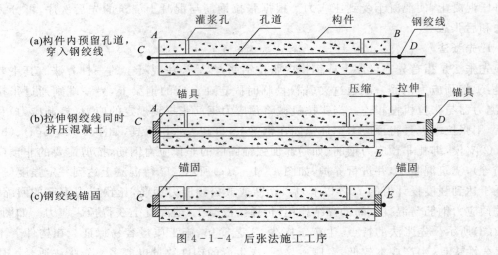

(a)构件内预留孔道，穿入钢绞线

灌浆孔　孔道　构件　钢绞线

(b)拉伸钢绞线同时挤压混凝土

锚具　压缩　拉伸　锚具

(c)钢绞线锚固

锚固　锚固

图 4-1-4　后张法施工工序

由以上可知，施工工艺不同构件中建立预应力的方式也不同。先张法则是依靠黏结力来传递并保持预加应力的；后张法是靠工作锚具来传递和保持预加应力的。

3. 两种方法的适用范围

先张法与后张法相比较：先张法工艺比较简单，但需要台座(或钢模)设施；后张法工艺较复杂，需要对构件安装永久性的工作锚具，但不需要台座。前者适用于在预制构件厂批量制造的、方便运输的中小型构件；后者适用于在现场成型的大型构件，在现场分阶段张拉的大型构件以至整个结构。先张法通常只适用于直线预应力钢筋；后张法既适用于直线预应力钢筋又适用于曲线预应力钢筋，故桥梁结构中采用较多的是后张法，部分小跨径板桥也采用先张法。在有的结构中，可同时采用先张法和后张法施工。例如，在结构中采用很多尺寸相同的构件，则用先张法对它们分批制造是经济的；当构件运至现场安装就位后，采用后张法将它们联成整体，形成结构是合理的。先张法与后张法虽然是以在浇筑混凝土的前后张拉钢筋来区分，但其本质差别却在于对混凝土构件施加预应力的途径。先张法是通过预应力筋与混凝土间的黏结作用来施加预应力；后张法则通过锚具施加预应力。

二、锚具

1. 对锚具的要求

锚具是预应力混凝土结构或构件中锚固预应力钢筋的工具，是保证预应力混凝土施工安全、结构可靠的关键设备。因此，在设计、制造或选择锚具时应注意满足下列要求：

(1)安全可靠，具有足够的强度和刚度；

(2)预应力损失小，预应力筋在锚具内尽可能不产生滑动；

(3)构造简单、紧凑，制作方便，用钢量少；

(4)张拉锚固方便迅速，设备简单。

2. 锚具的分类

(1)依靠摩阻力锚固的锚具。如楔形锚、锥形锚和用于锚固钢绞线的 JM 锚与夹片式锚等锚具。

（2）依靠承压锚固的锚具。如镦头锚、钢筋螺纹锚等锚具。

（3）依靠黏结力锚固的锚具。如先张法的预应力钢筋的锚固，以及后张法固定端的钢绞线压花锚具等锚具。

不同的锚具需配套采用不同形式的张拉千斤顶及液压设备，并有特定的张拉工序和细节要求，所以，在设计施工时，应同时考虑锚具与张拉设备的选择。

3. 目前桥梁中常用的几种锚具

（1）螺丝端杆锚具

螺丝端杆锚具是指在单根预应力粗钢筋的两端各焊上一根短的螺丝端杆，并套一螺帽及垫板，如图 4-1-5 所示。预应力螺杆通过螺纹将力传给螺帽，螺帽再通过垫板将力传给混凝土。该锚具适用于较短的预应力构件及直线预应力束。常用于梁的横（竖）向预力钢筋。优点是操作简单、受力可靠、滑移量小。缺点是预应力束下料长度的精度要求高，且只能锚固单根钢筋。

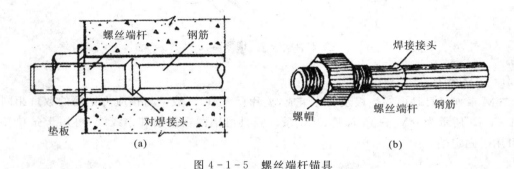

图 4-1-5　螺丝端杆锚具

（2）镦头锚具

钢筋束镦头锚具是利用钢丝的粗镦头来锚固预应力钢筋的，如图 4-1-6 所示。适用

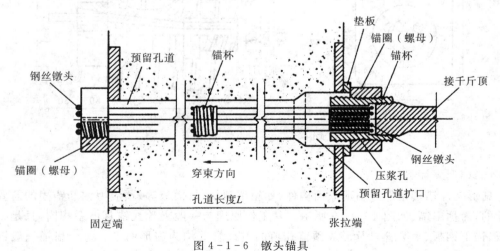

图 4-1-6　镦头锚具

于单跨结构及直线型构件。其特点是加工简单、张拉方便、锚固可靠、成本低廉。但张拉端

一般要扩孔,施工麻烦且对钢丝的下料长度要求严格。

(3)锥形锚具

锥形锚具又称弗氏锚,是由锚环及锚塞组成,如图4-1-7所示。主要用于锚固平行钢丝束。该种锚具既可用于张拉端,也可用于固定端。锥形锚具的缺点是滑移量大,每根钢丝的应力有差异,预应力锚固损失较大。

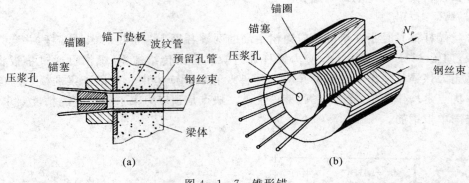

图4-1-7 锥形锚

(4)YM锚具

YM系列锚具是由锚垫板及夹片组成,夹片呈楔形,其数量与预应力钢筋的数量相同,图4-1-8所示为YM—15锚具,YM系列锚具可锚固粗钢筋和钢绞线,可用于张拉端,也可用于固定端。

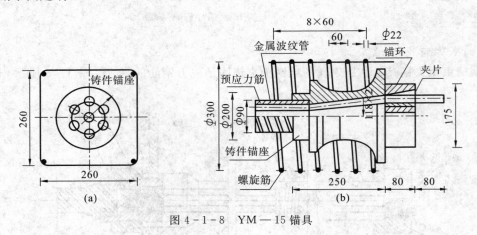

图4-1-8 YM—15锚具

(5)扁形夹片锚具

扁形夹片锚具是适应扁薄截面构件(如箱梁顶板、桥面板等)预应力钢筋锚固的需要而设计的,简称扁锚,如图4-1-9所示。其工作原理与一般夹片式锚具体系相同,只是工作锚板、锚下钢板、喇叭管以及形成预留孔道的波纹管等均为扁形而已。每个扁锚一般锚固2~5根钢绞线,采用单根逐一张拉,施工方便。其一般符号为BM锚。

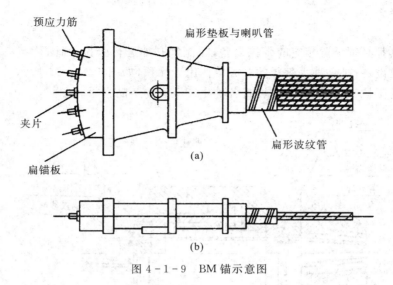

图 4-1-9 BM 锚示意图

此外,还有 QM、OVM、XM、VSL 等群锚锚具,具有锚固可靠,群锚能力强,可用于大型预应力混凝土结构。

(6)连接器

连接器用于预应力钢筋的接长。根据连接的方式不同,目前主要有两种形式:锚头连接器和接长连接器,如图 4-1-10 所示。钢绞线束 N_1 锚固后,用以连接钢绞线束 N_2 的设备,叫锚头连机器;当两段未张拉的钢绞线束 N_1、N_2 需直接接长时,则采用接长设备称为接长连接器。

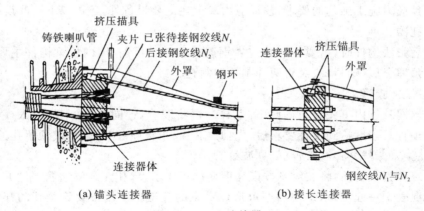

(a)锚头连接器   (b)接长连接器

图 4-1-10 连接器

应当特别指出,为保证施工与结构的安全,锚具必须按规定的程序(《预应力筋用锚具、夹具和连接器(GB/T 14370—2007)》)进行验收,验收合格者方可使用。工作锚具使用之前,必须逐件擦洗干净,表面不得残留铁屑、泥沙、油垢及各种减摩剂,防止锚具回松和降低锚具的锚固效率。

三、千斤顶

各种锚具都必须配置相应的张拉设备,才能顺利地进行张拉、锚固。与夹片式锚具配套使用的张拉设备,是一种大直径的穿心单作用千斤顶,如图 4-1-11 所示。其他各种锚具都有各自的张拉千斤顶,需要时可查各种生产厂家的产品目录。

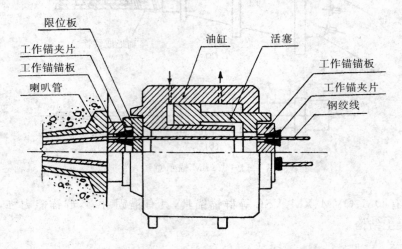

图 4-1-11　夹片式锚具张拉千斤顶安装示意图

四、预加应力的其他设备

根据预应力施工工艺的要求,预加应力除上述主要设备外,还需以下一些设备。

1. 制孔器

预制后张法构件时,需要预留预应力钢筋的孔道。目前,国内桥梁构件主要采用抽拔橡胶管与预埋金属(塑料)波纹管两种制孔器制孔。

(1)抽拔橡胶管

在钢丝网胶管内事先穿入钢筋(称芯棒),再将胶管(连同芯棒一起)放入模板内,待浇筑完混凝土且其强度达到设计要求后,先抽出芯棒,再拔除胶管,则形成预留孔道。

(2)螺旋金属(塑料)波纹管(简称波纹管)

在浇筑混凝之前,将波纹管按设计束筋位置要求,绑扎在定位钢筋(呈"井"字形)上,再与梁板混凝土一起浇筑,结硬后即可形成穿束的孔道。使用波纹管制孔的穿束方法,有先穿法和后穿法两种。先穿法即在浇筑混凝土之前将束筋穿入波纹管中,连同其他钢筋帮扎就位后再浇筑混凝土;后穿法即是浇筑混凝土后形成孔道在穿钢筋。

金属波纹管,是用薄钢带经卷管机压波后卷成。其质量轻、纵向弯曲性能好径向刚度较大、连接方便、与混凝土黏结性能好、与束筋的摩阻系数小(摩擦系数为 0.2~0.25),是后张法预应力混凝土构件一种较理想的制孔器。

塑料波纹管,预应力塑料波纹管的原材料是 HDPE。拥有密封性好、无渗水漏浆、环刚度高、摩阻系数小(摩擦系数仅有 0.14)、耐老化、抗电侵蚀、柔韧性好、不易被振捣棒凿破,新式的连接方式使施工连接更方便,更适用于真空压浆。

2. 穿索机

在桥梁悬臂施工和尺寸较大的构件预制时,一般都采用后穿法穿束。对于大跨径桥梁有的钢束很长,人工穿束十分困难,故采用穿索(束)机。

穿索(束)机有两种方式:一是液压式,二是电动式,桥梁中多使用前者。它一般采用单根钢绞线穿入,穿束时应在钢绞线前端套一子弹帽,以便于穿束。

3. 水泥浆及压浆机

(1)水泥浆

在后张法预应力混凝土构件中,束筋张拉锚固后必须给预留孔道压注水泥浆,以免钢筋锈蚀,并使钢筋束与混凝土结合为一整体。为保证孔道内水泥浆密实,应严格控制水灰比,一般以 0.4~0.45 为宜。如加入适量的减水剂(如加入占水泥质量 0.25% 的木质素磺酸钙等),则水灰比可降至 0.35%。所用水泥不应低于 42.5 级,水泥浆的强度不应低于构件混凝土强度等级的 80%,且不低于 30 MPa。

(2)压浆机

是孔道灌注水泥浆的主要设备,它主要由灰浆搅拌桶、贮浆桶和压送灰浆的灰浆泵以及供水系统组成。压浆机的最大工作压力可达到 1.50 MPa(15 个大气压),可压送的最大水平距离 150 m,最大竖直距离高度为 40 m。

4. 张拉台作

采用先张法生产预应力混凝土构件时,须设置用作张拉和临时锚同束筋的张拉台作。因台作需要承受张拉束筋的巨大回缩力,设计时应保证它具有足够的强度、刚度和稳定性。批量生产时,有条件的应尽量设计成长线式台座,以提高生产效率。张拉台作的台面,即预制构件的底模,有的构件厂已采用了预应力混凝土滑动台面,可防上止在使用过程中台面开裂,同时也提高产品的质量。

4-1-3 预应力混凝土结构的材料

预应力混凝土结构应尽量采用高强材料,这是与普通钢筋混凝土结构的不同特点之一。

一、钢材

1. 对预应力钢筋性能的要求

与普通混凝土构件不同,钢筋在预应力构件中,从构件制作开始,到构件破坏为止,始终处于高应力状态,故对钢筋有较高的质量要求。归纳起来,有下列几方面:

(1)强度要高。在混凝土中建立的预应力取决于预应力钢筋张拉应力的大小。张拉应力愈大,构件的抗裂性能就愈好。但为了防止张拉钢筋时所建立的应力因预应力损失而丧失殆尽,对预应力钢材要求有很高的强度。

(2)与混凝土间有足够的黏结强度。在先张法中预应力钢筋与混凝土之间必须有较高的黏着自锚强度,以防止钢筋在混凝土中滑移。

(3)良好的加工性能。所谓良好的加工性能是指焊接性能良好及采用镦头锚具时钢筋头部经过镦粗后不影响原有的力学性能。

(4)足够的塑性。为了避免构件发生脆性破坏,要求预应力筋在拉断时具有一定的延伸率,当构件处于低温环境和冲击荷载条件下,此点更为重要。一般说来,要求极限延伸率 >4%。

(5)应力松弛要低。

2. 预应力钢筋的种类

目前,《公桥规》推荐使用的预应力钢筋高强钢丝、精轧螺纹钢筋和钢绞线。

(1)高强钢丝

在预应力混凝土结构中,常用的高强钢丝有碳素钢丝和刻痕钢丝。我国生产的高强钢丝有直径为 2.5 mm、3.0 mm、4.0 mm 和 5.0 mm 四种,直径愈细,强度愈高。在桥梁结构中,高强钢丝被广泛使用。

(2)精轧螺纹钢筋

冷拉低碳钢丝是由 I 级钢筋经多次冷拔后得到的钢丝。钢筋来源广泛,加工工艺简单,但由于冷拔低碳钢丝性能不稳定,分散性大,所以仅用于次要结构、中小型预应力混凝土构件中的横、竖向预应力钢筋。

(3)钢绞线

钢绞线是把多根平行的高强钢丝围绕一根中心芯线用绞捻成束而形成。钢绞线是用 2 股、3 股或 7 股高强钢丝扭结而成的一种高强预应力钢筋,其中以 7 股钢绞线应用最多。7 股钢绞线的公称直径为 9.5~15.2 mm,强度可高达 1860 MPa。

预应力钢筋抗拉强度标准值见表 4-1-1,抗拉、抗压强度设计值见表 4-1-2。

表 4-1-1 预应力钢筋抗拉强度标准值(MPa)

钢筋种类			符号	f_{pk}
钢绞线	1×2(二股)	$d=8.0$、10.0	ϕ^S	1470,1570,1720,1860
		$d=12.0$		1470,1570,1720
	1×3(三股)	$d=8.6$、10.8		1470,1570,1720,1860
		$d=12.9$		1470,1570,1720
	1×3(七股)	$d=9.5$、11.1、12.7		1860
		$d=15.2$		1720,1860
消除应力钢丝	光面	$d=4$、5	ϕ^P	1470,1570,1670,1770
		$d=6$		1570,1670
	螺旋肋	$d=7$、8、9	ϕ^H	1470,1570
	刻痕	$d=5$、7	ϕ^I	1470,1570
精轧螺纹钢筋		$d=40$	JL	540
		$d=18$、25、32		540,785,930

注:表中 d 系指国家标准中的钢绞线、钢丝和精轧螺纹钢筋的公称直径。

钢筋混凝土结构

表 4-1-2　预应力钢筋抗拉、抗压强度设计值(MPa)

钢筋种类	f_{pk}	f_{pd}	f'_{pd}
钢绞线 1×2(二股) 1×3(三股) 1×7(七股)	1470	1000	390
	1570	1070	
	1720	1170	
	1860	1260	
消除应力光面钢丝和 螺旋肋钢丝	1470	1000	410
	1570	1070	
	1670	1140	
	1770	1200	
消除应力刻痕钢丝	1470	1000	410
	1570	1070	
精轧螺纹钢筋	540	450	400
	785	650	
	930	770	

预应力钢筋的弹性模量 E_p 见表 4-1-3。

表 4-1-3　钢筋的弹性模量(MPa)

钢筋种类	E_p
消除应力钢丝、螺旋肋钢丝、刻痕钢丝	2.05×10^5
精轧螺纹钢筋	2.0×10^5
钢绞线	1.95×10^5

二、混凝土

预应力混凝土构件对混凝土的基本要求：

(1)高强度。预应力混凝土必须具有较高的抗压强度,这样才能承受大吨位的预压应力,有效地减少构件的截面尺寸,减轻构件自重,节约材料。对于先张法构件,高强度的混凝土具有较高的黏结强度,可减少端部应力传递长度,故在预应力混凝土构件中,混凝土强度等级不应低于 C40 级。

(2)收缩、徐变小。这样可以减少由于收缩、徐变引起的预应力损失。

(3)快硬、早强。这样可尽早地施加预应力,以提高台座、模具、夹具的周转率,加快施工进度,降低管理费用。

工程实践证明,采用干硬性混凝土,施工中注意水泥品种选择,适当选用早强剂和加强养护是配制高等级和低收缩率混凝土的必要措施。

4-1-4　预应力钢筋张拉工艺的简介

前面已经叙述,混凝土获得强大的预应力,主要依靠张拉预应力钢筋,通过钢筋与混凝土之间的黏结力或锚具施加到混凝土上,因此预应力钢筋的张拉在预应力混凝土结构中至关重要。下面简要介绍预应力钢筋张拉的程序。

一、张拉程序简介

(1)张拉前的准备工作

力筋张拉前必须对千斤顶和油压表进行校检,计算与张拉吨位相应的油压表读数和钢丝伸长量,确定张拉顺序和清孔、穿束等工作,并完成制锚工作。

(2)张拉程序

后张法预制梁,当跨径或长度等于或大于 25 m 时,宜用两端同时张拉的工艺,只有短构件可采用单端张拉,非张拉端用锚具固定。以张拉钢绞线为例:

①施加预应力:应对称进行,使每根钢绞线同时达到初应力;

②张拉程序采用初拉,第一次张拉至设计张拉力的 10% 做标记,然后张拉至 20%,测量其伸长值,记录完毕,拉至 100% 后持荷 2 min,现场测量计算实测伸长值,如实测伸长值误差均不超过理论伸长值 6%,张拉结束;

③$0-10\%\sigma_{con}-20\%\sigma_{con}-100\%\sigma_{con}$—(持荷 2 min)—锚固;

④张拉时应严格校对设计文件中给定的伸长值,如误差超过 6%,找出原因处理后再进行张拉施工;

⑤张拉过程严格填写施工记录;

⑥预应力张拉结束后,孔道应立即压浆,曲线孔道在最高点处设排气孔,压浆顺序先压注下层孔道,后压注上层孔道。

锚具及预应力钢筋不同,张拉程序略有区别,具体可参照有关规程。

二、张拉作业有关计算公式

1. 张拉千斤顶行程选择及伸长值计算公式

张拉千斤顶行程应大于预应力钢材的张拉伸长值,其伸长值公式为

$$\Delta L = \frac{\sigma_{con}}{E_p} \times L \qquad\qquad (4-1-2)$$

式中:ΔL——预应力钢材的张拉伸长值,cm;

σ_{con}——预应力钢材的张拉控制应力,MPa;

E_p——预应力钢材的弹性模量,MPa;

L——预应力钢材张拉时的有效长度,cm。

当张拉设备的行程不足时,可根据夹片的适应性能进行分级重复张拉,张拉时,注意夹片的损坏和力筋断、滑丝,且不可使千斤顶张拉的行程完全伸出,如最大行程为 200 mm 的千斤顶,实际张拉行程不能大于 180 mm。

2. 油压表的选用

油压表上的数据反映拉伸机所承受的拉伸力,适当配备油表才能保证张拉的正常进行,压力表的读数与张拉力的关系如下式:

$$P_u = \frac{N_p}{A_u} \tag{4-1-3}$$

式中:P_u——压力表的读数,MPa;

$\quad N_p$——预应力钢材的张拉力,N;

$\quad A_u$——张拉设备的工作油压面积,mm^2。

选用时,为保证压力表的安全使用,压力表最大量程应为 P_u 的 $1.5\sim2.0$ 倍。精度不应低于 1.5 级。

3. 张拉设备的张拉吨位选择

为保证张拉工作的安全可靠和准确性,所选用张拉设备的张拉吨位应大于所张拉预应力钢材的张拉力,预应力钢材的张拉的计算公式如下:

$$N_p = \frac{1}{1000} nm\sigma_{con} A_p \tag{4-1-4}$$

式中:N_p——预应力钢材的张拉力,kN;

$\quad \sigma_{con}$——预应力钢材的张拉控制应力,MPa;

$\quad A_p$——每根预应力钢材的截面面积,mm^2;

$\quad n$——同时张拉的预应力钢材根数;

$\quad m$—超张拉系数,不超张拉是为 1.0,超张拉时一般 $1.03\sim1.05$。计算出预应力钢材的张拉力 N_p 后,应根据 N_p 选用张拉设备,并保证张拉设备的张拉力有一定的富余量。

4. 预应力筋伸长值的控制

预应力筋采用应力控制方法张拉时,应以伸长值进行校核,实际伸长值与理论伸长值的差值应符合设计要求,设计无规定时,实际伸长值与理论伸长值的差值应控制在 6% 以内,否则应暂停张拉,待查明原因并采取措施予以调整,方可继续张拉。

预应力筋的理论伸长值 ΔL(mm),可按下式计算:

$$\Delta L = \frac{P_p L}{A_p E_p} \tag{4-1-5}$$

式中:L——预应力筋的长度,mm;

$\quad A_p$——预应力筋的截面面积,mm^2;

$\quad E_p$——预应力筋的弹性模量,MPa;

$\quad P_p$——预应力筋的平均张拉力,N;直线筋取张拉端的拉力,两端张拉的曲线筋另行计算,一般按平均张拉力计,计算方法如下:

$$P_p = \frac{P\left[1 - e^{-(kx+\mu\theta)}\right]}{(kx+\mu\theta)} \tag{4-1-6}$$

式中:P_p——预应力筋的平均张拉力,N;

$\quad P$——预应力筋张拉端的张拉力,N;

x——从张拉端至计算截面的孔道长度,m;

θ——从张拉端至计算截面曲线孔道部分切线的夹角之和,rad;

k——孔道每米局部偏差对摩擦的影响系数,见下表 4-1-4;

μ——预应力筋与孔道壁的摩擦系数,见下表 4-1-4。

注:①当预应力筋为直线时,$P_p = P$;

②对于多处弯曲的预应力束应按每弯起段与直线段分段计算然后叠加。

表 4-1-4　系数 k 及 μ 值表

管道成型方式	k	μ	
		钢丝束、钢绞线	轧螺纹钢筋
预埋金属波纹管	0.0015	0.20~0.25	0.50
预埋塑料波纹管	0.0015	0.14~0.17	—
预埋铁皮管	0.0030	0.35	0.40
预埋钢管	0.0010	0.25	—
抽芯成型	0.0015	0.55	0.60

③预应力筋张拉时,应先调整到初应力 σ_0,该初应力宜为张拉控制应力 σ_{con} 的 10%~15%,伸长值应从初应力时开始量测。力筋的实际伸长值除量测的伸长值外,必须加上初应力以下的推算伸长值。对后张法构建,在张拉过程中产生的弹性压缩值一般可省略。

预应力筋张拉的实际伸长值 ΔL(mm),可按下式计算:

$$\Delta L = \Delta L_1 + \Delta L_2 \qquad (4-1-7)$$

式中:ΔL_1——从初应力至最大张拉应力之间的实测伸长值,mm;

　　　ΔL_2——初应力以下的推算伸长值,mm;可采用相邻级的伸长值。一般采用应力张拉到 20%(或 30%)与 10%(15%)的伸长量的差值。

④在施工中,可能由于锚圈口及孔道摩阻力对张拉力造成损失,而使伸长量与理论伸长量不符,此时可通过测试摩阻损失来确定伸长量及进行超张拉,超张拉值不得超过105%。

5. 张拉时发现以下情况,应立即放松千斤顶,查明原因,采取纠正措施后再恢复张拉

①断丝、滑丝或锚具碎裂;

②混凝土破碎,垫板陷入混凝土;

③有异常声响;

④达到张拉力后,伸长值不足,或张拉力不到,而伸长值超出范围。

三、实例

如图 4-1-12 所示的半跨连续梁,预应力筋采用一束 12 ϕ 15.24 的钢绞线束,张拉控制力 $N_p = 2346.2$ kN,$A_p = 1680$ mm^2,$E_p = 1.95 \times 10^5$ MPa,孔道采用预埋波纹管成型,μ

$=0.175, k=0.0008$。求预压应力筋的理论伸长值 ΔL。

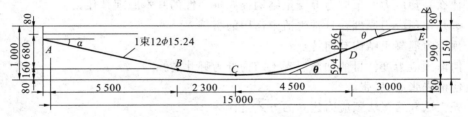

图 4-1-12　连续梁的尺寸与预应力钢筋的布置(尺寸单位:mm)

本题按两端张拉,分别采用精确计算法和简化计算法进行计算。

1. 精确计算

解: 将半跨预应力筋分成四段,采用上述公式分段计算:

$$\alpha = \arctan\left(\frac{68}{550}\right) = 0.123 \text{rad}$$

$$\theta = \arcsin\left(\frac{450}{1734.25}\right) = 0.262 \text{rad}$$

将各段数据列入下表

各段参数

线段	L(m)	θ(rad)	$kL+\mu\theta$	$e^{-(kL+\mu\theta)}$	终点力(kN)
AB	5.5	0	0.0044	0.9957	2336.00
BC	2.3	0.123	0.02334	0.9769	2282.05
CD	4.5	0.262	0.04945	0.9518	2171.95
DE	3.0	0.262	0.04825	0.9529	2069.64

将表中的数据带入下式:

$$\Delta L = \frac{P_p L}{A_p E_p}\left(\frac{1-e^{-(kL+\mu\theta)}}{kL+\mu\theta}\right)$$

分段求得 $\Delta L = 2 \times 0.1055 = 0.211 \text{(m)} = 211 \text{ mm}$。

2. 简化计算

将上述表格中的数据代入下式:

$$\Delta L = \frac{\overline{P_p} L}{A_p E_p}$$

分段求得 $\Delta L = 2 \times 0.10548 = 0.21096 \text{(m)} = 210.96 \text{ mm}$。

通过以上计算可以看出,采用精确计算法与简化计算法所得的结果相比,两者差值非常小,所以简化计算是完全能满足曲线预应力钢筋理论伸长值的计算精度要求。

【学习实践】

1. 普通钢筋混凝土结构最主要的缺陷是什么? 预应力出现的背景是什么? 施加预应

力主要解决混凝土结构中的什么问题？

2. 什么是预应力？预应力混凝土结构提高抗裂性的基本原理是什么？

3. 举几个预应力原理在日常生活中运用的事例。

4. 预应力混凝土结构有何特点？

5. 何谓预应力度？目前加筋混凝土结构分为哪几类？

6. 何谓先张法、后张法？

7. 先张法和后张法预应力建立的方式是什么？

8. 锚具和连接器在预应力结构中起什么作用？

9. 根据锚具锚固钢筋的原理，锚具可分为哪几类？

10. 预应力混凝土结构中对预应力钢筋有何要求？

11. 预应力混凝土结构中对预应力钢筋与混凝土为何都要求强度等级高？

12. 如何控制张拉质量？

13. 简述预应力钢筋张拉控制要点。

14. 预应力钢筋伸长值如何计算？

【学习心得】

通过本任务的学习，我的体会有 _____

_____

_____

_____

_____

_____

_____

_____。

任务 4 - 2 预应力混凝土受弯构件的设计与计算

【学习目标】

通过本任务的学习之后,学生能够:

1. 了解预应力混凝土受弯构件在施工阶段和使用阶段的受力状况,理解张拉控制应力、预应力损失、有效预应力、永存预应力及消压弯矩等基本概念。

2. 重点掌握张拉控制应力、预应力损失和有效预应力的基本概念,掌握减少预应力损失的方法。

3. 掌握预应力钢筋张拉的基本程序及张拉质量控制要点。

4. 了解端部锚固区局部作用机理。

5. 了解预应力混凝土简支梁的设计步骤和主要计算内容。

【学习内容】

4 - 2 - 1 预应力混凝土受弯构件受力阶段分析

预应力混凝土受弯构件,从预加应力开始到承受外荷载,直至最后破坏,可分为三个主要阶段,即施工阶段、使用阶段和破坏阶段。

一、施工阶段

本阶段构件在预应力作用下,全截面参与工作,一般处于弹性工作阶段,可采用材料力学的方法,并根据《公桥规》的要求进行设计计算,计算中注意采用相应阶段的混凝土实际强度和相应的截面特性。该阶段又依构件受力条件不同,可分为预加应力阶段和运输安装阶段等两个阶段。

1. 预加应力阶段

此阶段是指从预加应力开始,至预加应力结束(即传力锚固)为止。它所承受的荷载主要是偏心预压力(即预加应力的合力)N_p;对于简支梁,由于 N_p 的偏心作用,构件将产生向上的反拱,形成以梁两端为支点的简支梁,因此梁的自重恒载 G_1 也在施加预加力的同时一起参加作用。如图 4 - 2 - 1 所示。

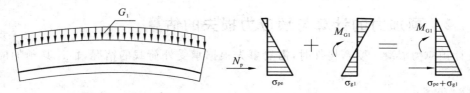

图 4 - 2 - 1 预加应力阶段截面应力分布

本阶段由于各因素影响,预应力筋中的预拉应力将产生部分损失。通常把扣除应力损失的预应力筋中实际存余的应力,称为有效预应力。

2.运输,安装阶段

此阶段混凝土梁所承受的荷载,仍是预应力 N_p 和梁的自身恒载。但由于引起预应力损失的因素相继增多,使 N_p 要比预加应力阶段小;同时梁的自身恒载应根据《公桥规》的规定计入 1.20 或 0.85 的动力系数。

二、使用阶段

这一阶段是指桥梁建成通车后的整个使用阶段。构件除承受偏心预加力 N_p 和梁的自身恒载 G_1 外,还要承受桥面铺装、人行道、栏杆等后加二期恒载 G_2 和车辆、人群等活载。如图 4-2-2 所示。

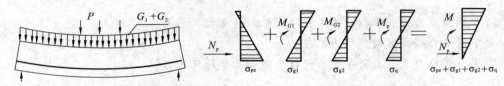

图 4-2-2   使用阶段各种作用下的截面应力分布

本阶段各项预应力损失将相继全部完成,最后在预应力筋中建立相对不变的预拉应力,并将此称为永存预应力。显然,永存预应力要小于施工阶段的有效预应力值。

该阶段又可分为如下几个阶段:

(1)加载至受拉边缘混凝土预应力为零(消压状态);

(2)加载至受拉区裂缝即将出现;

(3)带裂缝工作。

可以看出,在消压状态出现后,预应力混凝土梁的受力状态,就如同普通钢筋混凝土梁一样了。由于预应力混凝土梁的开裂弯矩要比同截面、同样材料的普通钢筋混凝土梁的开裂弯矩大一个消压弯矩,因此,说明预应力混凝土梁可大大推迟裂缝的出现。

三、破坏阶段

受拉区全部钢筋(包括预应力钢筋和非预应力钢筋)首先达到屈服强度,裂缝迅速向上延伸,而后直到受压区边缘混凝土的应变达到混凝土的极限压应变时,受压区出现纵向水平裂缝,随之压碎而破坏。

破坏时,截面的应力状态与钢筋混凝土受弯构件相似,因而计算方法也相同。

4-2-2   预加力的计算与预应力损失的估算

设计预应力混凝土受弯构件时,需要事先根据承受外荷载的情况,估计其预加应力的大小。

一、张拉控制应力

张拉控制应力是指张拉钢筋时,张拉设备(如千斤顶上油压表)所指示出的总张拉力除以预应力钢筋截面面积得出的应力值,以 σ_{con} 表示。

为了充分利用预应力钢筋，σ_{con}应尽可能高一些，这样可对混凝土建立较大的预压应力，以达到节约材料的目的。但如果σ_{con}值过高，会产生下列问题：(1)会增加预应力筋的松弛应力损失；(2)当进行超张拉时，应力超过屈服强度，可能会使个别钢筋产生永久变形或脆断；(3)降低构件的延性。因此σ_{con}值必须加以控制，其大小主要与钢材种类及张拉方法等因素有关。

　　σ_{con}与张拉方法的关系：采用先张法，当放松预应力钢筋使混凝土受到预压力时，钢筋即随着混凝土的弹性压缩而回缩，此时预应力钢筋的预拉应力已小于张拉控制应力。后张法的张拉力由构件承受，它受力后立即因受压而缩短，故仪表指示的张拉控制应力是已扣除混凝土弹性压缩后的钢筋应力。因此，当σ_{con}值相同时，不论受荷前，还是受荷后，后张法构件中钢筋的实际应力值总比先张法构件的实际应力值为高，故后张法的σ_{con}值应适当低于先张法。

　　《公桥规》规定的张拉控制应力限值σ_{con}应符合下列规定：

　　对于钢丝、钢绞线

$$\sigma_{con} \leqslant 0.75 f_{pk} \qquad\qquad (4-2-1)$$

　　对于精轧螺纹钢筋

$$\sigma_{con} \leqslant 0.90 f_{pk} \qquad\qquad (4-2-2)$$

式中：f_{pk}——预应力钢筋的抗拉强度标准值。

　　设计预应力构件时，σ_{con}数值可根据具体情况和施工经验作适当的调整。在下列情况下，可将σ_{con}提高$0.05 f_{pk}$：(1)为了提高构件制作、运输及吊装阶段的抗裂性，而设置在使用阶段受压区的预应力钢筋；(2)为了部分抵消由于应力松弛、摩擦、钢筋分批张拉等因素而产生的预应力损失，对预应力钢筋进行超张拉。

二、钢筋预应力损失的估算

　　由于张拉工艺、材料特性和环境条件等原因的影响，预应力钢筋中的预拉应力会逐渐减小，这种现象称为预应力损失。预应力损失会降低预应力的效果，降低构件的抗裂度和刚度，因此，正确估计和尽可能减少预应力损失是设计预应力构件的重要问题。

　　设计中所需的钢筋预应力值，应是扣除相应阶段的应力损失之后，钢筋中实际存余的预应力(有效预应力σ_{pe})值。如果钢筋初始张拉的预应力(一般称为张拉控制应力)为σ_{con}，相应阶段的损失值为σ_l，则它们与有效预应力σ_{pe}间的关系为

$$\sigma_{pe} = \sigma_{con} - \sigma_l \qquad\qquad (4-2-3)$$

　　对于使用阶段的混凝土构件，钢筋中真正起作用的预应力，是张拉控制应力扣除全部预应力损失后剩余的有效应力，称为"永存应力"。永存应力过大时，会使混凝土产生微裂(在构件受拉区)；过小时将会降低结构的抗裂能力。因此，要在预应力混凝土结构中建立恰当的预应力，首先应尽可能正确地估计预应力损失。

　　一般应计算由下列因素引起的预应力损失。

　　1. 预应力钢筋与管道壁之间的摩擦引起的应力损失(σ_{l1})

　　在后张法中，由于张拉时预应力钢筋与管道壁之间接触而产生摩阻力，产生在钢筋任

意两个截面间的应力差值,这就是这两个截面间由摩擦所引起的预应力损失值。此项摩阻力与作用力的方向相反,因此,钢筋中的实际应力较张拉端拉力计中的读数要小。σ_{11} 可按下式计算

$$\sigma_{11} = \sigma_{con}\left[1 - e^{-(\mu\theta + kx)}\right] \qquad (4-2-4)$$

式中:σ_{con}——张拉钢筋时锚下的控制应力 MPa;

μ——钢筋与管道壁间的摩阻系数,按表 $4-1-1$ 采用;

θ——从张拉端至计算截面曲线管道部分切线的夹角之和(图 $4-2-3$),以弧度计算;

k——管道每米局部偏差对摩擦的影响系数,按表 $4-1-1$ 采用;

x——从张拉端至计算截面曲线管道长度,可近似地以其在构件纵轴上的投影长度代替(图 $4-2-3$),以 m 计。

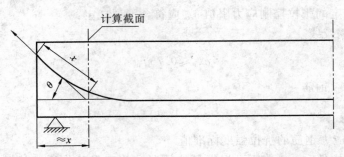

图 $4-2-3$

当采用锥形锚具时,尚应考虑钢丝与锚环口之间的摩擦引起的应力损失。

为了减少摩擦损失,一般可采用下列措施:

(1)采用两端张拉,以减小 θ 值及管道长 x;如图 $4-2-4$ 所示,比较(a)与(b)的最大摩擦损失值可以看出,两端张拉可减少近一半摩擦损失。

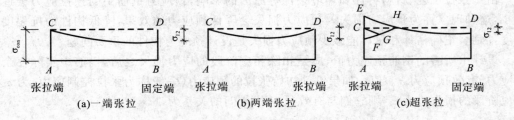

(a)一端张拉　　　　　　(b)两端张拉　　　　　　(c)超张拉

图 $4-2-4$　张拉钢筋时的摩擦损失

(2)采用超张拉工艺,如图 $4-2-4$(c)所示,若张拉工艺为:$0 \rightarrow 1.1\sigma_{con}$;持荷两分钟$\rightarrow 0.85\sigma_{con} \rightarrow \sigma_{con}$。当第一次张拉至 $1.1\sigma_{con}$ 时,预应力钢筋应力沿 EHD 分布;退至 $0.85\sigma_{con}$ 后,由于钢筋与孔道的反向摩擦,预应力将沿 $DHGF$ 分布;当再张拉至 σ_{con} 时,预应力沿 $CGHD$ 分布。显然比图 $4-2-4$(a)所建立的预应力要均匀些,预应力损失也小一些。

应当注意,对于一般夹片式锚具,不宜采用超张拉工艺。

2. 锚具变形、钢筋回缩和拼装构件的接缝压缩引起的应力损失(σ_{l2})

在张拉预应力钢筋达到控制应力 σ_{con} 后，便把预应力钢筋锚固在台座或构件上。由于锚具的变形、垫板与构件之间的缝隙被压紧、以及预应力钢筋在锚具中的滑动等因素，均可造成预应力钢筋回缩而产生预应力损失。σ_{l2} 可按下式计算：

$$\sigma_{l2} = \frac{\sum \Delta l}{l} E_p \qquad (4-2-5)$$

式中：$\sum \Delta l$——锚具变形、钢筋回缩和接缝压缩值之和，mm，可根据试验确定，当无可靠资料时，按表 4-2-1 采用；

l——张拉端至锚固端的距离，mm；

E_p——预应力钢筋的弹性模量，MPa。

表 4-2-1　一个锚具变形、钢筋回缩和一个接缝压密值

锚具、接缝类型		变形值 Δl(mm)
钢丝束的钢制锚具		6
夹片式锚具	有预压时	4
	无预压时	6
带螺帽的锚具螺母缝隙		1
镦头锚具		1
每块后加垫板的缝隙		1
水泥砂浆接缝		1
环氧树脂砂浆接缝		1

该项预应力损失在短跨梁中或在钢筋不长的情况下应予以重视。对于分块拼装构件应尽量减少块数，以减少接缝压缩损失。而锚具变形引起的预应力损失，只需考虑张拉端，这是因为固定端的锚具在张拉钢筋过程中已被挤紧，不会再引起预应力损失。

在用先张法制作预应力混凝土构件时，当将已达到张拉控制应力的预应力钢筋锚固在台座上时，同样会造成这项损失。

减小锚具变形等引起的预应力损失的措施有：

(1)采用超张拉；

(2)注意选用变形值小的锚具，对于短小构件尤为重要。

3. 混凝土加热养护时，预应力钢筋与台座之间的温度差引起的应力损失(σ_{l3})

为了缩短先张法构件的生产周期，浇注混凝土后常采用蒸汽养护的办法加速混凝土的硬化。升温时，混凝土尚未结硬，钢筋受热自由伸长，产生温度变形。但由于两端的台座固定不动，其之间的距离保持不变，引起预应力损失 σ_{l3}。降温时，混凝土已结硬且与钢筋之间产生了黏结作用，又由于二者具有相同的温度膨胀系数，随温度降低而产生相同的收缩，所损失的 σ_{l3} 无法恢复。

设混凝土加热养护时，张拉钢筋与承受拉力的设备之间的温度差为 Δt(℃)，钢筋的线

膨胀系数为 $\alpha = 1 \times 10^{-5}/1 \times 10^{-5}/℃$，$E_p = 2.0 \times 10^{-5}$ MPa 则 σ_{13} 可按下式计算：

$$\sigma_{13} = \alpha \cdot E_p \cdot \Delta t = 2\Delta t \tag{4-2-6}$$

可采用以下措施减少该项损失：

（1）采用两次升温养护。先在常温下养护，待混凝土强度达到一定强度等级时再逐渐升温至规定的养护温度，此时可认为钢筋与混凝土已黏结成整体，能够一起胀缩而不引起应力损失。初次升温一般控制在 20 ℃左右。

（2）如果张拉台座与被养构件是共同受热，则不计该项损失。例如在钢模上张拉预应力钢筋，由于预应力钢筋是固定在钢模上的，升温时两者温度相同，可以不考虑此项损失。

4. 混凝土的弹性压缩引起的应力损失（σ_{14}）

预应力混凝土构件在受到预应力作用后，混凝土即产生弹性压缩变形（急变），从而也使预应力钢筋产生同样的缩短，造成预应力钢筋的预应力损失，即是所谓的弹性压缩损失 σ_{14}。σ_{14} 值的大小与截面钢筋重心处混凝土所受的法向应力大小有关。在后张法预应力混凝土构件施工中，由于张拉设备的限制，钢筋往往需要分批张拉。这样，先批次张拉的钢筋就要受到后批次张拉的钢筋所引起的混凝土弹性压缩而产生应力损失。因此造成的最后结果是第一批张拉者损失最大，以后逐批减少，而最后一批张拉者无弹性压缩所造成的损失。

现假定后批次张拉的单根钢筋在先批次张拉的钢筋重心处产生的混凝土应变为 ε_c，则在先张的钢筋中所造成的因弹性压缩而引起的应力损失为

$$\sigma_{14} = \varepsilon_c \cdot E_p \tag{4-2-7}$$

在先张法预应力混凝土构件中，由于钢筋已与混凝土黏结，故放松钢筋时由于混凝土弹性压缩而引起的应力损失，可按下式计算：

$$\sigma_{14} = \alpha_{EP} \cdot \sigma_{pc} \tag{4-2-8}$$

式中：σ_{pc}——在计算截面钢筋重心处，由全部钢筋预加应力产生的混凝土法向应力，MPa；

α_{EP}——预应力钢筋弹性模量与混凝土弹性模量之比。

在后张法预应力混凝土构件中，由于钢筋分批张拉，则在先张的钢筋中所造成的因弹性压缩而引起的应力损失可按下式计算：

$$\sigma_{14} = \alpha_{EP} \cdot \sum \sigma_{pc} \tag{4-2-9}$$

式中：$\sum \sigma_{pc}$——在计算截面钢筋重心处，由后张拉各批钢筋预加应力产生的混凝土法向应力，MPa；

α_{EP}——预应力钢筋弹性模量与混凝土弹性模量之比。

分批张拉时，由于每批钢筋的应力损失不同，则实际有效预应力不同，则实际有效预应力不等。

补救方法如下：

（1）重复张拉先张拉过的预应力钢筋；

（2）超张拉先张拉的预应力钢筋；

（3）弹性模量大的混凝土。

5. 钢筋松弛引起的应力损失终极值(σ_{l5})

钢筋或钢筋束在一定拉应力下，长度保持不变，则其应力将随时间的增长而逐渐降低，这种现象称为钢筋的应力松弛，亦称徐舒。钢筋的松弛将引起预应力钢筋中的应力损失，这种损失称为钢筋应力松弛损失 σ_{l5}。这种现象是钢筋的一种塑性特征，其值因钢筋的种类而异，并随着应力的增加和荷载持续时间的长久而增加，一般是，在第一小时最大，两天后即可完成大部分，一个月后这种现象基本停止。

由钢筋应力松弛引起的终极值，可按下列公式计算：

（1）对于精轧螺纹钢筋

一次张拉 $\qquad\qquad\qquad\qquad \sigma_{l5}=0.05\sigma_{con}$ $\qquad\qquad\qquad\qquad$（4-2-10）

超张拉 $\qquad\qquad\qquad\qquad \sigma_{l5}=0.035\sigma_{con}$ $\qquad\qquad\qquad\qquad$（4-2-11）

（2）对于钢丝，钢绞线

$$\sigma_{l5}=\psi\xi\left(0.52\frac{\sigma_{pe}}{f_{pk}}-0.26\right)\sigma_{pe} \qquad\qquad （4-2-12）$$

式中：ψ——张拉系数，一次张拉时，$\psi=1.0$；超张拉时，$\psi=0.9$；

$\qquad\xi$——钢筋松弛系数，I级松弛（普通松弛），$\xi=1.0$；II级松弛（低松弛），$\xi=0.3$；

$\qquad\sigma_{pe}$——传力锚固时的钢筋应力，对后张法构件 $\sigma_{pe}=\sigma_{con}-\sigma_{l1}-\sigma_{l2}-\sigma_{l4}$；对先张法构件 $\sigma_{pe}=\sigma_{con}-\sigma_{l2}$。

实践证明，超张拉可减少钢筋应力松弛损失约 $40\%\sim50\%$，在为减少次项损失而进行超张拉时，其张拉程序可参考有关施工规范。

6. 混凝土收缩和徐变引起的预应力钢筋应力损失(σ_{l6})

对于预应力混凝土构件，无论是混凝土收缩还是混凝土徐变，最终都会造成混凝土体积的缩小，加上预应力钢筋是锚固在构件上的（后张法），或与混凝土握裹在一起（先张法），从而钢筋也同样缩短，造成了预应力钢筋的应力损失 σ_{l6}。σ_{l6} 的计算应考虑非预应力钢筋的影响，具体计算参见下列公式：

（1）受拉区预应力钢筋的预应力损失为

$$\sigma_{l6}(t)=\frac{0.9\left[E_p\varepsilon_{cs}(t,t_0)+\alpha_{EP}\sigma_{pc}\phi(t,t_0)\right]}{1+15\rho_{ps}} \qquad\qquad （4-2-13）$$

（2）受压区配置预应力钢筋 A_p' 和非预应力钢筋 A_s' 的构件，由混凝土收缩、徐变引起的受压区预应力钢筋的预应力损失为

$$\sigma_{l6}'(t)=\frac{0.9\left[E_p\varepsilon_{cs}(t,t_0)+\alpha_{EP}\sigma_{pc}'\phi(t,t_0)\right]}{1+15\rho'\rho_{ps}'} \qquad\qquad （4-2-14）$$

公式中相关参数可按《公桥规》查表采用。

以上各项预应力损失的估算值，可以作为一般设计的依据。但由于材料、施工条件等不同，实际的预应力损失值，与按上述方法计算的数值会有所出入。为了确保预应力混凝土结构在施工、使用阶段的安全，除加强施工管理外，还应做好应力损失值的实测工作，用

所测得的实际应力损失值，来调整张拉应力。

除以上六项应力损失外，还应根据具体情况考虑其他因素引起的应力损失，如锚圈口摩阻损失等。

三、钢筋的有效预应力计算

1. 预应力损失的组合

上述六种预应力损失，有些出现在混凝土预压以前，有些出现在混凝土预压以后，有些很快即完成，有些则需要延续很长时间。它还与张拉方式和工作阶段有关，现以损失发生在预应力钢筋传力锚固之前还是之后，把预应力损失分为第一批应力损失和第二批应力损失，其应力损失的组合见表 4-2-2。

表 4-2-2　预应力损失组合表

预应力损失的组合	先张法	后张法
传力锚固时的损失（第一批）σ_{lI}	$\sigma_{l2}+\sigma_{l3}+\sigma_{l4}+0.5\sigma_{l5}$	$\sigma_{l1}+\sigma_{l2}+\sigma_{l4}$
传力锚固后的损失（第二批）σ_{lII}	$0.5\sigma_{l5}+\sigma_{l6}$	$\sigma_{l5}+\sigma_{l6}$

2. 钢束的有效预应力 σ_{pe}

预加应力阶段，预应力钢筋中的有效预应力为

$$\sigma_{peI}=\sigma_{con}-\sigma_{lI} \qquad (4-2-15)$$

使用阶段，预应力钢筋中的有效预应力，即为永存应力为

$$\sigma_{peII}=\sigma_{con}-(\sigma_{lI}+\sigma_{lII}) \qquad (4-2-16)$$

4-2-3　预应力混凝土受弯构件的应力计算

预应力混凝土受弯构件在各个受力阶段均有其不同受力特点，从施加预应力起，构件中的预应力筋和混凝土就开始处于高应力状态下，经受着严重的考验。预应力混凝土梁从张拉钢筋到受荷破坏大致分为四个受力阶段：预加应力阶段、使用荷载作用阶段、裂缝出现阶段和破坏阶段。其中预加应力阶段（包括制造、运输和安装）和使用荷载作用阶段，是属于梁的正常工作阶段。为了保证梁安全、可靠的正常工作，首先应对这两个工作阶段进行应力验算。

预加应力阶段和使用荷载作用阶段，梁的全截面参加工作，材料基本上是处于弹性工作阶段，因而正应力、剪应力及主应力计算均可按普通材料力学公式进行。

构件截面积的采用，对于后张法构件，在钢筋管道内压浆以前为净截面；在建立钢筋与混凝土的黏结力后，在荷载作用下，钢筋和混凝土共同变形，则为换算截面。先张法构件均采用换算截面。施工荷载除有特别规定外均采用标准值，当有组合时不考虑荷载组合系数。

一、短暂状况的正应力计算

1. 预加应力阶段

由于在预加应力作用的同时,梁即向上挠曲,自重随即发生作用,因此,预加应力阶段,预应力混凝土梁将同时承受着预加力(扣除第一批预应力损失)和自重的作用。本阶段最大的特点是预加力最大(预应力损失最小),外荷载最小(仅有梁的自重作用)。对于简支梁来说,其受力最不利截面往往在支点附近。此阶段截面混凝土的法向应力可计算按下列步骤考虑:

①由预加力 N_p 产生的混凝土法向压应力 σ_{pc} 和法向拉应力 σ_{pt}。

对于先张法构件

$$\left. \begin{aligned} \sigma_{pc} &= \frac{N_{p0}}{A_0} + \frac{N_{p0}e_{p0}}{I_0}y_0 \\ \sigma_{pt} &= \frac{N_{p0}}{A_0} - \frac{N_{p0}e_{p0}}{I_0}y_0 \end{aligned} \right\} \tag{4-2-17}$$

对于后张法构件

$$\left. \begin{aligned} \sigma_{pc} &= \frac{N_p}{A_n} + \frac{N_p e_{pn}}{I_n}y_n \\ \sigma_{pt} &= \frac{N_p}{A_n} - \frac{N_p e_{pn}}{I_n}y_n \end{aligned} \right\} \tag{4-2-18}$$

②由构件一期恒载产生的正应力 σ_{G1}。

对于先张法构件

$$\sigma_{G1} = \pm \frac{M_{G1} \cdot y_0}{I_0} \tag{4-2-19}$$

对于后张法构件

$$\sigma_{G1} = \pm \frac{M_{G1} \cdot y_n}{I_n} \tag{4-2-20}$$

③预加应力阶段的总应力。

将①、②阶段的应力分别相加,则可得预加应力阶段截面上、下缘混凝土的正应力 σ'_{ct}、σ'_{cc} 为

先张法构件

$$\left. \begin{aligned} \sigma'_{ct} &= \frac{N_{p0}}{A_0} - \frac{N_{p0}e_{p0}}{W_{0u}} + \frac{M_{G1}}{W_{ou}} \\ \sigma'_{cc} &= \frac{N_{p0}}{A_0} + \frac{N_{p0}e_{p0}}{W_{0b}} - \frac{M_{G1}}{W_{0b}} \end{aligned} \right\} \tag{4-2-21}$$

后张法构件

$$\left.\begin{array}{l} \sigma'_{ct} = \dfrac{N_p}{A_n} - \dfrac{N_p e_{pn}}{W_{nu}} + \dfrac{M_{G1}}{W_{nu}} \\[3mm] \sigma'_{cc} = \dfrac{N_p}{A_n} + \dfrac{N_p e_{pn}}{W_{nb}} - \dfrac{M_{G1}}{W_{nb}} \end{array}\right\} \qquad (4-2-22)$$

公式中相关参数可按《公桥规》查表采用。

2. 运输、吊装阶段的正应力计算

此阶段构件的应力计算方法与预加应力阶段相同。唯应注意的是预加力 N_p 已变小；计算一期恒载作用时产生的弯矩应考虑计算图示的变化，并考虑动力系数。

3. 施工阶段混凝土的应力限值

按上述公式算得的截面边缘混凝土的应力应符合《公桥规》的规定。

二、持久状况的应力计算

1. 正应力计算

在使用荷载作用阶段，除预加力（扣除全部预应力损失）和自重作用外，还有后期恒载（包括桥面系等）和活载的作用。这时，截面混凝土的应力按《公桥规》的规定计算。

2. 剪应力与主应力计算

在预应力混凝土结构中，由于预剪力的作用，一般剪应力不控制设计，通常只对使用荷载作用阶段的主应力进行验算。然而主应力与剪应力密切相关，在主应力验算过程中先需要完成剪应力计算工作。

剪应力和主应力计算，均可按普通材料力学公式进行。截面几何性质的采用，与计算正应力时同样处理。主应力计算应符合《公桥规》的规定。

3. 持久状况的钢筋和混凝土的应力限值

对于全预应力混凝土和 A 类部分预应力混凝土设计的受弯构件，《公桥规》中时持久状况应力计算的限值均有规定。

4－2－4　预应力混凝土受弯构件的承载力计算

预应力混凝土受弯构件持久状况承载力极限状态计算包括正截面承载力计算和斜截面承载力计算，作用效应采用基本组合。

一、正截面承载力计算

试验表明，预应力混凝土受弯构件破坏时，其正截面的应力状态和普通钢筋混凝土受弯构件类似。在适筋构件破坏的情况下，受拉区钢筋当采用有屈服台阶的钢筋时，其极限应力可达抗拉设计强度 f_{pd} 或 f_{sd}；受压钢筋中的非预应力钢筋，极限应力可达抗压设计强度 f'_{sd}，但预应力钢筋 A'_p 应力为 σ'_{pa}，或为拉应力或为压应力，当为压应力时，其值也较小，一般达不到钢筋 A'_p 的抗压设计强度 $f'_{pd} = \varepsilon_c \cdot E'_p = 0.002 E'_p$，这取决于受压钢筋中预应力的大小；受压混凝土也达到抗压设计强度 f_{cd}。实际计算采用简化的极限强度计算方法，混凝土受压区的应力图形以等效矩形应力块来代替实际的曲线应力图形，等效矩形应力块的强度采用混凝土的抗压设计强度 f_{cd}，这样构件截面的承载能力就可用静力平衡条件求得。

下面以矩形截面为例，分析其承载力计算公式。

预应力混凝土矩形截面破坏时，截面应力状态见图4-2-5。正截面承载力计算公式如下：

对受拉区钢筋合力作用点取矩，得：

$$r_0 M_d \leqslant f_{cd} b x \left(h_0 - \frac{x}{2}\right) + f'_{cd} A'_s (h_0 - a'_s) + (f'_{pd} - \sigma'_{p0}) A'_p (h_0 - a'_p) \qquad (4-2-23)$$

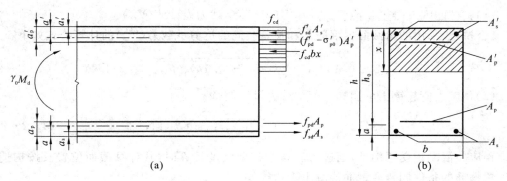

图4-2-5　矩形截面预应力混凝土受弯构件正截面承载力计算图式

此时中性轴位置可按下列公式确定：

由 $\sum x = 0$，得：

$$f_{sd} A_s + f_{pd} A_p = f_{cd} b x + f'_{sd} A'_s + (f'_{pd} - \sigma'_{p0}) A'_p \qquad (4-2-24)$$

与普通钢筋混凝土受弯构件一样，预应力混凝土受压区高度也满足以下的限制条件：

$$x \leqslant \xi_b h_0 \qquad (4-2-25)$$

$$x \geqslant 2a' \qquad (4-2-26)$$

ξ_b 的数值按表4-2-3采用。

表4-2-3　预应力混凝土相对界限受压区高度

钢筋种类	相对界限受压区高度 ξ_b			
	C50 及以下	C50、C60	C65、C70	C75、C80
钢绞线、钢丝	0.40	0.38	0.36	0.35
精轧螺纹钢筋	0.40	0.38	0.36	—

二、斜截面承载力计算

预应力混凝土斜截面承载力计算包括抗剪承载力计算与抗弯承载力计算两个内容。

1. 斜截面抗剪承载力计算

试验表明，预应力混凝土梁较相应的非预应力梁具有大得多的抗剪能力，抗剪强度一般约提高 40% 左右。

矩形、T 形和工字形截面的预应力混凝土受弯构件，其斜截面抗剪强度应按下列公式计算：

$$r_0 V_d \leqslant V_{cs} + V_{pb} \tag{4-2-27}$$

(1)斜截面内混凝土和箍筋共同承担的抗剪承载力设计值(V_{cs})

《公桥规》采用的斜截面内混凝土和箍紧共同的抗剪承载力(V_{cs})的计算公式如下：

$$V_{cs} = \alpha_1 \alpha_2 \alpha_3 0.45 \times 10^{-3} b h_0 \sqrt{(2+0.6p)\sqrt{f_{cu,k}} \rho_{sv} f_{sv}} \text{(kN)} \tag{4-2-28}$$

(2)预应力弯起钢筋承担的抗剪承载力设计值(V_{sb})

$$V_{pb} = 0.75 \times 10^{-3} f_{pd} \sum A_{pb} \sin \theta_p \text{(kN)} \tag{4-2-29}$$

预应力混凝土受弯构件，当进行斜截面抗剪强度计算时，其计算截面位置及按构造要求配置箍筋的条件同普通钢筋混凝土受弯构件。

预应力混凝土受弯构件抗剪承载力的计算，所需满足的公式上、下限值与普通钢筋混凝土受弯构件相同，上述公式中相关参数见《公桥规》的规定。

2. 斜截面抗弯承载力计算

预应力混凝土受弯构件斜截面的抗弯强度计算图式如图 4-2-6 所示。

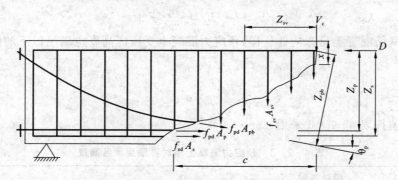

图 4-2-6　预应力混凝土受弯构件斜截面抗弯强度计算图式

预应力混凝土受弯构件斜截面的抗弯强度计算公式可由与斜截面相交的钢筋抗拉能力对受拉区混凝土合力作用点取矩的平衡条件出来，即

$$r_0 M_d \leqslant f_{sd} A_s Z_s + f_{pd} A_p Z_p + \sum f_{pd} A_{pb} Z_{pb} + \sum f_{sv} A_{sv} Z_{sv} \tag{4-2-30}$$

验算斜截面抗弯承载力计算时，最不利斜截面的位置（即受拉区抗弯薄弱处，例如预应力及非预应力纵向钢筋变少处，可自下向上沿斜向几个不同角度的斜截面）按相关公式通过试算确定。

当采用竖向预应力钢筋时，只需将非预应力箍筋的设计强度 f_{sd} 换成竖向预应力钢筋

的设计强度 f_{pd}，其余计算方法相同。

预应力混凝土梁斜截面抗弯承载力的计算比较麻烦，因此也可以同普通钢筋混凝土受弯构件一样，用构造措施来加以保证，具体参照相关内容。

4−2−5　预应力混凝土构件的抗裂性验算

预应力混凝土构件的抗裂性验算都是以构件混凝土拉应力是否超过规定的限值来表示的，属于正常使用极限状态的范畴。《公桥规》规定，对于全预应力混凝土 A 类部分预应力混凝土构件，必须进行正截面抗裂性和斜截面抗裂性验算；对于 B 类部分预应力混凝土构件必须进行斜截面抗裂性验算。

4−2−6　变形计算

预应力受弯构件的挠度由两部分叠加而得：一部分是由外荷载（恒载与活载）产生的下挠度；另一部分是由偏心预加力 N_p 产生的上挠度（又称上拱度）。

一、预加力引起的上挠度

预应力混凝土受弯构件的向上反拱，是由预加力 N_p 的作用引起的。它与外荷载引起的挠度方向相反，故又称反拱度。预应力混凝土简支梁跨中最大的向上挠度，可采用材料力学的方法按下式计算：

$$f_p = \eta_\theta \int_0^1 \frac{M_{pe} \cdot \overline{M_1}}{B_0} \mathrm{d}x \qquad (4-2-31)$$

二、使用荷载作用下的挠度

使用荷载作用下，预应力混凝土受弯构件的挠度，同样可近似地采用材料力学的方法按下式计算：

$$f_s = \frac{\alpha M_s l^2}{0.95 E_c I_0} \qquad (4-2-32)$$

预应力混凝土受弯构件在使用阶段的挠度应考虑长期效应的影响，即按荷载短期效应组合计算的短期挠度值 f_s 乘以挠度长期增长系数 η_θ。

$$f_l = \eta_\theta f_s \qquad (4-2-33)$$

挠度长期增长系数可按下列规定取用：

采用 C40 以下混凝土时，$\eta_\theta = 1.60$；采用 C40～C80 混凝土时，$\eta_\theta = 1.45～1.35$，中间等级强度混凝土按直线插入取值。

预应力混凝土受弯构件按上述计算的长期挠度值，在消除结构自重及恒载产生的长期挠度，应满足《公桥规》规定的挠度限值。

$$\eta_\theta f_s - \eta_\theta f_G < \frac{L}{600} \text{ 或} \frac{L_1}{300} \qquad (4-2-34)$$

式中：f_s——按荷载短期效应组合计算的短期挠度；

f_G——构件恒载产生的挠度。

η_θ——挠度长期增长系数。

三、预拱度的设置

预应力混凝土简支梁由于存在上挠度，在制作时一般可不设置预拱度。但当梁的跨径较大，或对于下缘混凝土预压应力不是很大的构件，有时会因恒载的长期作用产生过大挠度，故《公桥规》规定，当预加力的长期上拱值小于按荷载短期组合计算的长期挠度时应设预拱度。

$$\Delta = f_l - f_p \qquad (4-2-35)$$

《公路桥规》规定，预拱度值等于该项荷载的挠度与预加力的长期反拱值之差。设预拱度时，应做成平顺的曲线。

对于自重恒载相对于活载较小的预应力混凝土受弯构件，应考虑预加力作用使梁的上拱度值过大，可能造成的不利影响，必要时在施工中采取设置倒拱方法，或设计和施工上的措施，避免桥面隆起甚至开裂破坏。设置预拱度时，应按最大的预拱值沿顺桥向做成平顺的曲线。

4-2-7 端部锚固区计算

一、先张法构件预应力钢筋的传递长度与锚固长度

先张法构件预应力钢筋的两端，一般不设永久性锚具，而是通过钢筋与混凝土之间的黏结力作用来达到锚固的要求。在预应力钢筋放张时，端部钢筋将向构件内部产生内缩、滑移，但钢筋与混凝土之间的黏结力将阻止钢筋内缩。当自端部起至某一截面长度范围内黏结力之和正好等于钢筋中的有效预拉力 $N_{pe} = \sigma_{pe}A_p$ 时，钢筋内缩在此截面将被完全阻止，且在以后的截面将保持有效预应力 σ_{pe}。把钢筋从应力为零的端面到应力增加至 σ_{pe} 的截面的这一长度 l_{cr}（图 4-2-7b）称为预应力钢筋的传递长度。同理，当构件达到承载能力极限状态时，预应力钢筋应力达到其抗拉设计强度 f_{pd}，此时，钢筋将继续内缩（因 $f_{pd} > \sigma_{pe}$），直到内缩长度达到 l_a 时才会完全停止。把钢筋从应力为零的端面至钢筋应力为 f_{pd} 的截面的这一长度 l_a（图 4-2-7a）称为锚固长度，这一长度可保证钢筋在应力达到 f_{pd} 时不致被

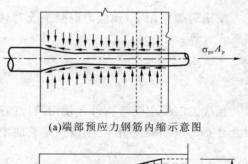

(a)端部预应力钢筋内缩示意图

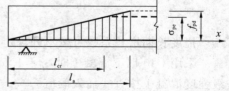

(b)预应力钢筋的传递长度和锚固长度

图 4-2-7 先张法预应力筋的锚固

拔出。

二、后张法构件预锚下局部承压计算

由于预应力混凝土构件锚具、垫板下存在很大的局部压应力,这种压应力要经过一段距离才能扩散到整个截面上。局部承压的破坏形态主要有三种:先开裂后破坏;一开裂即破坏;局部混凝土下陷。为了保证构件端部的局部受压承载力,在预应力筋锚具下及张拉设备的支承处,应配置预埋的垫板及附加方格网片或螺旋式间接钢筋。如图 4 - 2 - 8 所示。

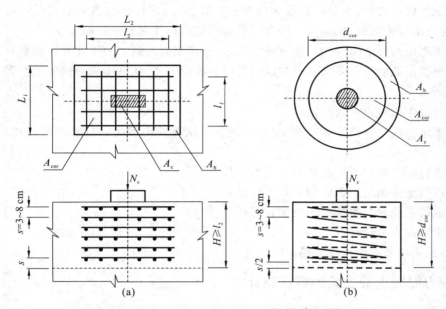

图 4 - 2 - 8   局部承压区内间接钢筋配筋形式

《公桥规》关于局部承压的计算公式是以"剪切破坏理论"为基础的。具体设计中,要求必须进行局部承压区承载力和抗裂性计算。

1. 锚下混凝土局部承压区的截面尺寸验算

配置有间接钢筋的混凝土构件,其局部承压区的截面尺寸应满足下列要求:

$$r_0 F_{ld} \leqslant F_{cr} = 1.3 \eta_s \beta f_{cd} A_{ln} \qquad (4-2-36)$$

2. 锚下混凝土局部承压区承载力计算

配置有间接钢筋的混凝土构件,其局部承压区的抗压承载力计算按下式计算:

$$r_0 F_{ld} \leqslant F_u = 0.9 (\eta_s \beta f_{cd} + k \rho_v \beta_{cor} f_{sd}) A_{ln} \qquad (4-2-37)$$

式(4 - 2 - 36)、式(4 - 2 - 37)中相关参数按《公桥规》的规定选用。

若不能满足上述公式的要求,则应加大构件端部尺寸,调整局部承压面积,减小局部压应力;或设置垫板,配置间接钢筋,以提高局部承压能力。

4-2-8 预应力混凝土简支梁设计

前面已介绍了预应力混凝土受弯构件有关承载力、应力和变形等方面的计算方法。这里我们只简单介绍一下预应力混凝土简支梁的设计计算步骤。

一、设计计算步骤

预应力混凝土梁的设计计算步骤和钢筋混凝土梁相类似。以后张法简支梁为例,其设计计算步骤如下:

(1)根据设计要求,参照已有设计的图纸与数据,选定构件的截面形式与相应尺寸;或者直接对弯矩最大截面,根据截面抗弯要求初步估算构件混凝土截面尺寸;

(2)根据结构可能出现的荷载效应组合,计算控制截面最大的设计弯矩和剪力;

(3)根据正截面抗弯要求和已初定的混凝土截面尺寸,估算预应力钢筋的数量,并进行合理地布置;

(4)计算主梁截面几何特性;

(5)确定预应力钢筋的张拉控制应力,估算各项预应力损失并计算各阶段相应的有效预应力;

(6)进行短暂状况和持久状况的应力验算;

(7)进行正截面与斜截面的承载力计算;

(8)进行正截面与斜截面的抗裂验算;

(9)主梁的变形计算;

(10)锚端局部承压计算与锚固区设计。

二、预应力混凝土简支梁的截面设计

1. 预应力混凝土梁抗弯效率指标

预应力混凝土梁抵抗弯矩的机理与钢筋混凝土梁不同。钢筋混凝土梁的抵抗弯矩证据要是有变化的钢筋的应力的合力(或变化的混凝土压应力的合力)与固定内力偶臂 Z 的乘积所形成;而预应力混凝土梁是由基本不变的预加力 N_{pe}(或混凝土预压应力的合力)与随外弯矩变化而变化的内力偶臂 Z 的乘积所形成。因此,对于预应力混凝土梁来说,其内力偶臂 Z 所能变化的范围越大,则在预加力 N_{pe} 相同的条件下,其所能抵抗弯矩的能力也就越大,也即抵抗效率越高。在保证上、下缘混凝土不产生拉应力的条件下,内力偶臂 Z 可能变化的最大范围只能在上核心距 K_s 和下核心距 K_x 之间。因此,截面抗弯效率可用参数 $\rho = \dfrac{K_s + K_x}{h}$($h$ 为梁的全截面高度)来表示,并将 ρ 称为抗弯效率指标,ρ 值高,表示所设计的预应力混凝土梁的截面经济效率越高,ρ 值实际上也反映截面混凝土材料沿梁高分布的合理性,它与截面形式有关,例如,矩形截面的 ρ 值为 1/3,空心板梁则随挖空率而变化,一般为 0.4~0.55,T 形截面梁亦可达到 0.55 左右。故预应力混凝土梁截面设计时,应在设计与施工要求的前提下考虑选取的合理的截面形式。

2. 预应力混凝土梁的常用截面形式

桥梁工程中,预应力混凝土梁常用如下一些截面形式:

(1)预应力混凝土空心板；

(2)预应力混凝土 T 形梁；

(3)带现浇翼缘板的预制预应力混凝土 T 形梁；

(4)预应力混凝土组合箱梁；

(5)预应力混凝土箱形梁。

三、截面尺寸和预应力钢筋数量的选定

1. 截面尺寸

截面尺寸的选择，一般是参考了已有设计资料、经验方法及桥梁设计中的具体要求事先拟定，然后根据有关的规范要求进行配筋验算，若计算结果表明预估的截面尺寸不符合要求，则须再作必要的修改。

2. 预应力钢筋截面面积的估算

预应力混凝土梁一般以抗裂性（全预应力混凝土或 A 类预应力混凝土）控制设计。在截面尺寸确定以后，结构的抗裂性主要与预加力的大小有关。因此，预应力混凝土梁钢筋数量估算的一般方法是，首先根据结构正截面抗裂性确定预应力钢筋的数量，然后再由构件承载能力极限状态要求确定非预应力钢筋数量。预应力钢筋数量估算时截面特性可取全截面特性。

（1）按构件正截面抗裂性要求估算预应力钢筋数量

全预应力混凝土梁，满足作用（或荷载）短期效应组合时正截面抗裂性要求所需的有效预加力为

$$N_{pe} \geqslant \frac{\dfrac{M_s}{W}}{0.85（\text{或} 0.8）\left(\dfrac{1}{A}+\dfrac{e_p}{W}\right)} \qquad (4-2-38)$$

对于 A 类部分预应力混凝土构件，满足作用（或荷载）短期效应组合时正截面抗裂性要求所需的有效预加力为：

$$N_{pe} \geqslant \frac{\dfrac{M_s}{W}-0.75 f_{tk}}{\left(\dfrac{1}{A}+\dfrac{e_p}{W}\right)} \qquad (4-2-39)$$

求得 N_{pe} 的值之后，再确定适当的张拉控制应力 σ_{con} 并扣除相应的应力损失 σ_l（对于配置高强钢丝或钢绞线的后张法构件 σ_l 约为 $0.2\sigma_{con}$），就可以估算出所需的预应力钢筋的总面积

$$A_p = \frac{N_{pe}}{\sigma_{con}-\sum \sigma_l} \qquad (4-2-40)$$

A_p 确定之后，则可按一束预应力钢筋的面积 A_{p1} 算出所需的预应力钢筋束数 n 为

$$n = \frac{A_p}{A_{p1}} \qquad (4-2-41)$$

（2）按构件承载能力极限状态要求估算非预应力钢筋数量

在确定预应力钢筋的数量后，非预应力钢筋根据正截面承载能力极限状态的要求来确定。对仅在受拉区配置预应力钢筋和非预应力钢筋的预应力混凝土梁（以 T 形截面梁为例），其中正截面承载能力极限状态计算式分别为

第一类 T 形截面

$$f_{sd}A_s + f_{pd}A_p = f_{cd}b'_f x \tag{4-2-42}$$

$$r_0 M_d \leqslant f_{cd}b'_f x\left(h_0 - \frac{x}{2}\right) \tag{4-2-43}$$

第二类 T 形截面

$$f_{sd}A_s + f_{pd}A_p = f_{cd}\left[bx + (b'_f - b)h'_f\right] \tag{4-2-44}$$

$$r_0 M_d \leqslant f_{cd}\left[bx\left(h_0 - \frac{x}{2}\right) + (b'_f - b)h'_f\left(h_0 - \frac{b'_f}{2}\right)\right] \tag{4-2-45}$$

估算时，先按第一类 T 形截面设计，计算受压区高度 x，根据 x 与 h'_f 之间的大小关系，选择合适的公式计算受拉区非预应力钢筋截面面积 A_s。

上述公式中相关参数见《公桥规》的规定。

四、预应力钢筋的布置

1. 束界

根据全预应力混凝土构件截面上、下缘混凝土不出现拉应力的原则，可以按照在最小外荷载（即构件一期恒载 G_1）作用下和最不利荷载（即一期恒载 G_1、二期恒载 G_2 和可变荷载）作用下的两种情况，分别确定 N_p 在各个截面上的偏心距的极限。由此可以绘制出两条 e_p 的限值线 E_1 和 E_2。只要 N_p 作用点的位置落在 E_1 及 E_2 所围成的区域内，就能保证构件在最小荷载和最不利荷载作用下，其上、下缘混凝土均不出现拉应力。因此，把 E_1 和 E_2 两条曲线所围成的布置预应力钢筋时的钢筋重心界限，称为"束界"（或"索界"）。

根据束界意义，全预应力混凝土钢筋重心位置（即 e_p）所遵循的条件：

$$\frac{M_s}{\alpha N_{pI}} - K_s \leqslant e_p \leqslant K_x + \frac{M_{G1}}{N_{pI}} \tag{4-2-46}$$

对于允许出现拉应力或允许出现裂缝的部分预应力混凝土构件，只要根据构件上、下缘混凝土拉应力（包括名义拉应力）的不同限值做相应的演算，则可确定其束界。

2. 预应力钢筋布置原则

（1）预应力钢筋的布置，应使其重心线不超出束界范围；

（2）预应力钢筋的弯起，应与所承受的剪力变化规律相配合；

（3）预应力钢筋的布置应符合构造要求。

3. 预应力钢筋弯起点的确定

预应力钢筋的弯起点，应从兼顾剪力与弯矩两方面的受力要求来考虑。

（1）从受剪考虑，理论上应从 $r_0 V_d \geqslant V_{cs}$ 的截面开始弯起，以提供一部分预剪力 V_p 来抵

抗作用产生的剪力。但实际上,受弯构件跨中部分的梁腹混凝土已足够承受荷载作用的剪力,因此一般是根据经验,在跨径的三分点到四分点之间开始弯起。

(2)从受弯考虑,由于预应力钢筋弯起后,其重心线将往上移,使偏心距 e_p 变小,即预加力弯矩 M_p 将变小。因此,应注意预应力钢筋弯起后的正截面抗弯承载力的要求。

(3)预应力钢筋的弯起点尚应考虑满足斜截面抗弯承载力的要求,即保证预应力钢筋弯起后斜截面上的抗弯承载力不低于斜截面顶端所在的正截面的抗弯承载力。

4. 预应力钢筋弯起的角度

从减小曲线预应力钢筋预拉时摩阻应力损失出发,弯起角度 θ_p 不宜大于20°,一般在梁端锚固时都不会达到此值,而对于弯出梁顶锚固的钢筋,则往往超过20°,θ_p 常在25°~30°之间。θ_p 角较大的预应力钢筋,应注意采取减小摩擦系数值的措施,以减少由此而引起的摩擦应力损失。

5. 预应力钢筋弯起的曲线形状

预应力钢筋弯起的曲线可采用圆弧线、抛物线或悬链线三种形式。公路桥梁中多采用圆弧线。《公桥规》规定,后张法预应力构件的曲线预应力钢筋,其曲率半径应符合下列规定:

(1)钢丝束、钢绞线束的钢丝直径 $d \leqslant 5$ mm 时,不宜小于 4 m;钢丝直径 $d > 5$ mm 时,不宜小于 6 m。

(2)精轧螺纹钢筋直径 $d \leqslant 25$ mm 时,不宜小于 12 m;钢丝直径 $d > 25$ mm 时,不宜小于 15 m。

6. 预应力钢筋布置要求

对于后张法构件,预应力钢筋预留孔道之间的水平净距,应保证混凝土中最大集料在浇筑混凝土时能顺利通过,同时也要保证预留孔道间不致串孔(金属预埋波纹管除外)和锚具布置的要求。

有关预应力钢筋布置要求见《公桥规》的规定。

五、非预应力钢筋的布置

在预应力混凝土受弯构件中,除了预应力钢筋外,还需要配置各种形式的非预应力钢筋。

(1)箍筋;

(2)水平纵向辅助钢筋;

(3)局部加强钢筋;

(4)架立钢筋与定位钢筋。

有关非预应力钢筋的布置要求见《公桥规》的规定。

六、锚具的防护

对于埋入梁体的锚具,在预加应力完成以后,其周围应设置构造钢筋与梁体连接,然后浇筑封锚混凝土。封锚混凝土强度的等级不应低于构件本身混凝土强度等级的 80%,且不应低于C30。

【学习实践】

1.预应力混凝土受弯构件工作的三阶段各受哪些力的作用？其主要特征是什么？

2.如何理解相同截面、相同材料的预应力混凝土受弯构件与普通钢筋混凝土的受弯构件开裂弯矩与极限承载弯矩之间的关系。

3.什么是预应力钢筋张拉控制应力？预应力损失？有效预应力？三者之间是什么关系？

4.从应力损失的原因、施工工艺、发生阶段及减少损失的措施理解各项预应力损失。

5.为什么要进行构件的抗裂性计算？构件的抗裂主要通过什么来控制？

6.预应力混凝土构件的挠度有哪些部分组成？何谓上拱度？何谓预拱度？

7.预应力混凝土构件端部受力有何特点？何谓预应力钢筋的传递长度？何谓预应力钢筋的锚固长度？

8.什么是截面抗弯效率指标？何谓"束界"？

9.预应力钢筋布置的原则是什么？

10.如何确定预应力钢筋的弯起点？如何确定预应力钢筋的弯起角度？

【学习心得】

通过本任务的学习,我的体会有 _____

_____

_____

_____

_____

_____

_____。

任务 4-3　其他预应力混凝土结构简介

【学习目标】

本节涉及的知识面较广,主要介绍了双预应力混凝土结构、部分预应力混凝土结构及无黏结预应力结构的基本概念。介绍的内容是预应力结构发展的前沿阵地,目的是要同学们了解预应力结构的基本原理有广阔的应用前景。

通过本任务的学习之后,学生能够:

1. 了解各类预应力混凝土结构的基本概念。

2. 了解部分预应力混凝土 B 类构件的基本内容。

3. 掌握部分预应力混凝土受弯构件、无黏结预应力混凝土受弯构件与全预应力混凝土受弯构件的异同。

【学习内容】

4-3-1　部分预应力混凝土简介

一、部分预应力混凝土结构的基本概念

预应力混凝土结构,早期都是按全预应力混凝土来设计的。根据当时的认识,认为预应力的目的只是用混凝土承受的预压应力来抵消使用荷载引起的混凝土的拉应力。混凝土不受拉,当然就不出现裂缝。这种在全用部使荷载作用下必须保持全截面受压的设计,通常称为全预应力混凝土设计。"零应力"或"无拉应力"则是全预应力混凝土来设计的基本准则。

全预应力混凝土结构虽然具有刚度大、抗疲劳、防渗漏等优点,但是在工程实践中也发现一些严重缺点,例如:结构构件的反拱过大,在恒载小、活载大、预加力大、且在持续荷载长期作用下,使梁的反拱不断增大,影响行车舒适;当预加力过大时,锚下混凝土横向拉应变超出极限拉应变,易出现沿预应力钢筋纵向不能恢复的水平裂缝。

部分预应力混凝土结构的出现是工程实践的结果,它是介于全预应力混凝土结构和普通钢筋混凝土结构之间的预应力混凝土结构。部分预应力混凝土结构,一般采用预应力钢筋和非预应力钢筋混合配筋,不仅充分发挥预应力钢筋的作用,同时也充分发挥非预应力钢筋的作用,从而节约了预应力钢筋,进一步改善了预应力混凝土使用性能。同时它又促进了预应力混凝土结构设计思想的重大发展,使设计人员可以根据结构使用要求来选择适当的预应力度,进行合理的结构设计。

二、部分预应力混凝土结构的受力特征

为了理解部分预应力混凝土梁的工作性能,需要观察不同预应力程度条件下梁的荷载-挠度曲线。图 4-3-1 中,①、②、③分别表示具有相同正截面承载能力 M_u 的全预应

力、部分预应力和普通钢筋混凝土梁的弯矩-挠度关系曲线示意图。

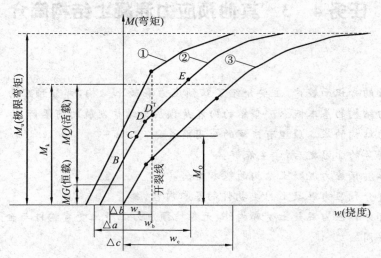

图 4-3-1　三种预应力混凝土梁的 $M\text{-}w$ 关系图

　　从图中可以看出,部分预应力混凝土梁的受力特征,介于全预应力混凝土梁和普通钢筋混凝土梁之间。在荷载较小时,部分预应力混凝土梁(曲线②)受力特征与全预应力混凝土梁(曲线①)相似,在自重与有效预加力 N_p(扣除相应阶段的预应力损失)作用下,它具有反拱度 Δ_b,但其值较全预应力混凝土梁的反拱度小;当荷载增加,弯矩 M 达到 B 点时,表示外荷载作用时梁产生的下挠度与预应力反拱度相等,两者正好相抵消,这时梁的挠度为零,但此时受拉区边缘混凝土的应力并不为零。

　　当荷载继续增加,达到曲线②的 C 点时,外荷载产生的梁底混凝土拉应力正好与梁底有效预应力互相抵消,使梁底受拉边缘的混凝土应力为零,此时相应的外荷载弯矩 M_0,就称为消压弯矩。

　　截面下边缘消压后,如继续加载至 D 点,混凝土的边缘拉应力达到极限抗拉强度。随着外荷载增加,受拉区混凝土就进入塑性阶段,构件的刚度下降,达到 D' 点时表示构件即将出现裂缝,此时相应的弯矩称为预应力混凝土构件的抗裂弯矩 M_{pcr},显然($M_{pcr}-M_0$)就相当于相应的钢筋混凝土构件的截面抗裂弯矩 M_{cr},即 $M_{cr}=M_{pcr}-M_0$。

　　从 D' 点开始,外荷载加大,裂缝开展,刚度继续下降,挠度增加速度加快。而达到 E 点时,受拉钢筋屈服。以后裂缝进一步扩展,刚度进一步下降,挠度增加速度更快,直到 F 点。构件达到极限承载能力而破坏。

三、部分预应力混凝土结构的特点

　　部分预应力混凝土结构的想法出现在法国工程师 E. Freyssinet 对全预应力混凝土结构理论上做出了关键性突破研究不久。1939 年,奥地利的 V. Emperger 就提出了引用少量的非预应力钢筋的办法,以改善裂缝和挠度性能的部分预应力概念。而后,英国的 P. W. Abeles 又进一步提出了,在全部使用荷载下允许混凝土出现拉应力,甚至出现微细裂缝的更为具体的部分预应力设计概念。

但是,部分预应力混凝土结构的发展,开始十分缓慢,真正被重视并得以发展还是近40年的事。究其原因,应该说是与过去把全预应力混凝土和钢筋混凝土作为两种不同材料处理,两者之间不存在什么过渡的传统观念分不开。然而,长期以来在预应力混凝土结构的使用过程中,不断地深入研究,证实部分预应力混凝土结构的工作性能是完全可以满足要求的。

1962年在意大利罗马召开的欧洲混凝土委员会和国际预应力混凝土协会(CEB-FIP)联合会议上,首先提出了将全预应力混凝土和钢筋混凝土之间的中间状态连贯起来的设计思想。在1970年的CEB-FIP布拉格国际预应力会议上,进一步地在预应力混凝土和钢筋混凝土之间的整个范围内进行预应力分级,从而确定了预应力混凝土部分结构在加筋系列混凝土结构中的地位。

我国对部分预应力混凝土结构的应用和研究十分重视,在工业与民用建筑,公路桥梁上广泛使用部分预应力混凝土构件。在总结部分预应力混凝土结构研究和使用的经验基础上,中国土木工程学会于1981年提出了《部分预应力混凝土结构设计建议》,而我国交通部于2004年颁布的《公桥规》,对部分预应力混凝土结构的构件设计及构造也制定了有关规定。这对加速部分预应力混凝土结构在公路桥梁中的应用,起到了重大的推动作用。

部分预应力混凝土结构之所以受到重视,与它本身的特点分不开,其优点简述如下:

1. 节约预应力钢筋和锚具

与全预应力混凝土结构比较,可以减少预压力,因此,预应力钢筋用量可以减少。但为保证结构的极限强度,就必须补充适量的非预应力钢筋。当预应力钢筋与非预应力钢筋的单价比大于两者的强度比时,将会取得一定经济效益。同时由于预应力钢筋的减少,从而也使制空器、灌浆、锚固等工作量减少。总之,既节省了建设费用,又方便了施工。

2. 改善结构性能

(1)由于预加力的减少,使其相应的预应力反拱度减小,从而可以避免全预应力混凝土结构中由于预加力大而引起反拱度过大的问题,以保证桥面行车平顺。

(2)构件未开裂之前刚度较大,而开裂之后刚度降低,但卸载后,刚度部分恢复,裂缝闭合能力强,故综合使用性能优于普通钢筋混凝土。

(3)部分预应力混凝土构件,由于配置了非预应力钢筋,从而提高了结构的延性和反复荷载作用下结构的能量耗散能力,也有利于结构的抗震、抗爆。

结构设计时,是采用全预应力混凝土结构,还是采用部分预应力混凝土结构,应根据结构的使用要求及工程实际来选择。对于需防止渗漏的压力容器、水下结构或处于高度腐蚀环境的结构,以及承受高频反复荷载作用而预应力钢筋有疲劳危险的结构等,需要用全预应力混凝土结构(如铁路桥)。而对恒载相对于活载要小的结构(如中、小跨径的桥梁),其主梁就适宜采用部分预应力混凝土结构。

总之是采用全预应力混凝土结构还是采用部分预应力混凝土结构,甚至是部分预应力A类构件还是部分预应力B类构件,都应根据经济、合理、安全、适用的原则,因地制宜地选用。

4-3-2 无黏结预应力混凝土

一、无黏结预应力混凝土结构的基本概念

无黏结预应力混凝土梁，是指配置主筋为无黏结预应力钢筋的后张法预应力混凝土梁。而无黏结预应力钢筋，是指由单根或多根高强钢丝、刚绞线或粗钢筋，沿其全长涂有专用防腐油脂涂料层和外包层，使之与周围混凝土不建立黏结力，张拉时可沿着纵向发生相对滑动的预应力钢筋。

无黏结预应力混凝土构件可类似于普通钢筋混凝土构件进行施工，无黏结筋像普通钢筋一样敷设，然后浇注混凝土，待混凝土达到规定强度后，进行预应力钢筋的张拉和锚固。省去了传统后张法预应力混凝土的预埋管道、穿束、压浆等工艺，节省了施工设备，简化了施工工艺，缩短了工期，故综合经济性好。

早在 20 世纪 20 年代，德国的 R. Farber 就提出了采用无黏结预应力筋的概念，并取得了专利。但当时并未推广，直到 40 年代后期才开始用于桥梁结构。现在，无黏结预应力混凝土结构已为许多国家所用，美国的 ACI、英国的 CP110 及德国的 DIN4227 等结构设计规范，对无黏结预应力混凝土的设计与应用都作了具体规定，显示出它已日趋完善，应用前景可观。

在我国，近年来无黏结预应力混凝土结构获得广泛应用，其技术是国家科委和建设部"八五"科技成果重点推广项目之一，同时还编制了中华人民共和国建设部行业标准《无黏结预应力混凝土结构技术规程》(JGJ 92—2004)。无黏结预应力混凝土技术也已成功地被用于公路桥梁，例如在四川省已修建了三座跨径 18～20 m 的无黏结预应力混凝土空心板梁桥；在江苏省建成的云阳大桥，主孔为 70 m 跨径的无黏结预应力混凝土系杆拱桥。结合工程进行的无黏结预应力混凝土构件静载及疲劳实验证明，无黏结预应力混凝土在桥梁工程中的应用，其结构受力性能是良好的。

二、无黏结预应力混凝土受弯构件的受力性能

无黏结预应力混凝土梁，一般分为无黏结预应力混凝土梁和有黏结部分预应力混凝土梁。前者是只受力主筋全部采用无黏结预应力钢筋，而后者指其受力主筋采用无黏结预应力钢筋与适当数量非预应力有黏结钢精形成混合配筋的梁。这两种无黏结预应力混凝土梁在荷载作用下的结构性能及破坏特征不同，下面分别介绍：

1. 纯无黏结预应力混凝土梁

实验观察到，在实验荷载作用下，在梁最大弯矩截面附近出现一条或少数几条裂缝。随着荷载的增加，已出现的裂缝的宽度与延伸高度都迅速发展。并且通常在裂缝的顶部开叉(图 4-3-2(b))。

梁开裂后，在荷载增加不多的情况下，随着裂缝宽度与高度的急剧增加，受压区混凝土压碎而引起梁的破坏，具有明显的脆性破坏特征。实验分析表明，纯无黏结预应力混凝土梁一经开裂，梁的结构性能就变得接近于带拉杆的扁拱而不像梁。

纯无黏结预应力混凝土梁不仅裂缝形态及发展与同样条件下的有黏结预应力混凝土

梁不同图4-3-2(a),而且其荷载—跨中挠度曲线也不同。由图4-3-2(a)可见,有黏结预应力混凝土梁的荷载-挠度曲线具有三直线形式,而纯无黏结预应力混凝土梁的曲线不仅没有第三阶段,连第二阶段也没有明显的直线段。

在梁最大弯矩截面上,无黏结预应力钢筋应力随荷载变化的规律,亦与有黏结预应力钢筋不同,无黏结预应力钢筋的应力增量,总是低于有黏结预应力钢筋的应力增量,而且,随着荷载的增大,这个差距就越来越大。在梁的最大弯矩截面处,无黏结筋的应力比有黏结筋的应力增加的少。

纯无黏结筋的抗弯强度比有黏结筋的要低;在荷载的作用下,裂缝少且发展迅速;破坏呈明显的脆性。这些不足,可以通过采用混合配筋的方法改变。

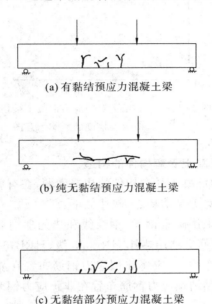

(a) 有黏结预应力混凝土梁

(b) 纯无黏结预应力混凝土梁

(c) 无黏结部分预应力混凝土梁

图4-3-2　有黏结与无黏结预应力混凝土梁的裂缝形态

2. 无黏结部分预应力混凝土梁的受力性能

对于采用非预应力钢筋与无黏结预应力钢筋混合配筋的受弯构件,有关院所进行了系统的实验研究,从实验梁所观察的现象及主要结论如下:

(1)混合配筋无黏结预应力混凝土梁的荷载挠度曲线(图4-3-3),和混合配筋有无黏结预应力混凝土梁的一样,也具有三直线的形状,反映三个不同的工作阶段。

(2)混合配筋的无黏结预应力混凝土梁的裂缝,由于受到非预应力有黏结钢筋的约束,其根数及裂缝间距与配有同样钢筋的普钢筋混凝土梁非常接近(图4-3-2(c))。

(3)在一般情况下,混合配筋的无黏结预应力混凝土梁,先是普通钢筋屈服,裂缝向上延伸,直到变压区边缘混凝土达到极限压应变时,梁才呈现弯曲破坏。

(4)混合配筋梁的无黏结预应力钢筋,虽仍具有沿全长应力相等(忽略摩擦影响)和在梁破坏时极限应力不超过条件屈服强度 $\sigma_{0.2}$ 的无黏结筋特点,但极限应力的量值较纯无黏结梁的要大得多。

(5)混合配筋梁的无黏结预应力钢筋,在梁达到破坏时的应力增量,与梁的综合配筋指标有密切关系。

　　(6)对于混合配筋梁的无黏结预应力混凝土梁,在三分点荷载作用下,跨高比对应力增量无明显影响;在跨中一点荷载作用下,跨高比对应力增量有一定显影响。

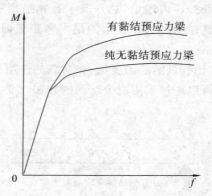

图 4-3-3　黏结力对预应力混凝土梁预
应力梁挠度的影响示意图

3. 无黏结部分预应力混凝土受弯构件的构造

　　有关无黏结部分预应力混凝土受弯构件的构造问题,在有黏结部分预应力混凝土受弯构件的构造要求基础上,针对无黏结特点,叙述如下:

　　(1)无黏结钢筋应尽量采用碳素钢丝、钢绞线和热处理钢筋,相应地,混凝土强度等级不宜低于 C40。非预应力钢筋宜选用热扎 HRB335 级、HRB400 级钢筋。

　　(2)采用混合配筋的受弯构件,应将非预应力钢筋布置在靠近截面受拉边缘并且有足够的混凝土保护层,而将无黏结预应力钢筋布置在非预应力钢筋的上方,一旦裂缝出现,可由非预应力钢筋控制裂缝宽度。

　　(3)非预应力钢筋的用量,应满足最小用量的要求且 f_{sd} 的取值不得大于 400 MPa。

　　(4)为了保证无黏结预应力钢筋的耐久性,首先需要保证无黏结预应力钢筋在构件使用中不锈蚀。因此,必须沿预应力钢筋全长的表面上涂刷防腐材料。

　　(5)无黏结预应力钢筋的锚具,必须按照预应力筋用锚具夹具和连接器(GB/T 14370 —2007)的规定程序进行实验验收,合格者方可使用。结构上的锚具应采取可靠的长期防腐措施,可采用后浇混凝土封闭的方法。

4-3-5　双预应力混凝土梁

　　前面章节所述的预应力混凝土梁,无论是全预应力混凝土还是部分预应力混凝土,都是通过张拉预应力钢筋并将其牢靠地锚固于梁体而使梁截面上产生有效的预应拉力,这样,就会全部或部分抵消使用荷载在梁截面受拉力边缘产生的过大混凝土拉应力。

　　双预应力混凝土梁,是同时采用张拉预应力钢筋和预压预应力钢筋而在梁截面上建立预应力的预应力混凝土梁。它与普通预应力混凝土梁的不同点就在于,梁中专门设置了预压预应力钢筋(图 4-3-4)。这种同时采用预拉和预压预应力钢筋来获得预应力的技术被

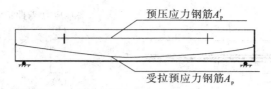

预压应力钢筋A'_p

受拉预应力钢筋A_p

图 4 - 3 - 4   双预应力钢筋布置示意图

称为压、拉双作用预应力技术。

用压、拉双作用方式对混凝土构件施加预应力设想,在 20 世纪 50 年代,英国的 K. Bi-uig 以及德国的 F. W. Mader 就进行了研究。1956 年后,欧洲很多专家进行了较多的模型实验和实验梁测试,对预压千斤顶锚头、套管等做了专门的实验研究。世界上第一座利用双预应力技术修建的预应力混凝土简支梁桥,是奥地利的阿尔姆(Alm)桥(1977 年),该桥主梁计算跨径为 76 m,高跨比 $h/l = 30.4$,阿尔姆桥以其建筑高度较小而著名。在日本,第一座双预应力混凝土梁桥为 1985 年 5 月竣工的川端桥,到 1988 年,日本已修建了十余座双预应力混凝土梁桥,为世界上利用双预应力技术建桥最多的国家。

本节在介绍双预应力混凝土梁基本原理的基础上,重点介绍钢筋预加压应力的方法、构造,以及一些设计计算特点。

一、压、拉双作用预应力的原理

压、拉双作用预应力是对预应力混凝土梁中配置的受拉钢筋施加预拉力和配置的受压钢筋预先施加预应力。这两种预应力方式的结合,组成了压、拉双作用预应力技术。

现以预应力混凝土简支梁跨中截面的正应力状态为例,说明其原理。

通常,在简支梁的受拉区配置预应力钢筋,张拉预应力钢筋,在其传力锚固后,预加力(角标 l 表示张拉预应力钢筋)在梁的截面上作用有轴向压力和偏心弯矩,截面混凝土正应力分布如图 4 - 3 - 5(a)所示,即在截面的上边缘产生小的预拉应力,下边缘产生大的预压应力。

若在简支梁的受压区配置预应力钢筋,预压应力钢筋,在其传力锚固后,预加力(角标 a 表示预压应力钢筋)在梁的截面上作用有轴向拉力和偏心弯矩,截面混凝土正应力分布如图 4 - 3 - 5(b)所示,即在截面的上边缘产生小的预拉应力,下边缘产生大的预压应力。

将上述两种预加应力的方式叠加在一起,则截面上轴向压应力和轴向拉应力可以相互大部分或全部抵消,而两项预加偏心弯矩产生的正应力在叠加以后,形成图 4 - 3 - 5(c)所示的截面正应力分布。图 4 - 3 - 5(c)为梁在恒载弯矩和压、拉双作用预加力作用下截面混凝土正应力的分布,这就是双预应力混凝土简支梁在施工阶段的正应力状态。

就受弯构件而言,通过压、拉双作用预加力技术,合理调整受拉、预压预应力钢筋数量、预应力值以及偏心距后,可获得最佳的预加偏心弯矩,最大限度地发挥截面能力。从理论上讲,双预应力混凝土简支梁能达到抵消恒载或全部恒载产生的弯曲正应力,在全部恒载作用下,梁截面可能处于无应力状态,而梁截面的抗力仅用于抵抗弯矩,因而提高了梁的承载能力或减小梁的高度。

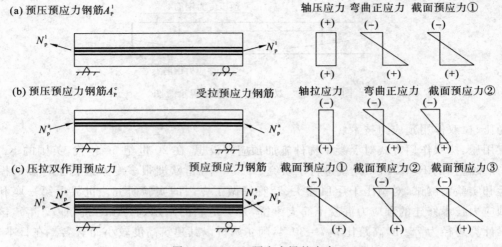

图 4-3-5 双预应力梁的应力

与普通预应力混凝土梁相比,双预应力混凝土梁有下述特点:

(1)梁的建筑高度小。阿尔姆桥主梁采用箱形截面,高跨比为 1/30.4;在日本已建的公路双预应力混凝土简支梁桥,主梁为工字形截面时,高跨比为 1/27~1/34。而普通的预应力混凝土简支 T 梁的高跨比为 1/15~1/25,较双预应力混凝土梁高得多。

(2)梁的自重减轻。可以提高桥梁的跨越能力,也可以使梁的下部结构和基础工程数量减少。

(3)双预应力混凝土梁在结构造型上易获得轻盈美观、协调流畅的景观效果。因此,双预应力混凝土梁适用于多层立交桥、跨线桥、高架桥等要求建筑高度较小的公路及城市桥梁上。压、拉双作用预应力技术也可以用于旧预应力混凝土梁加固场合。与普通预应力混凝土梁相比,双预应力混凝土梁的施工工艺复杂,特别是预压应力钢筋的施工工艺并不为人们熟悉,某些设备是特制的,因此,双预应力混凝土梁仍处于研究阶段,在工程上初步使用,有待进一步完善。

二、预压应力方法

在通常情况下,双预应力混凝土梁的预应力体系,是在张拉受拉预应力钢筋(采用先张法或后张法)后,即进行预压应力钢筋(称后压法)工作。但是,采用预制梁时,若考虑到施工、运输、安装上的安全,也可以在预制梁架设后再进行预压预应力筋的工作。

预压预应力筋的后压法,是在梁的预压预应力筋位置处预留孔道,待梁体混凝土达到设计强度后,将预应力筋穿入孔道,预压并用锚具可靠锚于混凝土梁体上,最后,对孔道进行压浆的方法。

后压法预应力体系,根据预压应力钢筋的锚固位置,分为梁端部锚固和跨径内锚固两种方式。

【学习实践】

    1. 什么是部分预应力混凝土?

    2. 部分预应力混凝土有哪些特点?

    3. 什么是无黏结预应力混凝土?

    4. 无黏结预应力混凝土结构有哪些特点?

    5. 什么是双预应力混凝土结构?

    6. 双预应力混凝土结构有哪些特点?

【学习心得】

    通过本任务的学习,我的体会有

学习项目 5　圬工结构

任务 5-1　圬工结构的构造

【学习目标】

通过本任务的学习,要求学生熟悉以下内容:

1. 圬工结构的概念与特点。
2. 圬工砌体的材料。
3. 圬工砌体的强度和变形。
4. 圬工结构的施工工艺。

【学习内容】

5-1-1　概述

一、圬工结构的概念

采用胶结材料(砂浆、小石子混凝土等)将石料等块材连接成整体的结构物,称为砖石结构。由预制或整体浇筑的素混凝土、片石混凝土或混凝土预制块构成的结构物,称为混凝土结构,以上两种结构通常称为圬工结构。由于圬工材料(石料、混凝土等)的力学特点是抗压强度大,抗拉、抗剪强度低,因此圬工结构在工程中常用作以承压为主的结构构件,如拱桥的拱圈、涵洞、桥梁的重力式墩台、扩大基础及重力式挡土墙等。

圬工结构常以砌体形式出现。砌体是用砂浆将具有一定规格(尺寸、形状、强度等级等)的块材按一定的砌筑规则砌筑而成,并满足构件既定尺寸和形式要求的受力整体。砌筑规则主要是为保证砌体的受力尽可能均匀。为保证砌体的整体性和受力性能,必须使砌体中的竖向灰缝互相咬合和错缝。

砖、石及混凝土结构之所以能够在桥涵工程和其他建筑工程中得到广泛的应用,重要的原因是它具有以下优点:

(1)原材料分布广,易于就地取材,价格低廉;

(2)耐久性、耐腐蚀、耐污染等性能较好,材料性能比较稳定,维修养护工作量小;

(3)与钢筋混凝土结构相比,可节约水泥、钢材和木材;

(4)施工不需要特殊的设备,施工简便,并可以连续施工;

(5)具有较强的抗冲击性能和超载性能。

同时,砖、石及混凝土结构也存在一些明显的缺点,限制了其应用范围,例如:

(1)因砌体的强度较低,故构件截面尺寸大,造成自重很大;

(2)砌体工作相当繁重,操作主要依靠手工方式,机械化程度低,施工周期长;

(3)砌体是靠砂浆的黏结作用将块材形成整体,砂浆和块材间的黏结力相对较弱,抗拉、抗弯、抗剪强度很低,抗震能力也差,同时砌体属于一种组合结构,长期振动后易产生裂缝。

二、圬工结构的材料

由于砖的强度低,耐久性差,在公路桥涵结构中较少采用,特别在高等级公路中的桥涵不应采用砖砌体,因此《公路圬工桥涵设计规范》在材料方面取消了砖材料,采用了新的符合国家标准的石材、混凝土和砂浆。

1.石材

石材是无明显风化的天然岩石,经人工开采和加工后外形规则的建筑用材。具备强度高、抗冻与抗气性能好等优点,广泛用于桥梁基础、墩台、挡土墙等结构物。常用的天然石材的种类主要有花岗岩、石灰岩等,工程上依据开采方法、形状、尺寸和表面粗糙程度的不同,分为下列几种:

(1)细料石:由岩层或大块石材开劈并经粗略修凿而成。厚度为 200~300 mm,宽度为厚度的 1.0~1.5 倍,长度为厚度的 2.5~4.0 倍,表面凹陷深度不大于 10 mm,外形方正的六面体。

(2)半细料石:表面凹陷深度不大于 15 mm,其他同细料石。

(3)粗料石:表面凹陷深度不大于 20 mm,其他同细料石。

(4)块石:按岩石层理放炮或劈裂而成的厚度 200~300 mm 的石材,形状大致方正,宽度约为厚度的 1.0~1.5 倍,长度约为厚度的 1.5~3.0 倍。砌筑时敲去其尖锐凸出部分,平稳放置。

(5)片石:由爆破开采、直接炸取的不规则的厚度不小于 150 mm 的石材,使用时卵形和薄片不得采用。

桥涵中所用石材强度等级有 MU30、MU40、MU50、MU60、MU80、MU100 和 MU120。石材强度设计值见表 5-1-1,其中符号 MU 表示石材强度等级,后面数字是边长 70 mm 的含水饱和立方体试件的抗压强度,以 MPa 为计量单位。抗压强度取三块试件的平均值。试件也可采用表 5-1-2 所列边长尺寸的立方体,对其试验结果乘以相应的换算系数后作为石材的强度。

表 5-1-1　石材强度设计值(MPa)

强度等级 / 强度类别	MU120	MU100	MU80	MU60	MU50	MU40	MU30
轴心抗压 f_{cd}	31.78	26.49	21.19	15.89	13.24	10.59	7.95
弯曲抗拉 f_{tmd}	2.18	1.82	1.45	1.09	0.91	0.73	0.55

表 5-1-2   石材试件强度的换算系数

立方体试件边长(mm)	200	150	100	70	50
换算系数	1.43	1.28	1.14	1.00	0.86

石材多为就地取材,上述石材分类所耗加工量依次递减,以同样等级砂浆砌筑的 5 种石材,其砌体抗压极限强度也依次递减。砌体表面美观程度和造价也是如此。

2. 混凝土

(1)混凝土预制块

混凝土预制块根据使用及施工要求预先设计成一定形状及尺寸后浇制而成,其尺寸要求不低于粗料石,且其表面应较为平整。混凝土预制块形状、尺寸统一,砌体表面整齐美观;尺寸较黏土砖大,可以提高抗压强度,节省砌缝砂浆,减少劳动量,加快施工进度;混凝土块可提前预制,使其收缩尽早消失,避免构件开裂;采用混凝土预制块,可节省石料的开采加工工作;对于形状复杂的材料,难以用石料加工时,更显混凝土预制块的优越性。

(2)片石混凝土

整体浇筑的素混凝土结构因结构内缩应力很大,受力不利,且浇筑时需消耗大量木材,工期长,花费劳动力多,质量也难控制,故较少采用。桥涵工程中的大体积混凝土结构,如墩身、台身等,为了节约水泥,常采用片石混凝土结构,它是在混凝土中分层加入含量不超过混凝土体积 20% 的片石,片石强度等级不低于表 5-1-1 规定的石材最低强度等级,且不应低于混凝土强度等级。片石混凝土各项强度可按同强度等级的混凝土采用。

(3)小石子混凝土

是由胶凝材料(水泥)、粗骨料(细卵石或碎石,粒径不大于 20 mm)、细粒料(砂)和水拌制而成,采用小石子混凝土比相同砂浆砌筑的片石、块石砌体抗压极限强度高 10%～30%,可以节约水泥和砂,在一定条件下是一种水泥砂浆的代用品。

在圬工桥涵结构中,通常采用的混凝土强度等级为 C15、C20、C25、C30 和 C40。混凝土强度设计值按表 5-1-3 取用。

表 5-1-3   混凝土强度设计值(MPa)

强度类别 \ 强度等级	C40	C35	C30	C25	C20	C15
轴心抗压 f_{cd}	15.64	13.69	11.73	9.78	7.82	5.87
弯曲抗拉 f_{tmd}	1.24	1.14	1.04	0.92	0.80	0.66
直接抗剪 f_{vd}	2.48	2.28	2.09	1.85	1.59	1.32

3. 砂浆

砂浆是由一定比例的胶结料(水泥、石灰和黏土等)、粒料(砂)及水拌制而成。砂浆在砌体中的作用是将砌体内的块材连接成整体,并可抹平块材表面而促使应力分布较为均匀。此外,砂浆填满块材间的缝隙,减少了气体的透气性,提高了砌体的保温性和抗冻性。

砂浆按其胶结料的不同可分为(1)水泥砂浆;(2)混合砂浆(如水泥石灰砂浆、水泥粘土砂浆等);(3)石灰砂浆。由于混合砂浆和石灰砂浆的强度较低,使用性能较差,故桥涵工程中大多采用水泥砂浆。

砂浆的物理力学性能指标是指砂浆的强度、和易性和保水性。

桥法结构中所用的砂将强度有 M5、M7.5、M10、M15 和 M20,其中符号 M 表示砂浆强度等级,后面的数字是以边长 70.7 mm 的标准立方体试件,标准养护 28 天,按统一的标准试验方法测得的抗压强度,以 MPa 为计量单位。抗压强度取三块试件平均值。

砂浆的和易性,系指砂浆在自身与外力的作用下的流动性性能,实际上反映了砂浆的可塑性。和易性用锥体沉入砂浆中的深度测定,锥体的沉入深度根据砂浆的用途加以规定。和易性好的砂浆不但操作方便,能提高劳动生产率,而且可以使砂浆缝饱满、均匀、密实,使砌体具有良好的质量。对于多孔及干燥的砖石,需要和易性较好的砂浆;对于潮湿及密实的砖石,和易性要求较低。

砂浆的保水性指砂浆在运输和使用过程中保持均匀程度的能力。它直接影响砌体的砌筑质量,如果砂浆的保水性很差,新铺在块材面上的砂浆水分很快散失或被块材吸收,则使砂浆难以抹平,因而降低砌体的质量,同时砂浆因失去过多水分而不能进行正常的硬化作用,从而大大降低砌体的强度。因此在砌筑砌体前,对吸水性较大的干燥块材,必须洒水湿润其表面。

4. 砌体

根据所用块材的不同,常将砌体分以下几类:

(1)片石砌体

砌筑时,应敲掉片石凸出部分,使片石放置平稳,交错排列且相互咬紧,避免过大空隙,并用小石块填塞空隙(不得支垫)。

(2)块石砌体

块石应平砌,每层块石高度大致相等并应错缝砌筑,上下层错开距离不小于 80 mm。砌筑缝宽不宜过大,一般水平缝不大于 30 mm,竖缝不大于 40 mm。

(3)粗料石砌体

砌筑时石材应安放端正,保证砌缝平直,砌缝宽度不大于 20 mm,并且错缝砌筑,距离不小于 100 mm。

(4)半细料石砌体

同粗料石砌体,但表面凹陷深度不大于 15 mm,砌缝宽度不大于 15 mm。

(5)细料石砌体

同粗料石砌体,但表面凹陷深度不大于 10 mm,砌缝宽度不大于 10 mm。

(6)混凝土预制块砌体

要求砌缝宽度不大于 10 mm,其他砌筑要求同粗料石砌体。

上述砌体中,除片石砌体外,其余五种砌体统称为规则砌块砌体。砌筑时,应遵循砌体的砌筑规则,以保证砌体的整体性和受力性能,使砌体的受力尽可能均匀、合理。如:砌体应分层砌筑;里、外层砌块交错连接;为使砌体构成一个受力整体,砌体中的竖向灰缝应上下错缝,内外搭砌。例如预制块砌体的砌筑多采用一顺一丁、梅花丁和三顺一丁砌法(图 5-1-1)。

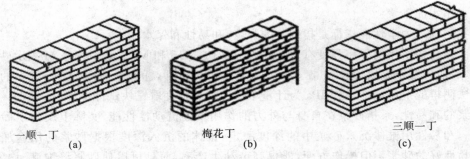

<table>
<tr><td>一顺一丁</td><td>梅花丁</td><td>三顺一丁</td></tr>
<tr><td>(a)</td><td>(b)</td><td>(c)</td></tr>
</table>

图 5 - 1 - 1　预制块砌体的砌筑方法

在桥涵工程中,砌体种类的选用应根据结构构件的大小、重要程度、工作环境、施工条件及材料供应等情况综合考虑。结合结构耐久性和经济性的要求,根据构造部位的重要性及尺寸大小不同,各种结构物所用的石、混凝土材料及其砂浆的最低强度等级,如表5-1-4所列。

表 5 - 1 - 4　圬工材料的最低强度等级

结构物种类	材料最低强度等级	砌筑砂浆最低强度等级
拱圈	MU50 石材 C25 混凝土(现浇) C30 混凝土(砌块)	MU10(大、中桥) M7.5(小桥涵)
大、中桥墩台及基础,梁式轻型桥台	MU40 石材 C25 混凝土(现浇) C30 混凝土(砌块)	M7.5
小桥涵墩台、基础	MU30 石材 C20 混凝土(现浇) C25 混凝土(砌块)	M5

砌体中的砂浆强度应与块材强度相匹配,强度高的块材宜配用强度等级高的砂浆,强度低的块材则使用强度等级低的砂浆,块材使用前必须浇水湿润并清洗干净,以避免砂浆中水分在凝结前被吸收而影响砂浆硬化作用,保证黏结力。

砌体中的砖石及混凝土材料,除应符合规定的强度外,还应具有耐风化的抗侵蚀性。位于侵蚀性水中的结构物,配置砂浆或混凝土的水泥,应采用具有抗侵蚀性的特种水泥或采取其他防护措施。位于盐碱地区的墩台及挡土墙,不宜采用砖砌体。对于累年最冷月平均气温等于或低于−10 ℃的地区,所用的砖石及混凝土材料,除气候干旱地区的不受冰冻外,均应符合规范有关规定。

三、砌体的强度与变形

1. 砌体的抗压强度

(1)砌体中实际应力状态

砌体是由单块块材用砂浆黏结而成,它受压时的工作性能与单一均质的整体结构构件有很大的差异。试验结果表明:砌体在受压破坏时,一个重要的特征是单块块材先开裂,这是由于砌缝厚度和密实性的不均匀性以及块材与砂浆交互作用等原因,致使块材受力复杂,抗压强度不能充分发挥,导致砌体的抗压强度远低于块材的抗压强度。通过试验观测和分析,在砌体的单块块材内产生复杂应力状态的原因是:

①砂层的非均匀性及块材表面的不平整。由于砂浆铺砌不均匀,有厚有薄,使块材不能均匀地压在砂浆层上,而且由于砂浆层各部分成分不均匀,砂子多的地方收缩小,从而凝固后砂浆表面出现凹凸不平,再加上块材表面不平整,因而实际上块材和砂浆并非全面接触。所以,块材在砌体受压时实际上处于受弯、受剪与局部受压的复杂应力状态(图 5-1-2(a))。

②块材和砂浆的横向变形差异。如图 5-1-2(b)所示,块材和砂浆砌合后的横向尺寸为 b_0。假使块材和砂浆受压后各自能自由变形,则块材的横向变形小(由 $b_0 \to b_1$),砂浆的横向变形大(由 $b_0 \to b_2$),而 $b_2 > b_1$。但实际上块材和砂浆间的黏结力和摩擦力约束了它们彼此的横自由向变形,砌体受压后的横向尺寸只能由 b_0 变至 $b(b_2 > b > b_1)$。这时,块材的尺寸由 b_1 增加至 b,必然会受到一个横向拉力,砂浆的尺寸由 b_2 压缩到 b,必然受到一个横向压力。

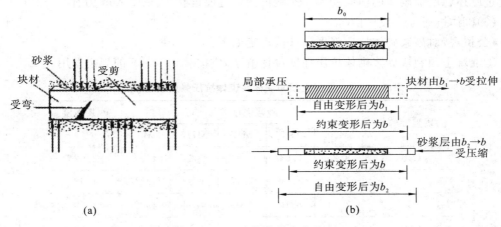

图 5-1-2 砌体中的应力状态

综上所述,在均匀压力作用下,砌体内的砌块并不处于均匀受压状态,而是处于压缩、局部受压、弯曲、剪切和横向拉伸的复杂受力状态。由于块材的抗弯,抗拉强度很低,所以砌体在远小于块材的极限抗压强度时就出现了裂缝,裂缝的扩展损害了砌体的整体工作,以至在承受作用时发生侧向凸出而破坏,所以说砌体的抗压强度总是低于块材的抗压强度。这是砌体受压性能不同于其他建筑材料受压性能的基本点。

(2)影响砌体抗压强度的主要因素

①块材的强度、尺寸和形状的影响

块材是砌体的主要组成部分,在砌体中处于复杂的受力状态。因此,块材的强度对砌体强度起主要的作用,块材的强度高,其砌体的抗压强度也高。

砌体抗压强度随块材厚度增加而增加,这是由于随着块材厚度的增加,其截面面积和抵抗矩相应加大,提高了块材的抗弯、抗剪、抗拉的能力,砌体强度也增大。

块材的形状规则与否也直接影响砌体的抗压强度。因为块材表面不平整,也使砌体灰缝厚薄不均,从而降低砌体的抗压强度。

②砂浆的物理力学性能

除砂浆的强度直接影响砌体的抗压强度外,砂浆等级过低将加大块材和砂浆的横向差异,从而降低砌体强度。但应注意单纯提高砂浆等级并不能使砌体抗压强度有很大提高。

砂浆的和易性和保水性对砌体强度亦有影响。和易性好的砂浆较易铺砌成饱满、均匀、密实的灰缝,可以减小块材内的复杂应力,使砌体强度提高。砂浆内水分越多,和易性越好,但由于砌缝的密实性降低,砌体强度反而降低。因此,作为砂浆和易性指标的标准圆锥沉入度,对片石、块石砌体,控制在 50～70 mm;对粗料石及砖砌体,控制在 70～100 mm。

③砌筑质量的影响

砌筑质量的标志之一是灰缝的质量,包括灰缝的均匀性和饱满程度。砂浆铺砌得均匀、饱满,可以改善块材在砌体内的受力性能,使之比较均匀的受压,提高砌体抗压强度;反之则将降低砌体强度。

另外,灰缝厚薄对砌体抗压强度的影响也不能忽视。灰缝过厚过薄都难以均匀密实,灰缝过厚还将增加砌体的横向变形。实践证明灰缝厚度在 10～12 mm 为宜。

(3)砌体抗压强度设计值

《公桥规》对砂浆砌体抗压强度设计值规定如下:

①混凝土预制块砂浆砌体抗压强度设计值 f_{cd} 应按表 5-1-5 的规定采用。

表 5-1-5　混凝土预制块砂浆砌体抗压强度设计 f_{cd}(MPa)

砌块强度等级	砂浆强度等级					砂浆强度
	M20	M15	M10	M7.5	M5	0
C40	8.25	7.04	5.84	5.24	4.64	2.06
C35	7.71	6.59	5.47	4.90	4.34	1.93
C30	7.14	6.10	5.06	4.54	4.02	1.79
C25	6.52	5.57	4.62	4.14	3.67	1.63
C20	5.83	4.98	4.13	3.70	3.28	1.46
C15	5.05	4.31	3.58	3.21	2.84	1.26

②块石砂浆砌体抗压强度设计值 f_{cd} 应按表 5-1-6 的规定采用。

表 5-1-6　块石砂浆砌体的抗压强度设计值 f_{cd}(MPa)

砌块强度等级	砂浆强度等级					砂浆强度
	M20	M15	M10	M7.5	M5	0
MU120	8.42	7.19	5.96	5.35	4.73	2.10
MU100	7.68	6.56	5.44	4.88	4.32	1.92
MU80	6.87	5.87	4.87	4.37	3.86	1.72
MU60	5.95	5.08	4.22	3.78	3.35	1.49

砌块强度等级	砂浆强度等级					砂浆强度
	M20	M15	M10	M7.5	M5	0
MU50	5.43	4.64	3.85	3.45	3.05	1.36
MU40	4.86	4.15	3.44	3.09	2.73	1.21
MU30	4.21	3.59	2.98	2.67	2.37	1.05

注：对各类石砌体，应按表中数值分别乘以下列系数：细料石砌体为1.5；半细料石砌体为1.3；粗料石砌体为1.2；干砌块石砌体可采用砂浆强度为零时的抗压强度设计值。

③片石砂浆砌体抗压强度设计值 f_{cd} 应按表5-1-7的规定采用。

表5-1-7　片石砂浆砌体的抗压强度设计值 f_{cd}（MPa）

砌块强度等级	砂浆强度等级					砂浆强度
	M20	M15	M10	M7.5	M5	0
MU120	1.97	1.68	1.39	1.25	1.11	0.33
MU100	1.80	1.54	1.27	1.14	1.01	0.30
MU80	1.61	1.37	1.14	1.02	0.90	0.27
MU60	1.39	1.19	0.99	0.88	0.78	0.23
MU50	1.27	1.09	0.90	0.81	0.71	0.21
MU40	1.14	0.97	0.81	0.72	0.64	0.19
MU30	0.98	0.84	0.70	0.63	0.55	0.16

注：干砌片石砌体可采用砂浆强度为零时的抗压强度设计值。

④小石子混凝土砌块石砌体抗压强度设计值 f_{cd} 应按表5-1-8的规定采用。

表5-1-8　小石子混凝土砌块石砌体轴心抗压强度设计值 f_{cd}（MPa）

石材强度等级	小石子混凝土强度等级					
	C40	C35	C30	C25	C20	C15
MU120	13.86	12.69	11.49	10.25	8.95	7.59
MU100	12.65	11.59	10.49	9.35	8.17	6.93
MU80	11.32	10.36	9.38	8.37	7.31	6.19
MU60	9.80	9.98	8.12	7.24	6.33	5.36
MU50	8.95	8.19	7.42	6.61	5.78	4.90
MU40	—	—	6.63	5.92	5.17	4.38
MU30					4.48	3.79

注：砌块为粗料石时，轴心抗压强度为表值乘1.2；砌块为细料石时、半细料石时，轴心抗压强度为表

值乘 1.4。

⑤小石子混凝土砌片石砌体抗压强度设计值 f_{cd} 应按表 5－1－9 的规定采用。

表 5－1－9　小石子混凝土砌片石砌体轴心抗压强度设计值 f_{cd}（MPa）

石材强度等级	小石子混凝土强度等级			
	C30	C25	C20	C15
MU120	6.94	6.51	5.99	5.36
MU100	5.30	5.00	4.63	4.17
MU80	3.94	3.74	3.49	3.17
MU60	3.23	3.09	2.91	2.67
MU50	2.88	2.77	2.62	2.43
MU40	2.50	2.42	2.31	2.16
MU30	—	—	1.95	1.85

2. 砌体的抗拉、抗弯与抗剪强度

圬工砌体多用于承受压力为主的承压结构中。但在实际工程中,砌体也常常处于受拉、受弯或受剪状态。图 5－1－3(a)挡土墙,在墙后土的侧压力作用下,使挡土墙砌体发生沿通缝截面 1－1 的弯曲受拉;图 5－1－3(b)所示有扶壁的挡土墙,在垂直截面中将发生沿齿缝截面 2－2 的弯曲受拉;图 5－1－3(c)所示的拱脚附近,由于水平推力的作用,将发生沿通缝截面 3－3 的受剪。

在大多数情况下,砌体的受拉、受弯及受剪破坏一般均发生在砂浆与块材的连接面上,此时,砌体的抗拉、抗弯与抗剪强度将取决于砌缝的宽度,亦取决于砌缝中砂浆与块材的黏结强度。根据砌体受力方向的不同,黏结强度分为作用力垂直于砌缝时的法向黏结力和平行于砌缝时的切向黏结力。在正常情况下,黏结强度值与砂浆强度有关。

按照外力作用于砌体的方向,砌体的抗拉、弯曲抗拉和抗剪破坏情况简述如下:

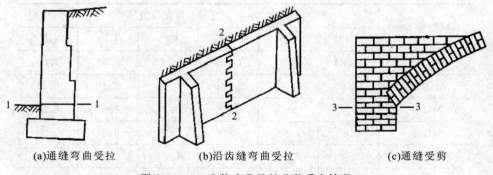

(a)通缝弯曲受拉　　　　(b)沿齿缝弯曲受拉　　　　(c)通缝受剪

图 5－1－3　砌体中常见的几种受力情况

(1)轴向受拉

在平行于水平灰缝的轴心拉力作用下,砌体可能沿齿缝截面发生破坏,如图5-1-4(a)),其强度主要取决于灰缝的法向及切向黏结强度。当拉力作用方向与水平灰缝垂直时,砌体可能沿通缝截面发生破坏,如图5-1-4(b)),其强度主要取决于灰缝的法向黏结强度。由于法向黏结强度不易保证,工程中一般不容许采用法向黏结强度的轴心受拉构件。

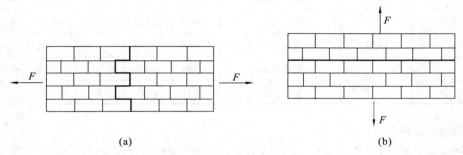

图5-1-4 轴心受拉砌体的破坏模式

(2)弯曲受拉

如图5-1-3(a)所示,砌砌体可能沿1-1通缝截面发生破坏,其强度主要取决于灰缝的法向黏结强度。

如图5-1-3(b)所示,砌砌体可能沿2-2齿缝截面发生破坏,其强度主要取决于灰缝的切向黏结强度。

(3)抗剪强度

砌体处于剪切状态时,有可能发生通缝截面受剪破坏,如图5-1-5(a)所示,其抗剪强度主要取决于块材间砂浆的切向黏结强度。也有可能发生齿缝截面破坏,如图5-1-5(b)所示,其抗剪强度与块材的抗剪强度及砂浆与块材之间的切向黏结强度有关。对规则块材,砌体的齿缝抗剪强度取决于块材的抗剪强度,不计灰缝的抗剪作用。

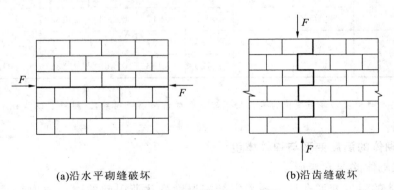

(a)沿水平砌缝破坏   (b)沿齿缝破坏

图5-1-5 受剪砌体的破坏形式

《公桥规》规定的各类砂浆砌体的轴心抗拉强度设计值 f_{td}、弯曲抗拉强度设计值 f_{tmd} 和直接抗剪强度设计值 f_{vd} 应按表5-1-10的规定采用。

表 5 - 1 - 10　砂浆砌体轴心抗拉、弯曲抗拉和直接抗剪强度设计值(MPa)

强度类别	破坏特征	砌体种类	砂浆强度等级				
			M20	M15	M10	M7.5	M5
轴心抗拉 f_{td}	齿缝	规则砌块砌体	0.104	0.090	0.073	0.063	0.052
		片石砌体	0.096	0.083	0.068	0.059	0.048
弯曲抗拉 f_{tmd}	齿缝	规则砌块砌体	0.122	0.105	0.086	0.074	0.061
		片石砌体	0.145	0.125	0.102	0.089	0.072
	通缝	规则砌块砌体	0.084	0.073	0.059	0.051	0.042
直接抗剪 f_{vd}	—	规则砌块砌体	0.104	0.090	0.073	0.063	0.052
		片石砌体	0.241	0.208	0.170	0.147	0.120

注:①砌体龄期为 28d;

②规则砌块砌体包括:块石砌体、粗料石砌体、半细料石砌体、细料石砌体、混凝土预制块砌体;

③规则砌块砌体在齿缝方向受剪时,系通过砌块和灰缝剪破。

小石子混凝土砌块石、片石砌体的轴心抗拉强度设计值 f_{td}、弯曲抗拉强度设计值 f_{tmd} 和直接抗剪强度设计值 f_{vd},应按表 5 - 1 - 11 的规定采用。

表 5 - 1 - 11　小石子混凝土砌块石、片石砌体的轴心抗拉、弯曲抗拉和直接抗剪强度设计值(MPa)

强度类别	破坏特征	砌体种类	小石子混凝土强度等级					
			C40	C35	C30	C25	C20	C15
轴心抗拉 f_{td}	齿缝	块石	0.285	0.267	0.247	0.226	0.202	0.175
		片石	0.425	0.398	0.368	0.336	0.301	0.260
弯曲抗拉 f_{tmd}	齿缝	块石	0.335	0.313	0.290	0.265	0.237	0.205
		片石	0.493	0.461	0.427	0.387	0.349	0.300
	通缝	块石	0.232	0.217	0.201	0.183	0.164	0.142
直接抗剪 f_{vd}	—	块石	0.285	0.267	0.247	0.226	0.202	0.175
		片石	0.425	0.398	0.368	0.336	0.301	0.260

注:对其他规则砌块砌体强度值为表内块石砌体强度值乘以下列系数:粗料石砌体 0.7;细料石、半细料石砌体 0.35。

3. 圬工砌体的温度变形与弹性模量

(1)圬工砌体的温度变形

圬工砌体的温度变形在计算超静定结构温度变化所引起的附加内力时应予考虑。温度变形的大小是随砌筑块材与砂浆的不同而不同。设计中,把温度每升高 1℃,单位长度砌体的线性伸长称为该砌体的温度膨胀系数,又称线膨胀系数。用水泥砂浆砌筑的圬工砌体的膨胀系数为

混凝土：	$1.0 \times 10^{-5} / ℃$
混凝土预制块砌体：	$0.9 \times 10^{-5} / ℃$
各种石料砌体：	$0.8 \times 10^{-5} / ℃$

(2)圬工砌体的弹性模量

试验表明,圬工砌体为弹性塑性体。圬工砌体在受压时,应力与应变之间的关系不符合胡克定律,砌体的变形模量 $E = d\sigma/d\varepsilon$ 是一个变量。《公桥规》规定混凝土及各类砌体的受压弹性模量 E_c 和 E_m,应分别按表 5-1-12、表 5-1-13 的规定采用。混凝土和砌体的剪变模量 G_c 和 G_m 分别取其受压弹性模量的 0.4 倍。

表 5-1-12 混凝土的受压弹性模量 E_c（MPa）

混凝土强度等级	C40	C35	C30	C25	C20	C15
弹性模量 E_c	3.25×10^4	3.15×10^4	3.00×10^4	2.80×10^4	2.55×10^4	2.20×10^4

表 5-1-13 各类砌体受压弹性模量 E_m（MPa）

砌体种类	砂浆强度等级				
	M20	M15	M10	M7.5	M5
混凝土预制块砌体	$1700 f_{cd}$	$1700 f_{cd}$	$1700 f_{cd}$	$1600 f_{cd}$	$1500 f_{cd}$
粗料石、块石及片石砌体	7300	7300	7300	5650	4000
细料石、半细料石砌体	22000	22000	22000	17000	17000
小石子混凝土砌体	$2100 f_{cd}$				

注：f_{cd} 为砌体抗压强度设计值。

(3)摩擦系数 μ_f

由于水平灰缝中砂浆产生较大的剪切变形,剪切面将出现相对水平滑移,当受剪面上还作用有垂直压应力,这个垂直压应力所产生的摩擦力可减小或阻止石砌体剪切面的水平滑移。砌体摩擦系数的大小,取决于砌体摩擦面的材料种类、干湿情况等。《公桥规》对砌体的摩擦系数 μ_f 按表 5-1-14 取用。

表 5-1-14 砌体的摩擦系数 μ_f

材料种类	摩擦面情况	
	干燥	潮湿
砌体沿砌体或混凝土滑动	0.70	0.60
木材沿砌体滑动	0.60	0.50
钢沿砌体滑动	0.45	0.35
砌体沿砂或卵石滑动	0.60	0.50
砌体沿粉土滑动	0.55	0.40
砌体沿粘性土滑动	0.50	0.30

5-1-2 圬工结构的施工工艺

下面主要介绍一下石(混凝土预制砌块)拱桥拱圈的砌筑工艺。

一、砌筑材料

（1）拱圈及拱上建筑可按设计要求采用粗料石、块石、片石（或乱石）、粘土砖或混凝土预制砌块等。一般可在砌筑时，选择较规则和平整的同类石料稍经加工后作为镶面。如有镶面要求时，应按规定加工镶面石。各种砌块和镶面石的强度要求详见《公路桥涵施工技术规范》》(JTG/T F50 — 2011)的有关规定。

（2）拱圈砌缝可用砂浆或小石子混凝土砌筑、填塞。砌筑拱圈用的砂浆，一般宜为水泥砂浆。小桥涵拱圈可使用水泥石灰砂浆。砂浆强度等级应符合设计规定。

小石子混凝土的配合比设计、材料规格和质量检验标准，应符合有关规定。小石子混凝土拌和料应具有良好的和易性和保水性。为改善小石子混凝土拌和料的和易性和保水性并节约水泥，可通过试验在拌和料中掺入一定数量的减水剂或粉煤灰等混合材料。

二、拱圈基本砌筑方法

1. 粗料石拱圈

拱圈砌筑应按编号顺序取用石料。砌筑时砌缝砂浆应铺填饱满。对于较平的砌缝，应先坐浆再放拱石挤砌，以利用石料自重将砂浆压实。侧面砌缝可填塞砂浆，用插刀捣实。当砌缝较陡时，可在拱石间先嵌入与砌缝同宽的木条或用撬棍拨垫，然后分层填塞砂浆捣实，填塞完毕后再抽出木条或撬棍。

2. 块石拱圈

块石的尺寸可以不统一，排数可以不固定，砌筑时应符合下列要求：

（1）应分排砌筑，每排中拱石内口宽度应尽量一致；

（2）竖缝应成辐射形，相邻两排间砌缝应互相错开；

（3）石块应平砌，每层石料高度应大致相等。

3. 浆砌片石拱圈

浆砌片石拱圈的砌筑应符合下列要求：

（1）石块宜竖向放置，小头向上，大面朝向拱轴。如石块厚度不小于拱圈厚度或石块较整齐、可错缝搭接时，也可横向放置。

（2）较大的石块应使用于下层，砌筑时应选用形状及尺寸较为合适的石块，尖锐突出部分应敲除。竖缝较宽时，应在砂浆中塞以小石块，但不得在片石下面用高于砂浆砌缝的小石片支垫。

（3）片石应分层砌筑，宜以 2～3 层砌块组成一个工作层，每一工作层的水平缝应大致找平。各工作层竖缝应互相错开、不得贯通。

（4）外圈定位行列和转角石，应选择形状较为方正且尺寸较大的片石，并长短相间地与里层砌块咬接，连成整体，特别是拱圈与拱上侧墙及护拱连接处、拱脚与墩台身连接处、拱圈上下层间及垂直路线方向应"错缝咬马"，以连成整体。

（5）片石拱圈靠拱腹一面，可略加锤改，并用砂浆及大小适宜的石块填补缺口。

（6）拱石的空隙要用砂浆填实，较大的空隙应塞以坚硬石片。

在多孔连续拱桥的施工中，当桥墩不是按施工单向受力墩设计时，应考虑相邻孔拱圈

钢筋混凝土结构

施工的对称均衡问题,以避免桥墩承受过大的单向推力。

三、砌筑程序

砌筑拱圈时,为了保证在整个施工过程中拱架受力均匀、变形最小,使拱圈的砌筑质量符合设计要求,必须选择适当的砌筑方法和砌筑顺序。一般根据拱圈跨径大小、构造形式(矢高、拱圈厚度)、拱架种类等分别采用下列不同的施工方法和顺序。砌筑时,必须随时注意观测拱架的变形情况,必要时,对砌筑顺序进行调整以控制拱圈的变形。

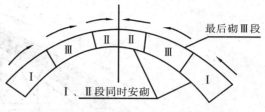

图 5-1-6 跨径小于 25 m 的拱圈分段砌筑顺序

1. 拱圈按顺序对称连续砌筑

跨径 13 m 以下的拱圈,当用满布式拱架砌筑时,可按拱圈的全宽和全厚,由两拱脚同时按顺序对称均衡地向拱顶砌筑,最后砌拱顶石合龙。跨径 10 m 以下的拱圈,当采用拱式拱架时,应在砌筑拱脚的同时,预压拱顶及拱跨 1/4 部位。

2. 拱圈分段、分环、分阶段砌筑

(1)分段砌筑

跨径在 13~25 m 的拱圈、采用满布式拱架砌筑以及跨径在 10~25 m 的拱圈,采用拱式拱架砌筑时,可采取每半跨分成三段的分段对称砌筑方法。分段位置一般在跨径 1/4 点及拱顶(3/8 点)附近,每段长度不宜超过 6 m。砌筑顺序如图 5-1-6 所示,先对称地砌Ⅰ段和Ⅱ段,后砌Ⅲ段,或各段同时向拱顶方向对称地砌筑,最后砌筑拱顶合拢。

跨径大于 25 m 的拱圈,应按跨径大小及拱架类型等情况,在两半跨各分成若干段,均匀对称地砌筑。每段长度一般不超过 8 m。具体分段方法应按设计规定,无设计规定时应通过验算确定。

拱圈分段砌筑时,各段间应预留空缝,以防止拱圈因拱架变形而开裂,并起部分预压作用。

(2)分环分段砌筑

跨径较大的石拱桥(或混凝土预制砌块拱桥),当拱圈厚度较大、由三层以上拱石组成时,可将全部拱圈厚度分成几环砌筑,每一环可分成若干段对称、均衡地砌筑,砌一环合拢一环。当下环砌筑完并养护数日后,砌缝砂浆达到一定强度时,再砌筑上一环。

分环砌筑时各环的分段方法、砌筑顺序及空缝的设置等,与一次砌筑(不分环、只分段)完成时相同,但上下环间应以犬牙状相接。

(3)阶段砌筑

砌筑拱圈时,为争取时间和使拱架荷载均匀对称、拱架变形正常,有时在砌筑完一段或一环拱圈后的养护期间,砌筑工作不间歇,而是根据拱架荷载平衡的需要,紧接着将下一拱段或下一环层砌筑一部分。此种前后拱段和上下环层分阶段交叉进行的砌筑方法,称为分阶段砌筑法。如图 5-1-7 为分阶段砌筑拱圈示意图。

不分环砌筑拱圈的分阶段方法,通常先砌拱脚几排,然后同时砌筑拱顶、拱脚及跨径 1/4 点等拱段。上述三个拱段砌到一定程度后,再均匀地砌其余拱段。

分环砌筑的拱圈,可先将拱脚各环砌筑几排,然后分段分环砌筑其余环层。在砌完一环后,在其养护期间,砌筑次一环拱脚段,然后砌筑其余环段。

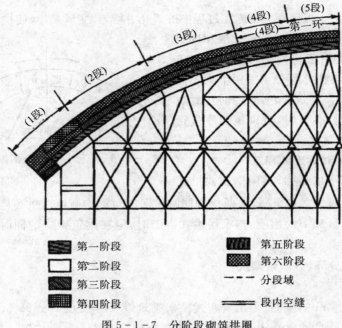

图 5-1-7　分阶段砌筑拱圈

【学习实践】

　　1.什么是石结构？什么是圬工结构？

　　2.工程上将石料分为哪些类型？如何区分它们？

　　3.大体积混凝土结构,如何采用片石混凝土？

　　4.砂浆的和易性和保水性是指什么？

　　5.为什么砌体在受压破坏时,是单块块材先开裂？导致单块块材内产生复杂应力状态的原因是什么？

　　6.影响砌体抗压强度的主要因素是什么？

　　7.简述石拱圈的砌筑工艺。

【学习心得】

　　通过本任务的学习,我的体会有 ....
....
....
....
....。

任务 5－2　圬工结构的计算

【学习目标】

通过本任务的学习，要求学生了解以下内容：

1. 圬工结构的设计原则。
2. 圬工结构的承载力计算。

【学习内容】

5－2－1　设计原则

在《公桥规》中，圬工结构的设计采用以概率理论为基础的极限状态设计方法，以可靠指标度量结构构件的可靠度，采用分项系数的设计表达式进行计算。

圬工桥涵结构应按承载能力极限状态设计，并满足正常使用极限状态的要求。但根据圬工桥涵结构的特点，其正常使用极限状态的要求，一般情况下可由相应的构造措施来保证。

圬工桥涵结构的承载能力极限状态，应按任务 1－2 规定的设计安全等级进行设计。

圬工结构的设计原则是：作用效应组合的设计值小于或等于结构构件承载力的设计值。

其表达式为

$$\gamma_0 S \leqslant R(f_d, a_d) \tag{5-2-1}$$

式中：γ_0——结构重要性系数，对应于一级、二级、三级设计安全等级分别取用 1.1、1.0、0.9；

S——作用效应组合设计值，按规定计算；

$R(\cdot)$——构件承载力设计值函数；

f_d——材料强度设计值；

a_d——几何参数设计值，可采用几何参数标准值 a_k，即设计文件规定值。

5－2－2　圬工受压构件正截面承载力计算

一、偏心距在限值内的圬工受压构件轴向承载力计算

1. 砌体受压构件

《公桥规》规定砌体（包括砌体与混凝土组合）受压构件，当轴向力偏心距在限值以内时，承载力按下式计算

$$\gamma_0 N_d \leqslant N_u = \varphi A f_{cd} \tag{5-2-2}$$

式中：N_d——轴向力设计值；

A——构件截面面积，对于组合截面按强度比换算，即 $A = A_0 + \eta_1 A_1 + \eta_2 A_2 + \cdots$，$A_0$

为标准层截面面积，A_1、A_2…为其他层截面面积，$\eta_1 = f_{cd1}/f_{cd0}$，$\eta_2 = f_{cd2}/f_{cd0}$…，f_{cd0} 为标准层抗压强度设计值，f_{cd1}、f_{cd2} 为其他层的抗压强度设计值；

f_{cd}——砌体或混凝土抗压强度设计值，对组合截面应采用标准层抗压强度设计值；

φ——构件轴向力的偏心距 e 和长细比 λ 对受压构件承载力的影响系数。

《公桥规》给出的砌体偏心受压构件可影响系数。

$$\varphi = \cfrac{1}{\cfrac{1}{\varphi_x} + \cfrac{1}{\varphi_y} - 1} \tag{5-2-3}$$

$$\varphi_x = \cfrac{1 - \left(\cfrac{e_x}{x}\right)^m}{1 + \left(\cfrac{e_x}{i_y}\right)^2} \cdot \cfrac{1}{1 + \alpha \lambda_x (\lambda_x - 3)\left[1 + 1.33\left(\cfrac{e_x}{i_y}\right)^2\right]} \tag{5-2-4}$$

$$\varphi_y = \cfrac{1 - \left(\cfrac{e_y}{y}\right)^m}{1 + \left(\cfrac{e_y}{i_x}\right)^2} \cdot \cfrac{1}{1 + \alpha \lambda_y (\lambda_y - 3)\left[1 + 1.33\left(\cfrac{e_y}{i_x}\right)^2\right]} \tag{5-2-5}$$

式中：φ_x，φ_y——分别为 x 方向、y 方向偏心受压构件承载力影响系数；

x，y——分别为 x 方向、y 方向截面重心至偏心方向的截面边缘的距离；

e_x，e_y——轴向力在 x 方向、y 方向的偏心距；

m——截面形状系数，对于圆形截面取 2.5；对于 T 形或 U 形截面取 3.5；对于箱形截面或矩形截面（包括两端设有曲线形或圆弧形的矩形墩身截面）取 8.0；

i_x，i_y——弯曲平面内的截面回转半径，$i_x = \sqrt{I_x/A}$，$i_y = \sqrt{I_y/A}$；I_x，I_y 分别为截面绕 x 轴和绕 y 轴的惯性矩，A 为截面面积；对于组合截面，A，I_x，I_y 应按弹性模量比换算，即 $A = A_0 + \Psi_1 A_1 + \Psi_2 A_2 + \cdots$，$I_x = I_{0x} + \Psi_1 I_{1x} + \Psi_2 I_{2x} + \cdots$，$I_y = I_{0y} + \Psi_1 I_{1y} + \Psi_2 I_{2y} + \cdots$，$A_0$ 为标准层截面面积，A_1、A_2…为其他层截面面积，I_{0x}，I_{0y} 为绕 x 轴和绕 y 轴的标准层惯性矩，I_{1x}、I_{2x}…和 I_{1y}、I_{2y}…为绕 z 轴和绕 y 轴的其他层惯性矩；$\Psi_1 = E_1/E_0$、$\Psi_2 = E_2/E_0$、…，E_0 为标准层弹性模量，E_1、E_2…为其他层的弹性模量。对于矩形截面，$i_y = \dfrac{b}{\sqrt{12}}$，$i_x = \dfrac{h}{\sqrt{12}}$；

α——与砂浆强度等级有关的系数，当砂浆强度等级大于或等于 M5 或为组合构件时，α 为 0.002；当砂浆强度为 0 时，α 为 0.013；

λ_x，λ_y——构件在 x 方向、y 方向的长细比，按公式（5-2-6）计算，当 λ_x、λ_y 小于 3 时取 3。

计算砌体偏心受压构件承载力的影响系数时，构件长细比按下列公式计算：

$$\lambda_x = \frac{\gamma_\beta l_0}{3.5 i_y}$$

$$\lambda_y = \frac{\gamma_\beta l_0}{3.5 i_x} \tag{5-2-6}$$

式中：γ_β——不同砌体材料构件的长细比修正系数，按表 5-2-1 的规定采用；

l_0——构件计算长度,按表 3-1-2 的规定取用。

表 5-2-1　长细比修正系数 γ_β

砌体材料类别	γ_β
混凝土预制块砌体或组合砌体	1.0
细料石、半细料石砌体	1.1
粗料石、块石及片石砌体	1.3

2. 混凝土受压构件

《公桥规》规定混凝土偏心受压构件,在表 5-2-2 规定的受压偏心距限值范围内,当按受压承载力计算时,假定受压区的法向应力图形为矩形,其应力取混凝土抗压强度设计值,此时,取轴向力作用点与受压区法向应力的合力作用点相重合的原则确定受压区面积 A_c。受压承载力应按下列公式计算

$$\gamma_0 N_d \leqslant N_u = \varphi f_{cd} A_c \qquad (5-2-7)$$

表 5-2-2　受压构件偏心距限值

作用组合	偏心距限值 e
基本组合	$\leqslant 0.6s$
偶然组合	$\leqslant 0.7s$

注:①混凝土结构单向偏心的受拉一边或双向偏心的各受拉一边,当设有不小于截面面积 0.05% 的纵向钢筋时,表内规定值可增加 $0.1s$;

②表中 s 值为截面或换算截面重心轴至偏心方向截面边缘的距离。

(1)单向偏心受压

受压区高度 h_c,应按下列条件确定(图 5-2-1):

$$e_c = e \qquad (5-2-8)$$

矩形截面的受压承载力可按下列公式计算:

$$\gamma_0 N_d \leqslant N_u = \varphi f_{cd} b(h-2e) \qquad (5-2-9)$$

式中:N_d——轴向力设计值;

$\quad\varphi$——弯曲平面内受压构件弯曲系数,按表 5-2-3 采用;

$\quad f_{cd}$——混凝土轴心抗压强度设计值;

$\quad A_c$——混凝土受压区面积;

$\quad e_c$——受压区混凝土法向应为合力作用点至截面重心的距离;

$\quad e$——轴向力的偏心距;

$\quad b$——矩形截面宽度;

$\quad h$——矩形截面高度。

构件弯曲平面外长细比大于弯曲平面内长细比时,尚应按轴心受压构件验算其承载力。

表 5 - 2 - 3　混凝土受压构件弯曲系数

l_0/b	<4	4	6	8	10	12	14	16	18	20	22	24	26	28	30
l_0/i	<14	14	21	28	35	42	49	56	63	70	76	83	90	97	104
φ	1.00	0.98	0.96	0.91	0.86	0.82	0.77	0.72	0.68	0.63	0.59	0.55	0.51	0.47	0.44

注:①l_0 为计算长度,按表 3-1-2 的规定取用;

②在计算 l_0/b 或 l_0/i 时,b 或 i 的取值;对于单向偏心受压构件,取弯曲平面内截面高度或回转半径;对于轴心受压构件及双向偏心受压构件,取截面短边尺寸或截面最小回转半径。

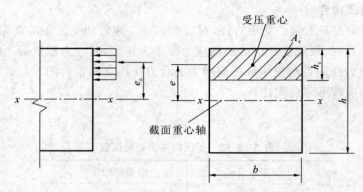

图 5 - 2 - 1　混凝土构件偏心受压(双向偏心)

(2)双向偏心受压

受压区高度和宽度,应按下列条件确定(图 5 - 2 - 2):

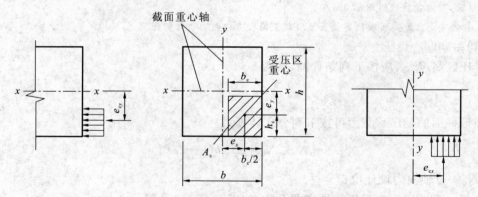

图 5 - 2 - 2　混凝土构件偏心受压(单向偏心)

$$e_{cy} = e_y \tag{5-2-10a}$$

$$e_{cx} = e_x \tag{5-2-10b}$$

矩形截面的偏心受压承载力可按下列公式计算:

$$\gamma_0 N_d \leqslant N_u = \varphi f_{cd} \left[(h - 2e_y)(b - 2e_x) \right] \tag{5-2-11}$$

式中：φ——偏心受压构件弯曲系数；

$\quad e_{cy}$——受压区混凝土法向应力合力作用点，在 y 轴方向至截面重心距离；

$\quad e_{cx}$——受压区混凝土法向应力合力作用点，在 x 轴方向至截面重心距离；

其他符号意义同前。

二、偏心距超过限值时的圬工受压构件轴向承载力计算

当轴向力的偏心距 e 超过表 5-2-2 偏心距限值时，构件承载力应按下列公式计算：

单向偏心
$$\gamma_0 N_d \leqslant \varphi \frac{A f_{tmd}}{\left(\dfrac{Ae}{W}-1\right)} \qquad (5-2-12)$$

双向偏心
$$\gamma_0 N_d \leqslant \varphi \frac{A f_{tmd}}{\left(\dfrac{Ae_x}{W_y}+\dfrac{Ae_y}{W_x}-1\right)} \qquad (5-2-13)$$

式中：N_d——轴向力设计值；

$\quad A$——构件截面面积，对于组合截面应按弹性模量比换算为换算截面面积；

$\quad W$——单向偏心时，构件受拉边缘的弹性抵抗矩，对于组合截面应按弹性模量比换算为换算截面弹性抵抗矩；

$\quad W_x$，W_y——双向偏心时，构件 x 方向受拉边缘绕 y 轴的截面弹性抵抗矩和构件 y 方向受拉边缘绕 x 轴的截面弹性抵抗矩，对于组合截面应按弹性模量比换算为换算截面弹性抵抗矩；

$\quad f_{tmd}$——构件受拉边层的弯曲抗拉强度设计值，按表 5-1-3、表 5-1-10 和表 5-1-11 取用；

$\quad e$——单向偏心时，轴向力偏心距；

$\quad e_x$，e_y——双向偏心时，轴向力在 x 方向和 y 心距方向的偏心距，其他符号意义同上。

受压构件偏心距图示见图 5-2-3。

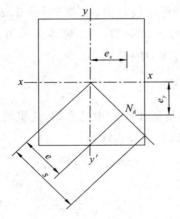

图 5-2-3　受压构件偏心距

三、圬工构件抗弯和抗剪承载力计算

1. 抗弯承载力计算

圬工砌体在弯矩的作用下,可能沿通缝和齿缝截面产生弯曲受拉而破坏。对受弯构件正截面的水载力要求截面的受拉边缘最大计算应力必须小于弯曲抗拉强度设计值,并计入结构重要性系数,即

$$\gamma_0 M_d \leqslant W f_{tmd} \qquad (5-2-14)$$

式中:M_d——弯矩设计值;

W——截面受拉边缘的弹性抵抗矩,对于组合截面应按弹性模量比换算为换算截面受拉边缘弹性抵抗矩;

f_{tmd}——构件受拉边缘的弯曲抗拉强度设计值,按表 5-1-3、表 5-1-10 和表 5-1-11 取用。

2. 抗剪承载力计算

图 5-1-3(c)所示的拱脚处,在拱脚的水平推力作用下,桥台截面受剪。当拱脚第采用砖或砌块砌体,可能产生沿水平缝截面的受剪破坏;当拱脚处采用片石砌体,则可能产生沿齿缝截面的受剪破坏。在受剪构件中,除水平剪力外,还作用有垂直压力。砌体构件的受剪实验表明,砌体沿水平缝的抗剪承载能力为砌体沿通缝的抗剪承载能力及作用在截面上的垂直压力所产生的摩擦力之和。因为随着剪力的加大,砂浆产生很大的剪切变形,一层砌体对另一层砌体产生移动,当有压力时,内摩擦力将参加抵抗滑移。因此,构件截面直接受剪时,其抗剪承载力按下式计算:

$$\gamma_0 V_d \leqslant V_u = A f_{vd} + \frac{1}{1.4} \mu_f N_k \qquad (5-2-15)$$

式中:V_d——剪力设计值;

A——受剪截面面积;

f_{vd}——砌体或混凝土抗剪强度设计值,按表 5-1-3,表 51-10 和表 5-1-11 取用;

μ_f——摩擦系数,按表 5-1-14 取用,圬工砌体多采用 $\mu_f = 0.7$;

N_k——与受剪截面垂直的压力标准值。

四、局部承压构件承载力计算

局部承压的概念,在预应力混凝土结构中已介绍,这里就不再赘述。《公桥规》规定:混凝土截面局部承压的承载力应按下列公式计算:

$$\gamma_0 N_d \leqslant 0.9 \beta A_l f_{cd} \qquad (5-2-16)$$

$$\beta = \sqrt{\frac{A_b}{A_l}} \qquad (5-2-17)$$

式中:N_d——局部承压面积上的轴向力设计值;

β——局部承压强度提高系数;

A_1——局部承压面积；

A_b——局部承压计算底面积，根据底面积重心与局部受压面积重心相重合的原则，按图 5-2-4 确定；

f_{cd}——混凝土轴心抗压强度设计值，按本书表 5-1-3 采用。

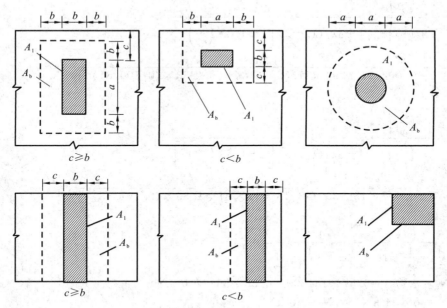

图 5-2-4　局部承压计算底面积 A_b 示意图

【计算示例】

【例 4-1】　已知一截面为 370 mm×490 mm 的轴心受压构件，采用 MU30 片石，M5 水泥砂浆砌筑，柱高 5 m，两端铰支，该柱承受计算纵向力 $N_d=50$ kN，安全等级为二级。试验算其承载力。

【解题过程】

由题意可知：$\gamma_0=1.0$，$A=370\times490=181300(\text{mm}^2)$，

查表 4-7 得：$f_{cd}=0.55$ MPa，因为轴心受压构件，$e_x=e_y=0$

$$I_x=\frac{1}{12}bh^3=\frac{1}{12}\times370\times490^3=3627510833(\text{mm}^4)$$

$$I_y=\frac{1}{12}hb^3=\frac{1}{12}\times490\times370^3=2068330833(\text{mm}^4)$$

$$i_x=\sqrt{\frac{I_x}{A}}=141.45(\text{mm})$$

$$i_y=\sqrt{\frac{I_y}{A}}=106.81(\text{mm})$$

$\alpha=0.002$，$\gamma_\beta=1.3$，$l_0=5000$ mm

$$\lambda_x = \frac{\gamma_\beta l_0}{3.5 i_y} = \frac{1.3 \times 5000}{3.5 \times 106.81} = 17.39$$

$$\lambda_y = \frac{\gamma_\beta l_0}{3.5 i_x} = \frac{1.3 \times 5000}{3.5 \times 141.45} = 13.13$$

$$\varphi_x = \frac{1 - \left(\frac{e_x}{x}\right)^m}{1 + \left(\frac{e_x}{i_y}\right)^2} \cdot \frac{1}{1 + \alpha \lambda_x (\lambda_x - 3) \left[1 + 1.33 \left(\frac{e_x}{i_y}\right)^2\right]}$$

$$= \frac{1}{1 + 0.002 \times 17.39 \times (17.39 - 3) \times [1 + 1.33 \times (0/106.81)^2]}$$

$$= 0.67$$

$$\varphi_y = \frac{1 - \left(\frac{e_y}{y}\right)^m}{1 + \left(\frac{e_y}{i_x}\right)^2} \cdot \frac{1}{1 + \alpha \lambda_y (\lambda_y - 3) \left[1 + 1.33 \left(\frac{e_y}{i_x}\right)^2\right]}$$

$$= \frac{1}{1 + 0.002 \times 13.13 \times (13.13 - 3) \times [1 + 1.33 \times (0/141.45)^2]}$$

$$= 0.79$$

$$\varphi = \frac{1}{\frac{1}{\varphi_x} + \frac{1}{\varphi_y} - 1} = \frac{1}{\frac{1}{0.67} + \frac{1}{0.79} - 1} = 0.57$$

则 $N_u = \varphi A f_{cd} = 0.57 \times 181300 \times 0.55 = 56837.55(\text{N})$

$\qquad = 56.84 \text{ kN} > \gamma_0 N_d = 50 \text{ kN}$

承载力满足要求。

【例 4-2】 某一截面尺寸 480 mm×650 mm，材料为 C30 混凝土预制块、M10 水泥砂浆砌筑，柱高 6 m。两端铰支，轴向力 $N_d = 440$ kN，弯矩 $M_{dr} = 70$ kN·m，安全等级一级。验算该受压构件的承载力。

【解题过程】

由题意 $f_{cd} = 5.06$ MPa，因为偏心受压构件，$e_x = 0$，$e_y = \frac{M_{dr}}{N_d} = \frac{70}{440} = 0.159$ m = 159 mm

$$i_x = \frac{h}{\sqrt{12}} = \frac{650}{\sqrt{12}} = 188(\text{mm})$$

$$i_y = \frac{b}{\sqrt{12}} = \frac{480}{\sqrt{12}} = 139(\text{mm})$$

$$\lambda_x = \frac{\gamma_\beta l_0}{3.5 i_y} = \frac{1.0 \times 6000}{3.5 \times 139} = 12.3$$

$$\lambda_y = \frac{\gamma_\beta l_0}{3.5 i_x} = \frac{1.0 \times 6000}{3.5 \times 188} = 9.12$$

$$\varphi_x = \frac{1 - \left(\frac{e_x}{x}\right)^m}{1 + \left(\frac{e_x}{i_y}\right)^2} \cdot \frac{1}{1 + \alpha \lambda_x (\lambda_x - 3) \left[1 + 1.33 \left(\frac{e_x}{i_y}\right)^2\right]}$$

$$= \frac{1}{1+0.002\times12.3\times(12.3-3)\times[1+1.33\times(0/139)^2]}$$
$$=0.8138$$

$$\varphi_y = \frac{1-\left(\dfrac{e_y}{y}\right)^m}{1+\left(\dfrac{e_y}{i_x}\right)^2}\cdot\frac{1}{1+\alpha\lambda_y(\lambda_y-3)\left[1+1.33\left(\dfrac{e_y}{i_x}\right)^2\right]}$$

$$=\frac{1-(159/325)}{1+(159/188)^2}\cdot\frac{1}{1+0.002\times9.12\times(9.12-3)\times[1+1.33\times(159/188)^2]}$$
$$=0.477$$

$$\varphi=\frac{1}{\dfrac{1}{\varphi_x}+\dfrac{1}{\varphi_y}-1}=\frac{1}{\dfrac{1}{0.8138}+\dfrac{1}{0.477}-1}=0.4301$$

则 $N_u=\varphi A f_{cd}=0.4301\times1480\times650\times5.06=679008(\text{N})$

$\qquad =679\ \text{kN}>\gamma_0 N_d=484\ \text{kN}$

满足承载力要求。

【例 4-3】 已知某混凝土构件,其截面尺寸 $b\times h=370\ \text{mm}\times490\ \text{mn}$,采用 C20 混凝土现浇,构件计算长度 $l_o=5000\ \text{mm}$,承受纵向力 $N_d=72\ \text{kN}$,弯矩 $M_d=10.8\ \text{kN}\cdot\text{m}$(图 5-2-5),安全等级为三级。试复核该受压构件的承载力。

【解题过程】

根据题意可得

$$e_x=0,e_y=e=M_d/N_d=150\ (\text{mm})>0.6s=0.6\times\frac{490}{2}=147(\text{mm})$$

偏心距超过规定限值。

C20 混凝土,$f_{tmd}=0.8\ \text{MPa}$,

$\dfrac{l_0}{b}=\dfrac{5000}{370}=13.5$,得 $\varphi=0.795$。

$W=\dfrac{1}{6}bh^2=\dfrac{1}{6}\times370\times490^2=14806166.67(\text{mm}^3)$

轴向承载力 N_u

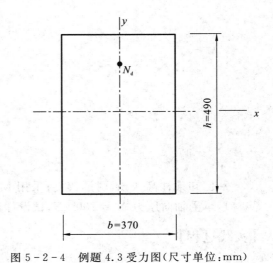

$$N_u=\varphi\frac{Af_{tmd}}{\left(\dfrac{Ae}{W}-1\right)}=\frac{0.795\times370\times490\times0.80}{\dfrac{370\times490\times150}{14806166.67}-1}$$

$=137.81(\text{kN})>\gamma_0 N_d=0.9\times72=64.8(\text{kN})$

同时还需进行抗弯承载力的验算

$M_u=Wf_{tmd}=14806166.67\times0.8=$

$11.8(\text{kN}\cdot\text{m})>\gamma_0 M_d=0.9\times10.8=9.72(\text{kN}\cdot\text{m})$　图 5-2-4　例题 4.3 受力图(尺寸单位:mm)

经验算,轴向承载力和抗弯承载力均满足

要求。

4.圬工构件抗剪承载力计算

【例 4 - 4】 已知石砌拱涵拱脚处剪力为 $V_d=142$ kN 受剪向上承受的垂直压力标准值 $N_k=521$ kN,拱脚截面面积 $A=0.5$ m²,拱圈材料 M10 浆砌、MU60 块石,安全等级三级。试复核拱脚截面受剪承载力。

【解题过程】

根据规则砌体 $f_{vd}=0.073$ MPa,安全等级三级, $\gamma_0=0.9$

$$V_u=Af_{vd}+\frac{1}{1.4}u_f N_k=0.073\times10^6\times0.5+\frac{1}{1.4}\times0.7\times521\times10^3=297000(N)=297 \text{ kN}$$

$$>\gamma_0 V_d=0.9\times142=127.8(kN)$$

抗剪承载力满足要求。

【学习实践】

1.什么是混凝土结构?什么是圬工结构?

2.石材的强度指标?

3.砂浆的物理力学性能指标?

4.砌体构件的计算长度如何求解?

5.圬工结构承载力计算是如何考虑偏心距和长细比的影响?

6.已知截面为 490 mm×620 mm 的轴心受压构件,采用 MU30 片石,M5 水泥砂浆砌筑,柱高 7 m,两端铰支,柱顶承受轴向力 $N_d=180$ kN。结构重要性系数 $y_0=1$。试验算该柱的承载力。

【实践过程】

7.已知某柱高 4 m,两端铰支;采用 MU30 片石,M5 水泥砂浆砌筑,结构重要性系数 $y_0=1$,承受轴向压力 $N_d=200$ kN,试设计该柱的截面尺寸。

【实践过程】

【学习心得】

通过本任务的学习,我的体会有 _____

_____

_____

_____

_____

_____

_____

_____ 。

参 考 文 献

1. 中华人民共和国国家标准. 公路工程结构可靠度设计统一标准(GB/T 50283—1999). 北京:中国计划出版社,1999

2. 中华人民共和国国家标准. 混凝土结构设计规范(GB 50010—2002). 北京:中国建筑工业出版社,2002

3. 中华人民共和国行业标准. 公路工程技术标准(JTG B01—2003). 北京:人民交通出版社,2004

4. 中华人民共和国行业标准. 公路桥涵设计通用规范(JTG D60—2004)北京:人民交通出版社,2004

5. 中华人民共和国行业标准. 公路钢筋混凝土及预应力混凝土桥涵设计规范(JTG D62—2004). 北京:人民交通出版社,2004

6. 中华人民共和国交通部部标准. 公路圬工桥涵设计规范(JTG D61—2005). 北京:人民交通出版社,2005

7. 中华人民共和国交通部部标准. 公路桥涵钢结构及木结构设计规范(JTJ 025—86). 北京:人民交通出版社,1986

8. 中华人民共和国行业标准. 公路桥涵施工技术规范(JTJ 041—2000). 北京:人民交通出版社,2000

9. 叶见曙,结构设计原理(第二版). 北京:人民交通出版社,2005

10. 张树仁,郑绍硅,黄侨,等. 钢筋混凝土及预应力混凝土桥梁结构设计原理. 北京:人民交通出版社,2004

11. 黄侨,王永平. 桥梁混凝土结构设计原理计算示例. 北京:人民交通出版社,2006

12. 贾艳敏,高力. 结构设计原理. 北京:人民交通出版社,2004

13. 孙元桃. 结构设计原理(第三版). 北京:人民交通出版社,2009

14. 范立础. 桥梁工程(上)(第二版). 北京:人民交通出版社,2001

15. 顾安邦. 桥梁工程(下)(第二版). 北京:人民交通出版社,2000

16. 中国土木工程学会. 部分预应力混凝土结构设计建议. 北京:中国铁道出版社,1985

17. 中华人民共和国行业标准. 无黏结预应力混凝土结构技术规程(JGJ/T 92—93)北京:中国计划出版社,1993

18. 车惠民,邵厚坤,李宵平. 部分预应力混凝土成都:西南交通大学出版社,1992

19. 刘立新. 砌体结构. 武汉:武汉理工大学出版社. 2003

20. 许淑芳,熊仲明. 砌体结构. 北京:科普出版社. 2004